普通高等院校土建类专业"十三五"创新规划教材

建筑工程识图

王子茹　邱冰　张帆　编著

中国建材工业出版社

图书在版编目（CIP）数据

建筑工程识图/王子茹，邱冰，张帆编著 . --北京：中国建材工业出版社，2018.7（2024.1 重印）

ISBN 978-7-5160-2052-4

Ⅰ.①建… Ⅱ.①王… ②邱… ③张… Ⅲ.①建筑制图—识图 Ⅳ.①TU204.21

中国版本图书馆 CIP 数据核字（2017）第 262085 号

内 容 提 要

本书根据教育部工程图学教学指导委员会 2015 年制定的"普通高等院校工程图学课程教学基本要求"，采用最新《技术制图标准》、《房屋建筑制图统一标准》GB/T 50001—2017 等现行有关专业制图标准编写。

全书共 5 章，主要内容包括：建筑工程图基本知识，房屋建筑工程图，房屋建筑施工图，房屋建筑结构施工图以及房屋建筑设备施工图。本教材有与之配合使用的习题集。

本书可作为高等院校与基本建设相关学科（工程管理、工程造价、土木工程、测绘工程、装修工程等）专业学生学习建筑工程识图的教材，也可供函授大学、电视大学、职工大学等上述专业使用。本书也适合房屋建筑施工技术人员、管理人员培训或自学使用。

建筑工程识图

王子茹 邱冰 张帆 编著

出版发行：中国建材工业出版社

地　　址：北京市海淀区三里河路 11 号

邮　　编：100831

经　　销：全国各地新华书店

印　　刷：北京雁林吉兆印刷有限公司

开　　本：787mm×1092mm　1/16

印　　张：16.25　插页：0.5

字　　数：390 千字

版　　次：2018 年 7 月第 1 版

印　　次：2024 年 1 月第 5 次

定　　价：**58.00 元**

本社网址：www.jccbs.com　微信公众号：zgjcgycbs

本书如出现印装质量问题，由我社市场营销部负责调换。联系电话：（010）57811387

前　　言

　　本书按照教育部工程图学教学指导委员会 2015 年制定的"普通高等院校工程图学课程教学基本要求"，严格执行国家最新颁布的《技术制图标准》、《房屋建筑制图统一标准》GB/T 50001—2017 和《建筑制图标准》GB/T 50104—2010 等现行有关专业制图标准，在2000 年由中国建材工业出版社出版的《房屋建筑识图》、《房屋建筑结构识图》、《房屋建筑设备识图》系列教材的基础上，对内容体系进行了改革优化、合并改写而成。

　　本书依据高等院校建设工程类相关专业学生应掌握的建筑工程识图知识为主要内容，重点放在正投影理论以及专业识图能力的培养上。在图样的选取上，均采用实际工程图纸，便于学生对工程的了解，使教材具有实用性和可读性。

　　全书分五章，第 1 章为建筑工程图基础知识，引导入门，在内容上以画法几何理论为基础，侧重图示表达；第 2 章为房屋建筑工程图，介绍一般性民用建筑施工图的基本表达方法，以加深对正投影原理的理解和对工程图纸的认识；第 3～5 章为各专业施工图的识读内容，结合各自表达的特点，以一般常见工程实例介绍施工图的编制内容与方法、识读顺序、整体与细部的关系。企望学习者通过本书的学习能够较快地获得本专业施工图的基本知识和识图能力。

　　与本书配套使用的《建筑工程识图习题集》同时出版，可供选用。

　　本书由大连理工大学王子茹和南京林业大学邱冰、张帆编写。第 1 章由张帆执笔，第2、3、4 章（4.1～4.4、4.7）、第 5 章（5.1～5.2）由王子茹执笔，第 4 章（4.5～4.6）、第 5 章（5.3～5.5）由邱冰执笔。全书由王子茹统稿。

　　本书由大连理工大学眭庆曦教授主审，他提出了宝贵的意见，对此表示诚挚的谢意！

　　研究生胡新元、李畅为本书的绘图、打印书稿等做了大量工作，表示谢忱！

　　在编写本书过程中，参考了多种国内外同类教材和国家标准，采用了个别图样，不一一列出，在此一并表示感谢！

　　因作者水平有限，书中的不当之处在所难免，诚望读者批评指正。

王子茹

2018 年 5 月

目　　录

第 1 章　建筑工程图基础知识

1.1　正投影的基本知识

1.1.1　投影法

1. 投影的概念

日常生活中，可以看到阳光或灯光下的形体在地面或墙面上有影子（图 1.1-1）。如果把这种现象抽象总结，将发光点称为光源，光线称为投射线，落影子的地面或墙壁称为投影面，那么这种影子叫作投影。这个投影即为过光源和形体的一系列投射线与投影面交点的集合。如图 1.1-2，过光源 S 和空间点 A 作投射线 SA 与投影面 H 交于点 a，点 a 就称为空间点 A 在投影面 H 上的投影。同样，b、c 是空间点 B、C 的投影。如果将 a、b、c 三点连成几何图形 $\triangle abc$，即为空间 $\triangle ABC$ 在投影面 H 上的投影。这种研究空间形体与其投影之间关系的方法称为投影法。

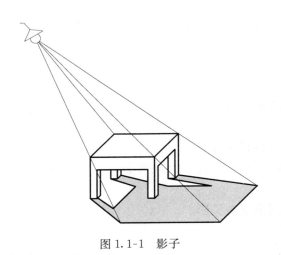

图 1.1-1　影子

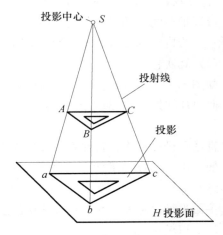

图 1.1-2　投影法

2. 投影法的分类

投影法分为中心投影法和平行投影法两大类。

（1）中心投影法

如图 1.1-2 所示，光线由光源点发出，投射线成束线状。投影的影子（图形）随光源的方向和距形体的距离而变化。光源距形体愈近，形体投影愈大，它不反映形体的真实大小。

（2）平行投影法

光源在无限远处，投射线相互平行，投影大小与形体到光源的距离无关，如图 1.1-3 所示。平行投影法又可根据投射线（方向）与投影面的方向（角度）分为斜投影和正投影两种：

① 斜投影法：投射线相互平行，但与投影面倾斜，如图 1.1-3（a）所示。

② 正投影法：投射线相互平行并且与投影面垂直，如图 1.1-3（b）所示。用正投影法得到的投影叫正投影。

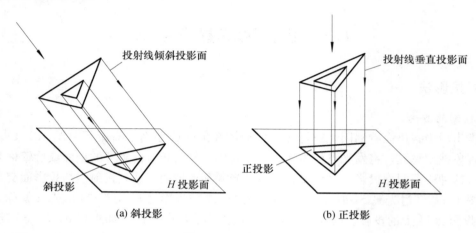

(a) 斜投影　　　　　　　　　　　　　(b) 正投影

图 1.1-3　平行投影法

3. 直线、平面的正投影特性

可以把空间形体看成是由一些点、线、面几何元素构成的。为了正确地表达形体，首先分析一下构成它的直线和平面的投影特性。

（1）真实性

如图 1.1-4 所示，直线 AB 与投影面平行。这时投射线 Aa、Bb 与 AB 构成一个投射平面，而 AB 的投影 ab 即为该平面与投影面 H 的交线。$Abba$ 构成一个平面，因此 ab 与 AB 等长。

直线平行投影面，直线在该投影面上的投影反映实长。

如 1.1-4，ABC 平面上各线均平行投影面 H，其投影反映实长，所得投影图形反映实形。

平面平行投影面，平面在该投影面上的投影反映实形。

（2）积聚性

如图 1.1-5，当直线 AB 垂直于投影面 H 时，AB 上各点位于同一投影线上，各点投影均积聚于一点，表达为 a（k，b）。

直线垂直投影面，直线在该投影面上的投影积聚为一点。

如图 1.1-5，三角形平面垂直于投影面 H，投射线与三角形平面构成的投射面垂直投影面，该（三角形）平面的投影积聚为一直线。即平面上任何点、直线、平面等几何元素，均积聚在该直线的投影上。显然，只要空间平面垂直投影面，无论什么样的平面图形，其投影一定是一条直线。

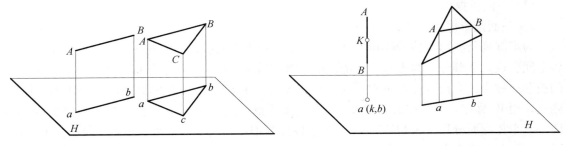

图 1.1-4　正投影的真实性　　　　　　　图 1.1-5　正投影的积聚性

平面垂直投影面，平面在该投影面上的投影积聚为直线。

（3）类似性

如图 1.1-6，直线与投影面倾斜时，其投影仍然是直线，但投影长度缩短。平面与投影面倾斜时，其投影比原图形缩小，但边数仍然相同，图形相似。

直线倾斜某投影面，直线在该投影面上的投影仍然为直线，但线段长度缩短；平面倾斜投影面，平面在投影面上的投影仍然是一个边数相同、图形相似的平面。

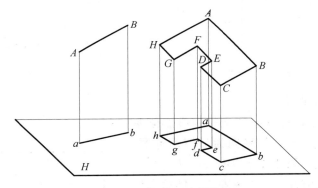

图 1.1-6　正投影的类似性

1.1.2　形体的分面投影

1. 形体的三面正投影

前面研究了构成形体的线、面的正投影特性，现在来研究如何利用线、面的正投影特性作出形体的投影图。

形体在投影面上的投影，称为投影图。一个投影图不能反映形体的真实形状和大小，也就是说，根据一个投影图不能唯一确定一个形体，如图 1.1-7 所示。

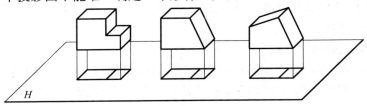

图 1.1-7　形体的一面投影

（1）三面正投影图

1）三面投影体系

为了准确反映形体的形状和大小，用三个互相垂直的投影面构成一个三面投影体系，它将空间分成八个部分，称为八个分角。我国国家标准规定采用第一分角，如图 1.1-8 将正立的投影面称为正立投影面，简称正面，用 V 标记；将侧立的投影面称为侧立投影面，简称侧面，用 W 标记；将水平放置的投影面称为水平面，用 H 标记。它们相当于空间直角坐标面。三个投影面分别交于 OX、OY、OZ 三根投影轴，相当于三根坐标轴，三轴交点 O 称为原点，如图 1.1-9 所示。

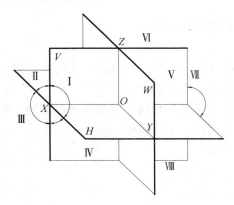

图 1.1-8　八个分角

图 1.1-9　三投影面

2）三面投影图的形成

如图 1.1-10 所示，将形体置于三面投影体系中。X 轴向为形体的长度；Y 轴向为形体的宽度，Z 轴向为形体的高度。图 1.1-10 中，A、B、C 所示方向分别为形体的前方、上方和左方。然后，将形体分别向三个投影面作正投影。从形体的前面（即按 A 所示箭头方向）向 V 面上所作的投影图称为正面投影图；从上向下（沿 B 箭头所示方向）在 H 面上所作的投影图称为水平投影图；从左向右（沿 C 箭头所示方向）在 W 面上所作的投影图称为侧面投影图。这三个投影图相互联系、共同表达形体的形状和大小。这是工程制图与读图的基本原理与规则。

注意：在画形体的投影图时，可见的线画实线，不可见的线画虚线。

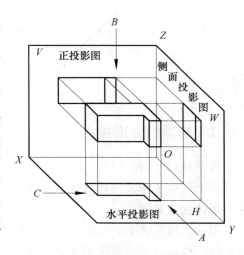

图 1.1-10　三面投影体系

（2）三面投影图的相互关系

由于形体是在同一位置上分别向三个投影面进行投影的，所以，在正面投影图上反映了形体的长和高；在水平投影图上反映了形体的长和宽；在侧面投影图上反映了形体的高和宽。为了能在同一画面上得到一个形体的三面投影图，将三个投影面展成一个平面。展开方法如图 1.1-11（a）所示，V 面保持不动，H 面绕 OX 轴向下旋转 90°；W 面绕 OZ 轴向右旋转 90°；Y 轴分为 Y_H 和 Y_W 两部分。经旋转展开，三个投影图展平在与 H 面同一个平面（图面）上，如图 1.1-11（b）所示。为了绘图与读图的方便，按投影关系在正面投影图的正右边为侧面投影图，正面投影图的正下方为水平投影图。如不按这个规则布置图时，必须标注投影图的名称，如平面图、立面图、侧面图等。由于三面投影图是表达形体形状和尺寸的，因此，工程图中投影面的交线和边框不需要画出，各投影图之间的距离也不影响图形和尺寸，如图 1.1-11（b）所示。但是，三个投影图之间却要保持如下的投影关系：

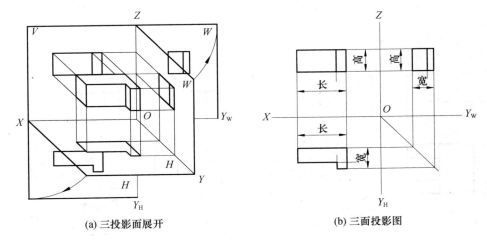

(a) 三投影面展开　　　　　　　　　　　(b) 三面投影图

图 1.1-11　三面投影

正面投影图与水平投影图长度（X）相等；正面投影图与侧面投影图高度（Z）相等；水平投影图与侧面投影图宽度（Y）相等。这是三面投影图间极重要的三等关系，即 V、H 长对正；V、W 高平齐；W、H 宽相等。口诀为："长对正、高平齐、宽相等"。形体的总体尺寸及局部尺寸必须遵照这个投影关系。

三等关系是三面投影图的基本规律，把相关的投影图共同对照、分析、思考，识别形体的实际情况，是制图与读图的基本方法。

图 1.1-12 有四个图例，画出了形体的三面投影图，把形体和图对照阅读，以加深对三面投影图的认识。

（3）由立体图或模型画三面投影图［图 1.1-13（a）］

1）模型的摆置

① 模型放置平稳，使形体处于正常工作位置；

② 正面应与 V 面平行，使正面投影图显示形体的特征；

③ 投影图中的虚线应尽可能地少。

2）绘图步骤

① 布图，即确定模型图在图纸上的位置；

② 选择绘图比例；

③ 用 2H 或 3H 铅笔打底稿，绘图时遵循"三等关系"原则；

④ 检查，修正错误，然后用 HB 铅笔描深。

图 1.1-13 是根据立体图绘制的三面投影图示例。

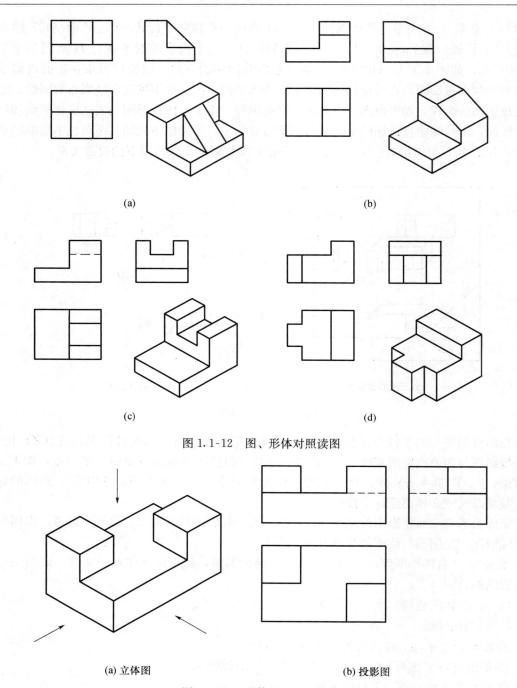

图 1.1-12 图、形体对照读图

(a)   (b)

(c)   (d)

(a) 立体图   (b) 投影图

图 1.1-13 形体的三面投影图

2. 形体的六面投影图（视图）

工程中常把形体的投影图称为视图，组合体的三面投影图称为三面视图或三视图。

前面介绍了三面投影图，在建筑制图中，又把水平投影称为平面图，把正面投影称为正立面图，把侧面投影（由左向右观看形体在 W 面上所得到的图形）称为（左）侧立面图。

三面投影图表示的是形体的上下、前后、左右六个方向中的上、前、左三个方向中的形状和大小。对于一般形体来说，这三个投影图足以确定其形状和大小。但对于某些复杂的建筑形体与细部，还需要得到或从右向左，或从后向前，或从下向上的投影图。为了满足工程实际的需要，按照国家《房屋建筑制图统一标准》的规定，在已有的三面投影体系基础上，再增加三个投影面，即在 V、H、W 投影面的相对方向上加设 V_1、H_1、W_1 三个投影面，形成六面投影体系，然后将形体置于六面投影体系中，分别向六个投影面作正投影，这样就得到了一个形体的六面投影图（视图），并分别把在 V_1、H_1、W_1 三个投影面上得到的投影图称为背立面图、底面图、右侧立面图。如图 1.1-14（a）为六个投影图的形成与展开方法。图 1.1-14（b）为展开后六个投影图的排列位置。

　　如在同一张图纸上绘制若干个投影图时，为了合理地利用图纸，各投影图的位置宜按图 1.1-14（c）的顺序进行布置。图名宜标注在投影图的下方，在图名下用粗实线绘制一条横线。

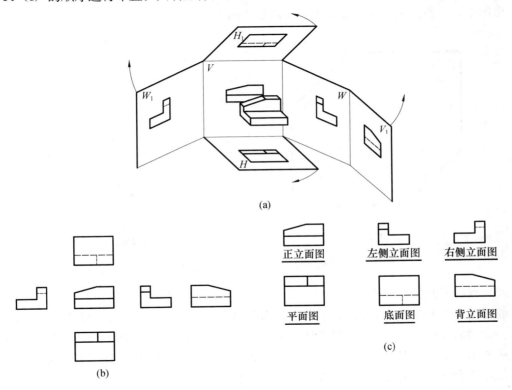

(a) 六面投影图的形成与展开方法；(b) 六面投影图的排列位置；(c) 六面投影图的配置

图 1.1-14　形体的六面投影图（视图）

1.2　点、直线和平面的投影

1.2.1　点的投影

1. 点的投影及其规律

点、线、面是组成形体的最基本的几何元素。任何复杂的空间几何问题都可以抽象成点、线、面的相互关系问题。因此，点、线、面的投影是识读工程图的重要基础。

（1）点的三面投影

点的投影，为过点的投射线与投影面的交点。设第一分角内有一点 A［图 1.2-1（a）］，对点 A 分别向三个投影面作正投影，即自点 A 分别向 H、V 和 W 面作垂直的投射线，得到交点 a、a' 和 a''，即为点 A 在 H、V 和 W 面上的投影。a 称为点 A 的水平投影，a' 称为点 A 的正面投影，a'' 称为点 A 的侧面投影。

规定：空间的点用大写字母 A、B、C……表示；点在 H 面上的投影用相应的小写字母 a、b、c……表示；点在 V 面上的投影用小写字母加一撇 a'、b'、c'……表示；点在 W 面上的投影用小写字母加两撇 a''、b''、c''……表示。

按前述规定，将三面投影体系展开，得到点 A 的三面投影图，如图 1.2-1（b）所示。在投影图中，一般只画出投影轴，不需要画投影面的边框线。

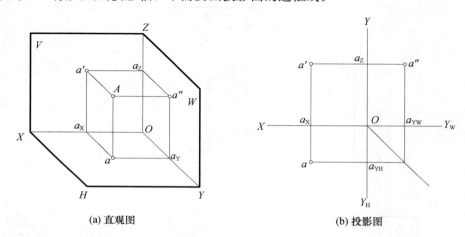

(a) 直观图   (b) 投影图

图 1.2-1　点的三面投影图

（2）点的三面投影规律

如图 1.2-1（a）所示，因 $Aa \perp H$ 面，$Aa' \perp V$ 面，故平面 $Aa'a_Xa \perp H$ 面、$\perp V$ 面，则 $a'a_X \perp OX$ 轴，$a_Xa \perp OX$ 轴。当投影体系展开后，$a'a \perp OX$ 轴。同理可证明 $a'a'' \perp OZ$ 轴。

从图 1.2-1（a）还可以看出，$Aa' = aa_X = a''a_Z$，反映的是点 A 到 V 面的距离，Aa 反映的是点 A 到 H 面的距离，Aa'' 反映的是点 A 到 W 面的距离。

综上，点的投影规律如下：

1）$a'a \perp OX$，即点的 V 面投影和 H 面投影的连线垂直于 OX 轴；

2）$a'a'' \perp OZ$，即点的 V 面投影和 W 面投影的连线垂直于 OZ 轴；

3）$aa_X = a''a$，即点的 H 面投影到 OX 轴的距离等于该点的 W 面投影到 OZ 轴的距离。

【例 1.2-1】 已知点 B 的两个投影 b、b'，求作第三投影 b''［图 1.2-2（a）］。

解　作图步骤如下：

（1）根据点的投影规律可知，$b'b'' \perp OZ$ 轴，过 b' 作 OZ 轴的垂线，与 OZ 轴交于 b_Z［图 1.2-2（b）］。

（2）因 $bb_X = b''b_Z$，所以截取 $b''b_Z = bb_X$ 而得到 b''［图 1.2-2（b）］。在截取 $b''b_Z = bb_X$ 时，可以用分规直接量取，也可以采用过原点 O 的 45°辅助线或 1/4 圆弧等方法来完成。

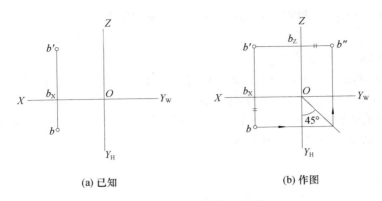

(a) 已知   (b) 作图

图 1.2-2 求点的第三投影

2. 点的投影与坐标

如果将三面投影体系看作是直角坐标系，则投影面 V、H、W 相当于坐标平面，投影轴 OX、OY、OZ 相当于 X、Y、Z 轴，三轴的交点 O 就是坐标原点。在投影体系中，原点 O 把每一个坐标分为正负两部分，规定 X 轴从 O 向左为正，Y 轴从 O 向前为正，Z 轴从 O 向上为正，反之为负。

空间点 A 到三个投影面的距离分别用它的直角坐标（X、Y、Z）表示，如图 1.2-3（a）所示。点 A 的三个坐标值 X_A、Y_A、Z_A 分别表示点 A 到 W、V、H 三个投影面的距离。因此，空间点 A 的位置可用 A（X_A，Y_A，Z_A）表示。在投影图上，点 A 的三个投影可用其坐标来确定，两者之间的关系如下：

水平投影 a 由（X_A、Y_A）坐标确定；

正面投影 a' 由（X_A、Z_A）坐标确定；

侧面投影 a'' 由（Y_A、Z_A）坐标确定，如图 1.2-3（b）所示。

由此可见，已知一点的三个坐标值，就可唯一确定此点的空间位置及其三面投影。

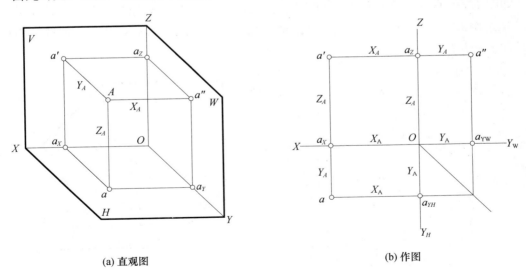

(a) 直观图   (b) 作图

图 1.2-3 点的投影与坐标

【例 1.2-2】 已知点 A（20，15，10），求作其三面投影图。

解

（1）画投影轴，如图 1.2-4 所示。

（2）自原点 O 沿 OX 向左量取 20 得 a_X，过 a_X 作 OX 轴的垂线，在垂线上自 a_X 向上量取 10 得 V 面投影 a'，向前量取 15 得 H 面投影 a。

（3）根据点的投影规律作图，过 a' 作 OZ 轴的垂线，交 OZ 轴于 a_Z，自 a_Z 向左量取 15 的侧面投影 a''。或通过辅助线作图求得。

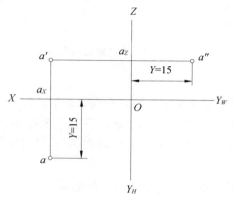

图 1.2-4 由点的坐标作投影图

3. 空间两点的相对位置

（1）两点相对位置的判别和确定

两点的相对位置是指空间两点之间上下、前后、左右的位置关系。空间两点的相对位置可根据两点的同面投影（在同一投影面上的投影称为同面投影）的坐标关系来判别。其中，Z、Y、X 坐标分别代表上下、前后、左右。

如图 1.2-5 所示，已知点 A 和点 B 的三面投影。从图中可以看出，$X_A > X_B$ 表示点 A 在点 B 之左；$Y_A > Y_B$ 表示点 A 在点 B 之前；$Z_A > Z_B$ 表示点 A 在点 B 之上，即点 A 在 B 的左、前、上方。

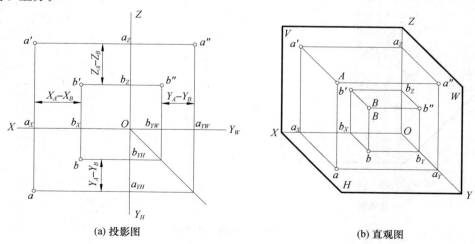

(a) 投影图　　　　　　　　　　　　　　(b) 直观图

图 1.2-5 空间两点的相对位置

（2）重影点及可见性

1）重影点

对某一投影面的同一条投射线（投影面垂直线）上的两点，在该投影面上的投影重合于一点，则称这两点为对该投影面的重影点。如图 1.2-6（a）所示，A、B 两点位于同一条 V 面投射线上，它们在 V 面的投影重合于一点，则称 A、B 两点为对 V 面的重影点。

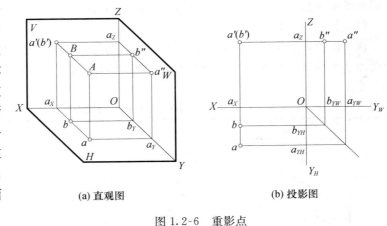

(a) 直观图　　　　　　(b) 投影图

图 1.2-6　重影点

2）可见性

因重影点位于某一投影面的同一投射线上，必有一点遮住另一点，亦即有重影点，就有可见性问题。如图 1.2-6 所示，过点 A、B 向 V 面作投影，点 A 为可见点，点 B 被点 A 遮住，因此点 B 的 V 面投影为不可见，规定不可见点加括号标注以示不可见。

判别方法：根据它们不重合的同面投影两点坐标值的大小来判别，坐标值大的为可见，坐标值小的为不可见。如图 1.2-6（b），因 $Y_A > Y_B$，所以，a' 为可见，b' 为不可见，应加括号。

1.2.2　直线的投影

1. 直线的投影

空间两点确定一条直线段。直线段在某一投影面上的投影，是通过该直线的投射平面与该投影面的交线。由于两平面的交线必然是一直线，所以直线的投影仍为直线，如图 1.2-7（a）所示，ab 为直线段 AB 的投影。只有当直线段垂直于投影面时，在该投影面的投影才积聚为一点，如图 1.2-7 中的直线段 CD。

求直线段的投影就是求直线段上两端点的投影，并将同面投影相连，即可得到直线的投影，如图 1.2-8 所示。

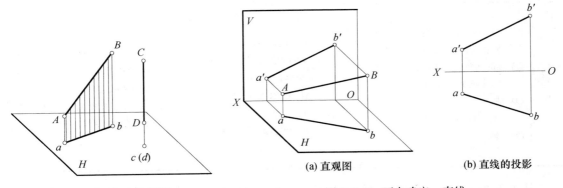

图 1.2-7　直线的投影　　　　　　　　　　图 1.2-8　两点确定一直线

(a) 直观图　　　　　(b) 直线的投影

2. 直线与投影面的相对位置

直线相对于投影面有三种情况：即投影面平行线、投影面垂直线、一般位置直线（对各投影面既不平行又不垂直）。前两种直线统称为特殊位置直线。

（1）投影面平行线

在三面投影体系中，与某一投影面平行，与另两投影面倾斜的直线称为投影面平行线。分别为水平线（// H 面）、正平线（// V 面）、侧平线（// W 面）三种。它们的投影特性见表 1.2-1。

表 1.2-1 投影面平行线的投影特性

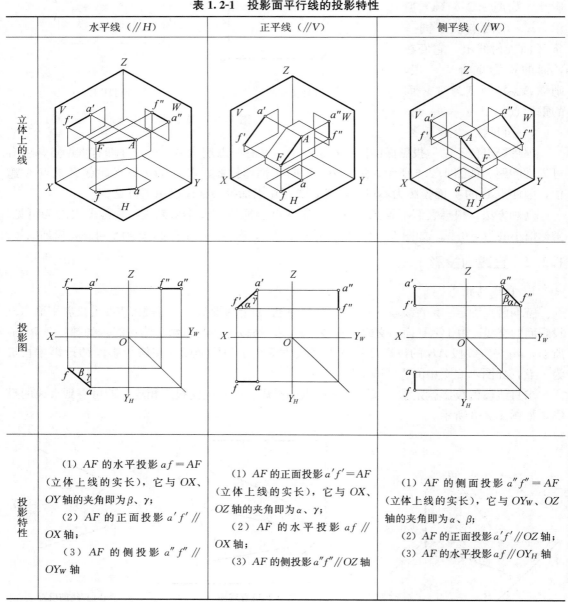

	水平线（// H）	正平线（// V）	侧平线（// W）
立体上的线			
投影图			
投影特性	（1）AF 的水平投影 $af=AF$（立体上线的实长），它与 OX、OY 轴的夹角即为 β、γ； （2）AF 的正面投影 $a'f'$ // OX 轴； （3）AF 的侧投影 $a''f''$ // OY_W 轴	（1）AF 的正面投影 $a'f'=AF$（立体上线的实长），它与 OX、OZ 轴的夹角即为 α、γ； （2）AF 的水平投影 af // OX 轴； （3）AF 的侧投影 $a''f''$ // OZ 轴	（1）AF 的侧面投影 $a''f''=AF$（立体上线的实长），它与 OY_W、OZ 轴的夹角即为 α、β； （2）AF 的正面投影 $a'f'$ // OZ 轴； （3）AF 的水平投影 af // OY_H 轴

从表 1.2-1 中可以看出，立体上凡平行于某个投影面的直线，在这个投影面上的投影反映实长，同时反映与另二投影面的倾角实形，在其他两个投影面的投影均与相应的投影轴

平行。

（2）投影面垂直线

在三面投影体系中，垂直于某一个投影面的直线，称为投影面垂直线。分别为铅垂线（⊥H 面）、正垂线（⊥V 面）、侧垂线（⊥W 面）三种。投影面垂直线同时包含着投影面平行线的投影性质，见表 1.2-2。

表 1.2-2　投影面垂直线的投影特性

	铅垂线（⊥H）	正垂线（⊥V）	侧垂线（⊥W）
立体上的线	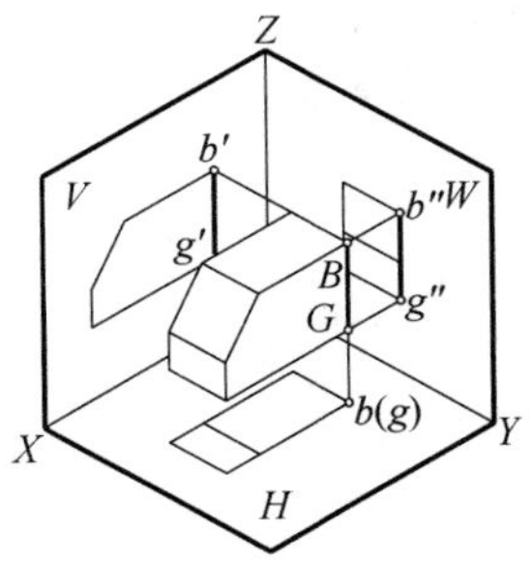	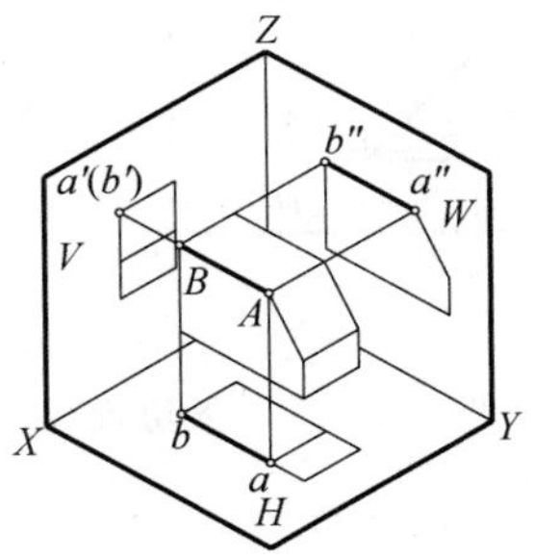	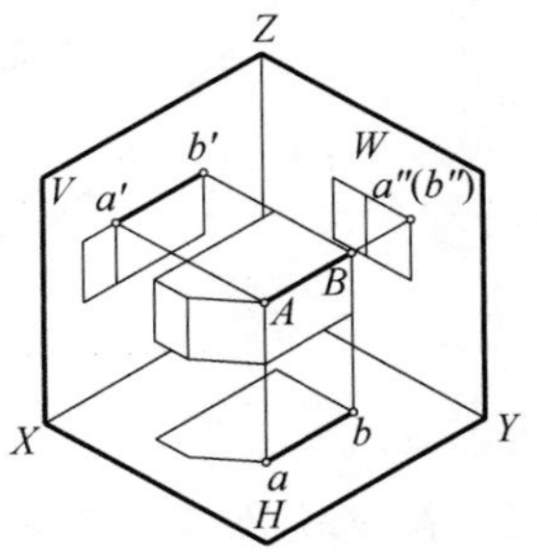
投影图	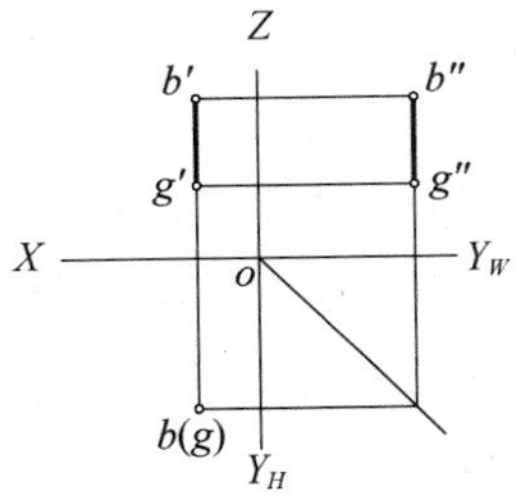	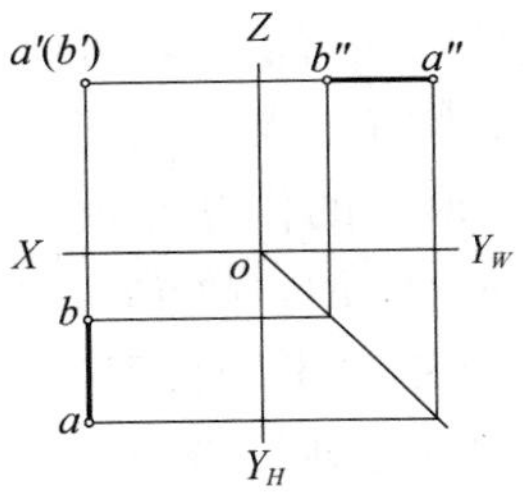	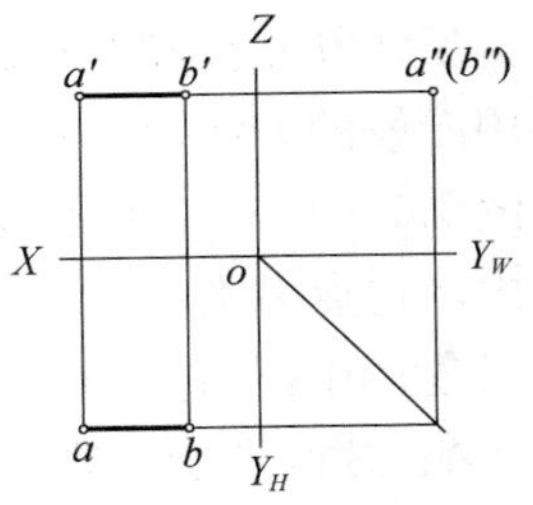
投影特性	（1）BG 的水平投影 b（g）积聚为一点； （2）BG 的正面投影 $b'g'$⊥OX 轴，侧面投影 $b''g''$⊥OY_W 轴； （3）$b'g'=b''g''=BG$（立体中 BG 线的实长）	（1）AB 的正面投影 a'（b'）积聚为一点； （2）AB 的水平投影 ab⊥OX 轴，侧面投影 $a''b''$⊥OZ 轴； （3）$ab=a''b''=AB$（立体中 AB 线的实长）	（1）AB 的侧面平投影 a''（b''）积聚为一点； （2）AB 的水平投影 ab⊥OY_H 轴，正面投影 $a'b'$⊥OZ 轴； （3）$ab=a'b'=AB$（立体中 AB 线的实长）

从表 1.2-2 中可以看出，立体直线凡垂直于某个投影面，在该投影面的投影积聚为一点，在其他两投影面上的投影反映实长。

（3）一般位置直线

与三个投影面都没有平行或垂直关系的直线称为一般位置直线。如图 1.2-9 所示，AB 直线与三个投影面均倾斜，在三面投影体系中的投影均为斜线（$a'b'$倾斜 0X 轴，ab 倾斜 0X 轴，$a''b''$倾斜 OZ 轴），线段长度不反映实长。

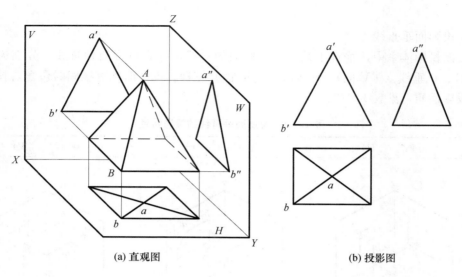

(a) 直观图　　　　　　　　　　　　(b) 投影图

图 1.2-9　一般位置直线

3. 直线段的实长及其对投影面的倾角

特殊位置直线能在投影图上直接反映出直线段的实长和与某一投影面的倾角，而一般位置直线同时倾斜于 H 面、V 面和 W 面，它的三个投影都是倾斜线段，所以，在投影图上不能直接反映其实长和对投影面的倾角。如有需要，可以利用空间线段及其投影之间的几何关系，用图解的方法求出直线的实长和倾角。常用的图解方法是直角三角形法。

图 1.2-10（a）所示为直角三角形法的作图原理：AB 为一般位置直线，在 $AaBb$ 投射平面内，过点 A 作 $AB_1 /\!/ ab$，因 $Bb \perp H$ 面，故 $Bb \perp AB_1$，$\triangle ABB_1$ 为一直角三角形。在该直角三角形中，直角边 $AB_1 = ab$（水平投影的长度），另一直角边 $BB_1 = Bb - Aa = b'b_X - a'a_X$（$A$、$B$ 两点的高度差），斜边 AB 反映线段的实长，$\angle B_1AB = \angle B_0ab = \alpha$，$\alpha$ 就是线段 AB 与 H 面的倾角。

根据线段的投影图就可以作出与 $\triangle AB_1B$ 全等的一个直角三角形，从而求得线段的实长及对 H 投影面的倾角 α。作图方法如图 1.2-10（b）所示。

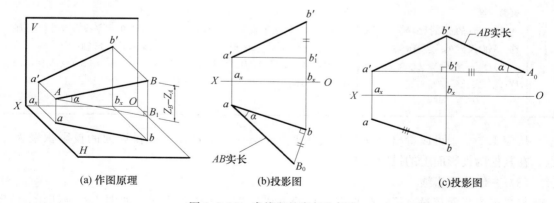

(a) 作图原理　　　　　　　(b) 投影图　　　　　　　(c) 投影图

图 1.2-10　求线段的实长和倾角 α

（1）过 a' 作 OX 轴的平行线，交 bb' 于 b_1'，$bb_1' = Z_B - Z_A = b'b_X - a'a_X$；

（2）以水平投影 ab 为一直角边，过 b 点作 ab 的垂线，并在此垂线上截取 $bB_0 = bb'_1 = Z_B - Z_A$；

（3）连接 aB_0，则 aB_0 就是线段 AB 的实长，而 $\angle baB_0$ 就是 AB 与 H 面的倾角 α。

图 1.2-10（c）是利用 V 面投影 $a'b'$ 的高差作图。

4. 直线上的点

（1）直线上点的投影

直线上一点的投影必在该直线的同面投影上，且符合点的投影规律。如图 1.2-11（a），直线 AB 上有一点 C，则点 C 的投射线 Cc 必位于通过 AB 的投射平面 $AabB$ 内，因而 Cc 与 H 面的交点 c 必位于该投射面与 H 面的交线 ab 上。

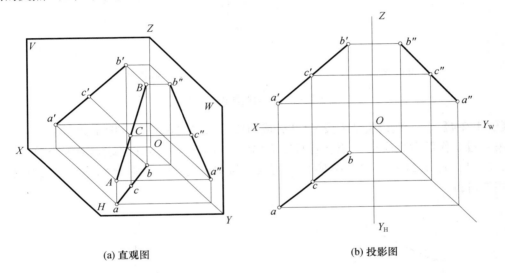

(a) 直观图　　　　　　　　　　　　　　　　　　　(b) 投影图

图 1.2-11　直线上的点

反之，若一点的各投影如在直线的各同面投影上，且符合点的投影规律，则在空间，该点必在直线上。

一般情况下，点是否在直线上，可由它们的任意两个投影来决定。但如果直线平行于某投影面时，还应观察直线所平行的那个投影面上的投影，才能判断点是否在直线上。

【例 1.2-3】 如图 1.2-12（a），已知侧平线 AB 的两投影 ab、$a'b'$，及点 C、点 D 的两投影 c、d 和 c'、d'，试判别点 C、点 D 是否在直线 AB 上。

解　作出直线 AB、点 C、点 D 的 W 面投影 [图 1.2-12（b）]，由图可看出，点 C 的三面投影都在直线的同面投影上，所以点 C 在直线 AB 上，而 d'' 不在 $a''b''$ 上，故点 D 不在直线 AB 上。

（2）直线段上的点分割线段成定比

点分割线段成定比，其投影必定成相应比例。如图 1.2-11（a）所示，点 C 把 AB 分成 AC 和 CB 两段，由于经各点向一投影面所引出的投射线是互相平行的，即 $Aa /\!/ Cc /\!/ Bb$，$Aa' /\!/ Cc' /\!/ Bb'$，$Ad'' /\!/ Cc'' /\!/ Bb''$，所以 $AC : CB = ac : cb = a'c' : c'b' = a''c'' : c''b''$。

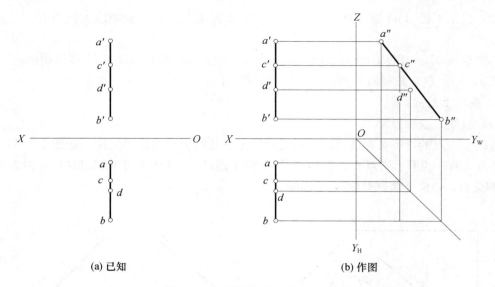

(a) 已知　　　　　　　　　　　　　(b) 作图

图 1.2-12　判别点是否在直线上

【例 1.2-4】 点 C 把线段 AB 按 3∶2 分成两段，求点 C 的投影（图 1.2-13）。

解　过 a 作任意直线 $a5$，以任意长度为单位，在 $a5$ 上由点 a 连续量取五个单位，得点 1、2、3、4、5。连线 $b5$，过 3 作 $b5$ 的平行线，与 ab 交于点 c，则 $ac∶cb=3∶2$。根据点的投影规律可得 c'。

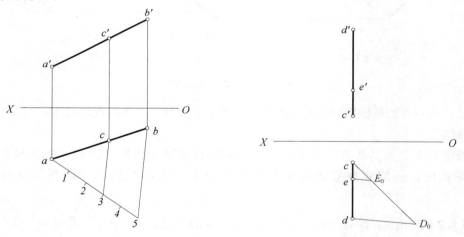

图 1.2-13　按给定比例在直线上取点　　　　图 1.2-14　利用定比求线段 AB 上的分点

【例 1.2-5】 已知侧平线 CD 上一点 E 的正面投影 e'，求 e。（图 1.2-14）。

解　若点 E 在直线 AB 上，则 $d'e'∶e'c'=de∶ec$。过点 c 作任意辅助线，在此线上量取 $cE_0=c'e'$，$E_0D_0=e'd'$，连线 dD_0，由 E_0 引直线平行于 dD_0 与 cd 交于 e，即为所求。

5. 两直线的相对位置

两直线在空间的相对位置有 3 种情况：平行、相交和交叉。分述如下：

（1）平行两直线

如果空间两直线互相平行，则此两直线的各同面投影必互相平行。

如图 1.2-15（a）所示，直线 AB 平行 CD，过 AB 和 CD 所作的垂直于 H 面的两个投射平面亦必相互平行，因而与 H 面交得的投影 ab 和 cd 也一定平行。同理，V 面和 W 面的投影 $a'b'\ /\!/\ c'd'$ 及 $a''b''\ /\!/\ c''d''$。两面投影图如图 1.2-15（b）所示。

反之，若两直线的各同面投影互相平行，则此两直线在空间一定互相平行。

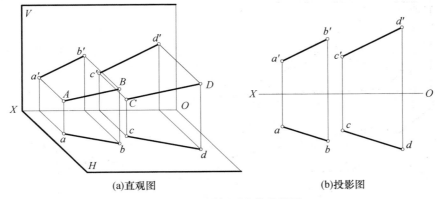

(a)直观图　　　　　　　　　　(b)投影图

图 1.2-15　平行两直线的投影

（2）相交两直线

两直线相交，其同面投影相交，交点为两直线的共有点，且符合点的投影规律。

如图 1.2-16 所示，空间两直线 AB 和 CD 交于点 K，点 K 为直线 AB 与 CD 的共有点。它的投影必定同时在两直线的同面投影上。因直线上一点的各投影在直线的同面投影上，所以，点 k 在 ab 上，又在 cd 上，必为 ab 和 cd 的交点。同理，k' 也必为 $a'b'$ 和 $c'd'$ 的交点。又因 k 和 k' 同为点 K 的两个投影，所以在投影图中，$kk' \perp OX$ 轴。

反之，若两直线的各同面投影均相交，且各投影的交点符合点的投影规律。则此两直线在空间一定相交。

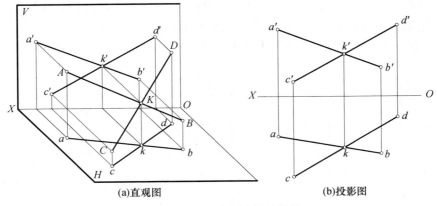

(a)直观图　　　　　　　　　　(b)投影图

图 1.2-16　相交两直线的投影

（3）交叉两直线

既不平行又不相交的两直线称为交叉直线。在投影图上，凡是不符合平行或相交条件的两直线都是交叉两直线。

当两条直线交叉时，它们的各组同面投影不会都平行；若其同面投影都相交，交点也不会符合点的投影规律，因为它们不是空间同一点的投影，而是处于同一投射线的重影点。如图 1.2-17 所示，直线 AB 和 CD 的 V 面投影 a'b' 和 c'd' 的交点 1'（2'）为 CD 上 I 点和 AB 上 II 点在 V 面上的重合投影；ab 和 cd 的交点 3（4），为 AB 上 III 点和 CD 上 IV 点在 H 面的重合投影。V 面投影交点与 H 面投影交点不符合点的投影规律，因而 AB 和 CD 为交叉两直线。

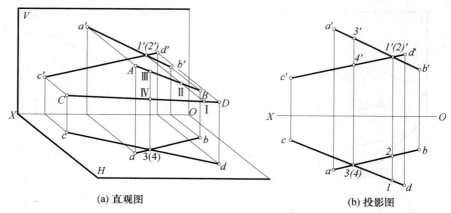

(a) 直观图　　　　　　　　　　　　(b) 投影图

图 1.2-17　交叉两直线

对于交叉直线的重影点，须判别其可见性。如图 4-17（b）所示，I、II 两点为对 V 面的重影点，由于 $Y_1 > Y_2$，所以向 V 面投影，I 点可见，II 点不可见，在 V 面投影图上，须将 2' 加上括号。

同理，III、IV 点为对 V 面的重影点，因 $Z_3 > Z_4$，所以 III 点可见，IV 点不可见。

当直线为一般位置直线时，只须两面投影即可判别两直线的相对位置。如果直线为特殊位置线，则须观察三面投影情况，方可判别出两直线的相对位置。

【例 1.2-6】已知直线 AB 和 CD 的 V、H 面投影，试判别两直线的相对位置〔图 1.2-18（a）〕。

解　因直线 AB 和 CD 为侧平线，无论空间两直线的相对位置如何，其 V、H 面投影都是垂直于 OX 轴的直线，所以，必须求出第三投影方可判断。

图 1.2-18（b）示出了作图结果，a''b''不平行于 c''d''，所以 AB 和 CD 为交叉两直线。

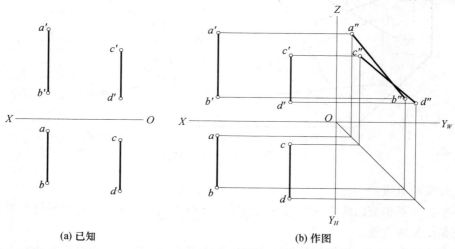

(a) 已知　　　　　　　　　　　　(b) 作图

图 1.2-18　判别两直线的相对位置

1.2.3 平面的投影

1. 平面的表示法

根据初等几何可知，如果有下列条件之一，可以唯一确定一个平面。

（1）不在同一直线上的三个点［图 1.2-19（a）］；

（2）一直线及线外一点［图 1.2-19（b）］；

（3）相交的两直线［图 1.2-19（c）］；

（4）平行的两直线［图 1.2-19（d）］；

（5）任意平面图形，即平面的有限部分，如三角形或其他封闭的多边形平面图形［图 1.2-19（e）］。

以上五种表示方法可以互相转换。通常用三角形、平行四边形、两相交直线、两平行直线表示平面，但必须注意，这种平面图形不仅表示其本身，还隐含着包括该平面在内的无限延伸的平面。

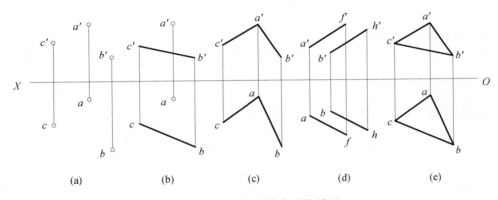

图 1.2-19 几何元素表示的平面

（a）不在一直线上的三点；（b）一直线及线外一点；（c）相交两直线；（d）平行两直线；（e）平面图形

2. 平面的空间位置

平面相对于投影面有三种位置，即平行于投影面的平面（简称投影面平行面）、垂直于投影面的平面（简称投影面垂直面）和一般位置平面（对投影面没有平行或垂直关系）。前两种统称为特殊位置平面。

（1）特殊位置平面

1）投影面平行面

与某个投影面平行，必与另两个投影面垂直的平面称为投影面平行面。投影面平行面分三种：

H 面平行面——平行于 H 面的平面，简称水平面。

V 面平行面——平行于 V 面的平面，简称正平面。

W 面平行面——平行于 W 面的平面，简称侧平面。

三种投影面平行面及其投影特性见表 1.2-3。

表 1.2-3　投影面平行面的投影特性

	水平面（//H）	正平面（//V）	侧平面（//W）
立体上的面	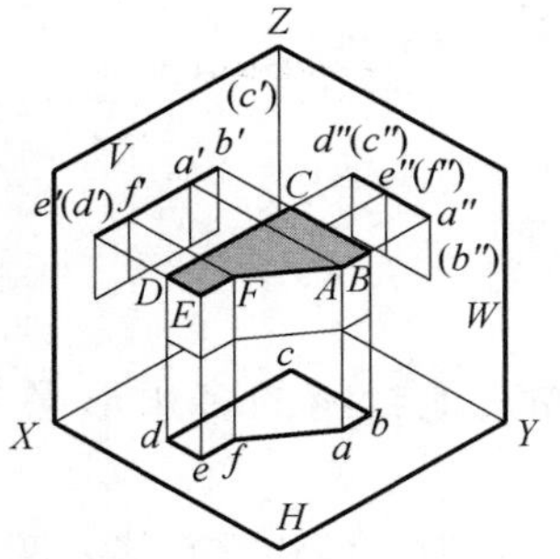	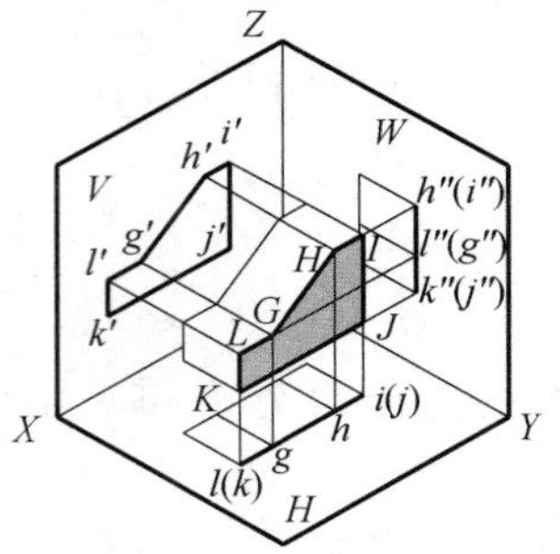	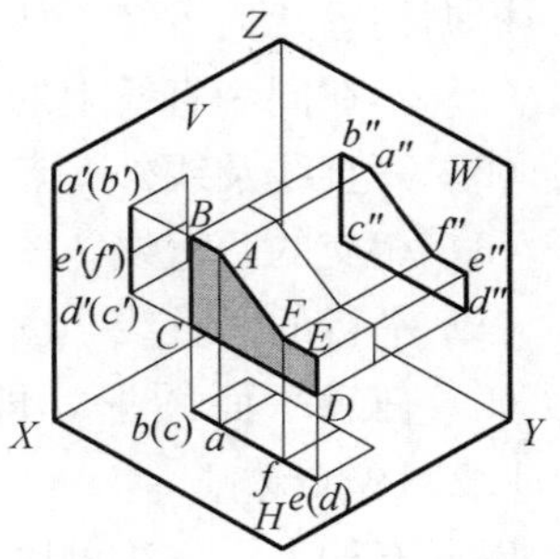
投影图	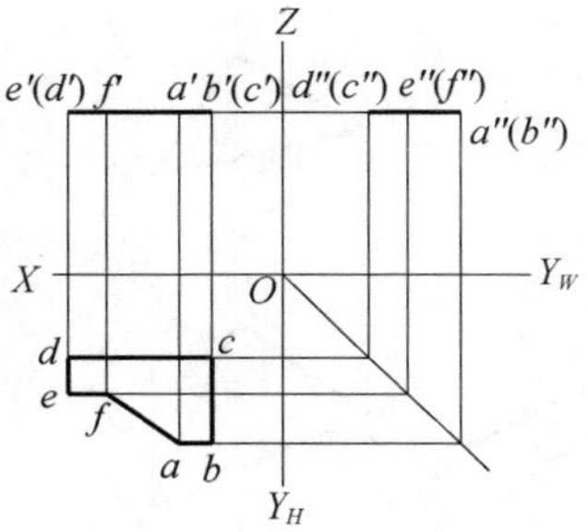	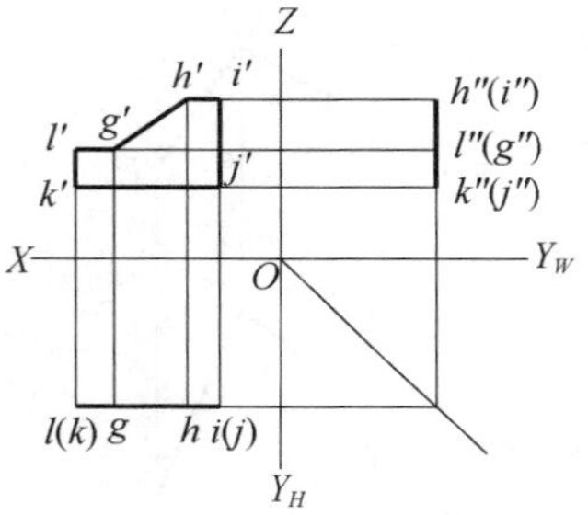	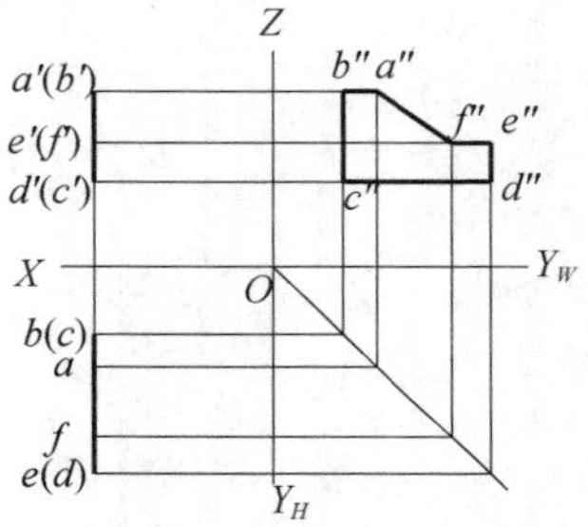
投影特性	（1）ABCDEF 平面在水平面上投影反映实形； （2）正面投影和侧面投影均积聚为横直线	（1）GHIJKL 平面在正平面上投影反映实形； （2）水平面投影积聚为横直线；侧面投影积聚为竖直线	（1）ABCDEF 平面在侧平面上投影反映实形； （2）水平面投影和正面投影均积聚为竖直线

从表 1.2-3 中总结出投影面平行面的投影共性：平面平行投影面，它在该投影面上的投影反映平面的实形，平面的另二投影积聚为直线段，且平行于相应的投影轴。

2）投影面垂直面

与一个投影面垂直，与另两个投影面倾斜的平面称为投影面垂直面。投影面垂直面有三种：

H 面垂直面——垂直于 H 面的平面，简称铅垂面。

V 面垂直面——垂直于 V 面的平面，简称正垂面。

W 面垂直面——垂直于 W 面的平面，简称侧垂面。

三种投影面垂直面及其投影特性，见表 1.2-4。

表 1.2-4　投影面垂直面的投影特性

铅垂面（⊥H）	正垂面（⊥V）	侧垂面（⊥W）
立体上的面		
投影图		
投影特性		
（1）AHGF 水平投影 $ahgf$ 积聚成一斜线；并反映平面与 V、W 面的倾角 β、γ； （2）正面投影 $a'h'g'f'$ 和侧面投影 $a''h''g''f''$ 均为类似形	（1）AHGF 正面投影 $a'h'g'f'$ 积聚成一斜线；并反映平面与 H、W 面的倾角 α、γ； （2）水平投影 $ahgf$ 和侧面投影 $a''h''g''f''$ 均为类似形	（1）AHGF 侧面投影 $a''h''g''f''$ 积聚成一斜线；并反映平面与 V、H 面的倾角 β、α； （2）正面投影 $a'h'g'f'$ 和水平投影 $ahgf$ 均为类似形

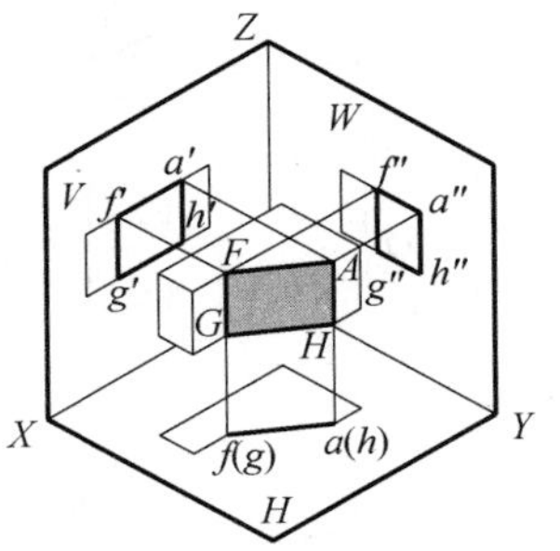

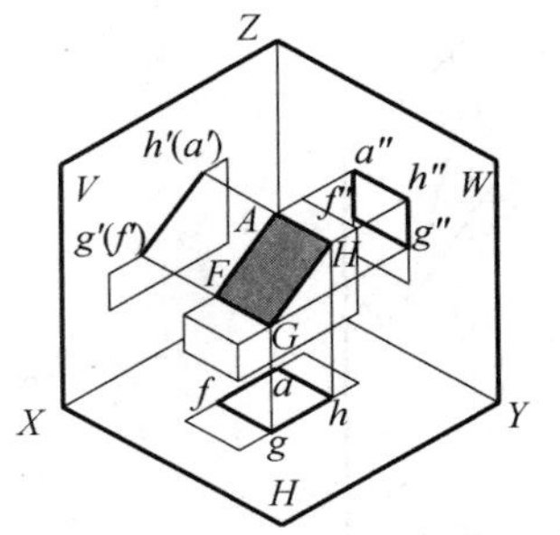

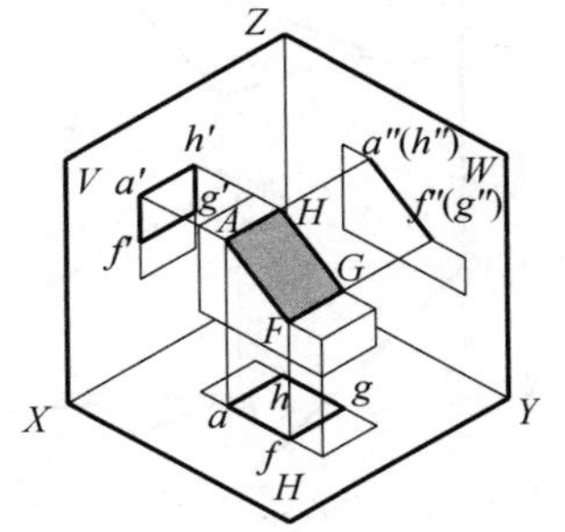

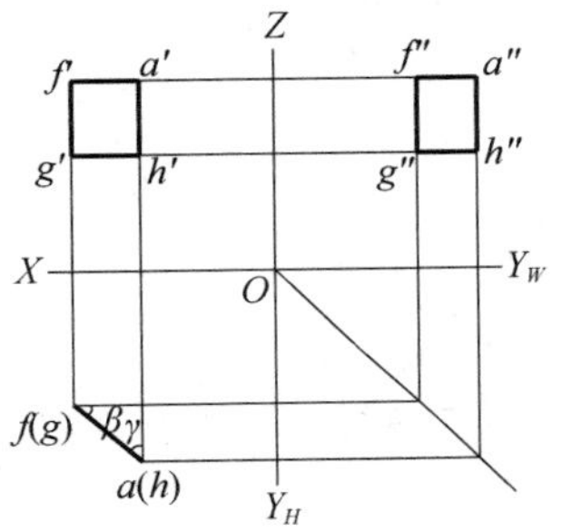

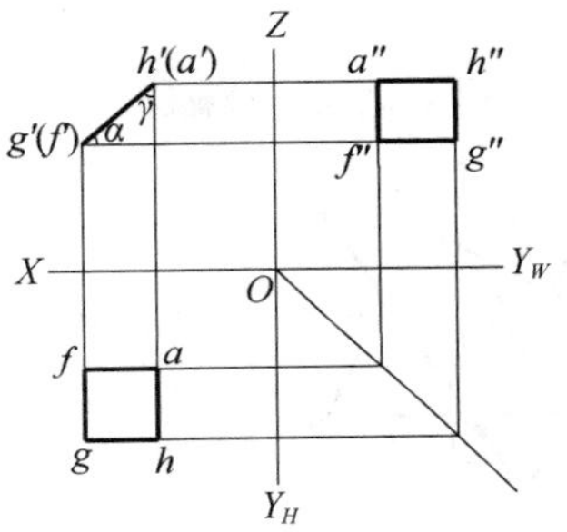

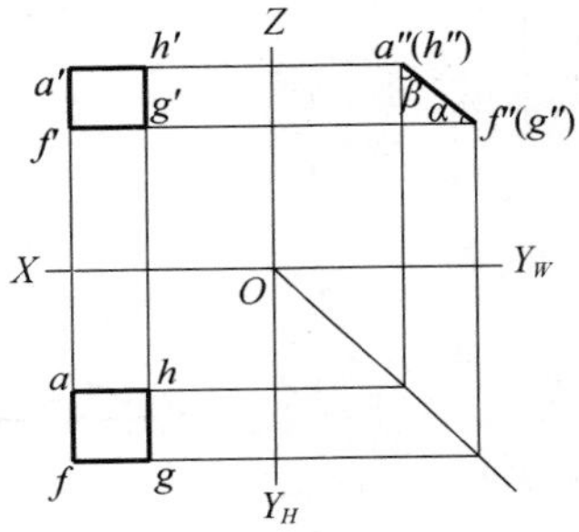

从表 1.2-4 中总结出投影面垂直面的投影共性：平面垂直投影面，它在该面的投影积聚成与投影轴倾斜的直线段，另两个投影为缩小的类似图形（边数相同的图形）。

（2）一般位置平面

对三个投影图都没有垂直或平行关系的平面，称为一般位置平面，如图 1.2-20（a）所示。

一般位置平面的投影特性是：它的三个投影都不反映实形，也不反映应与某一投影面的倾角，三个投影都是缩小的类似图形［图 1.2-20（b）］。

3. 平面内的直线和点的投影

（1）直线在平面内的几何条件

若一直线经过一平面内两个已知点，或经过平面内一个已知点，并且与平面内一已知直线平行，则该直线可以确定在该平面内。在图 1.2-21（a）中，直线 AB 通过该平面内的 Ⅰ、Ⅱ 两点，而 CD 通过平面内的Ⅲ点，又与平面内的直线 FG 平行，所以，直线 AB、CD 均在△ABC 平面内。

（2）点在平面内的几何条件

若一个点在一个平面内，它必定在该平面内的一已知直线上（点在线上，线在面上）。

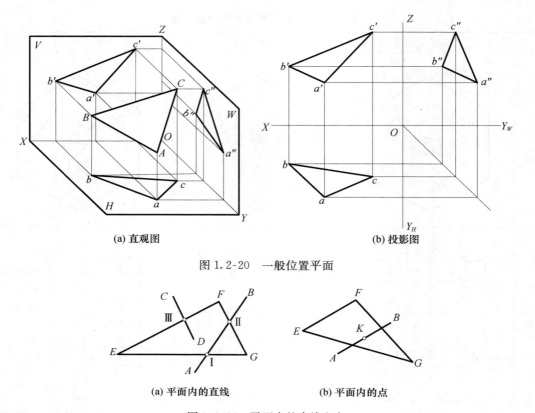

(a) 直观图　　　　　　　　　　　　　　　　　(b) 投影图

图 1.2-20　一般位置平面

(a) 平面内的直线　　　　　　　　　(b) 平面内的点

图 1.2-21　平面内的直线和点

如图 1.2-21（b）所示，点 K 在直线 AB 上，而直线 AB 在△EFG 平面内，则点 K 可以确定在三角形平面内。

【例 1.2-7】 图 1.2-22（a），已知△ABC 及其上一点 K 的 V 面投影 k'，求其点 K 的另一投影 k。

解　根据点在平面内的投影条件，可在三角形平面内通过 k' 引一辅助线 $a'd'$，并作出该辅助线的 H 面投影 ad，则点 K 的 H 面投影 k 必然在 ad 上。作图步骤如图 1.2-22（b）所示。作图结果见图 1.2-22（c）。

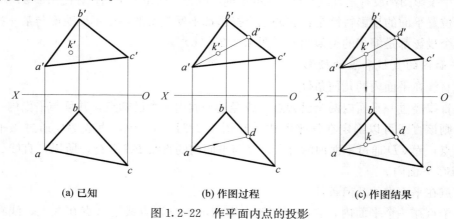

(a) 已知　　　　　　　　　　　(b) 作图过程　　　　　　　　　　　(c) 作图结果

图 1.2-22　作平面内点的投影

1.3　平面立体的投影

表面由平面图形围合成的形体称为平面立体。在建筑工程中，建筑物以及组成建筑物的各种构件和配件等，大多数都是平面立体，如梁、板、柱等。因此，对平面立体的投影特点和表达方法，应当熟练地掌握。

1.3.1　基本几何形体的投影

工程结构物或构件，一般都可以看作是由若干基本几何体组合而成，如图 1.3-1。常见的有：棱柱体、棱锥体、板、块等几何形体。

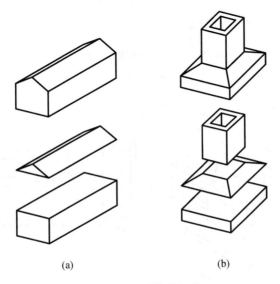

（a）　　　　　　　　　　　　　（b）

图 1.3-1　形体的组成

1. 棱柱体

【例 1.3-1】　直立棱柱体的正投影图（图 1.3-2）

直立棱柱体，顶面和底面大小相等、形状相同，各侧棱互相平行且垂直于底面。

图 1.3-2（a）所示为一直立棱柱向三个投影面投影。直立棱柱的顶面和底面平行 H 面，各侧棱垂直 H 面。

图 1.3-2（b）是直立棱柱的三面投影图，其投影特点：H 面上，顶面和底面反映实形并重合，各侧棱面的投影分别积聚为直线；V、W 面上，顶面、底面分别积聚为水平直线，各侧棱面分别为矩形线框（有的反映实形，有的为缩小的类似图形）。

【例 1.3-2】板体（墙体）的正投影图（图 1.3-3）。

板体的表面由平面组成，面与面之间和两条棱线之间都是互相平行或垂直，长、宽尺寸大，厚度尺寸小［图 1.3-3（a）］。

图 1.3-3（a）所示为板体（墙）向三个投影面投影。墙面平行于 V 面。

图 1.3-3（b）是板体（墙）的三面投影图，其投影特点：墙面在 V 面上的投影反映实

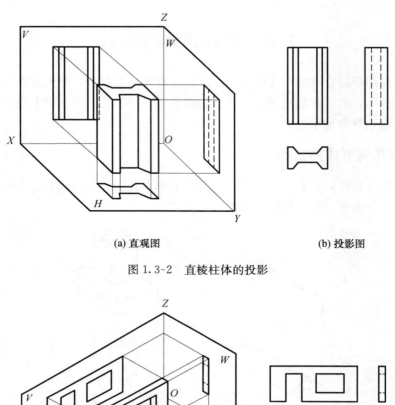

(a) 直观图　　　　　　　　　　　　　(b) 投影图

图 1.3-2　直棱柱体的投影

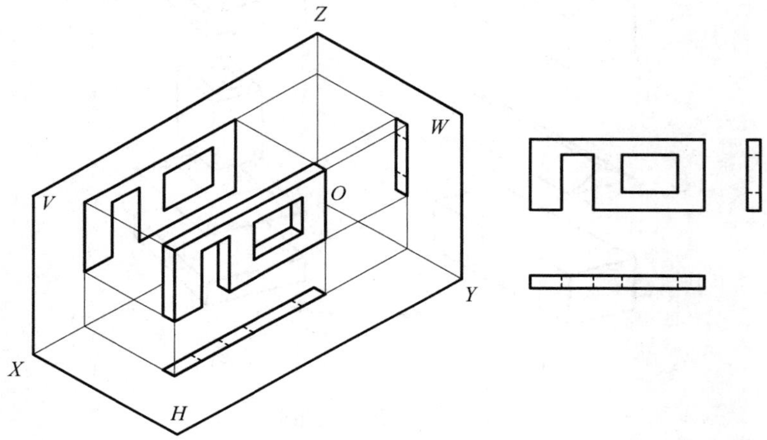

(a) 直观图　　　　　　　　　　　　　(b) 投影图

图 1.3-3　板体的投影

形。墙顶面和侧面分别平行于 H、W 面，在 H、W 面上的投影均为矩形（墙厚）线框，反映实形，H、W 投影图中的虚线是门窗洞口的投影。

2. 棱锥体

棱锥体有若干棱线共同相交于锥顶，而对没有锥顶（棱线延长仍相交）的棱锥体称棱台。

【例 1.3-3】正三棱锥体的投影（图 1.3-4）

正三棱锥体，底面为正三角形，各棱面为形状相同、大小相等的等腰三角形，锥体轴线与底面形心垂直相交。

图 1.3-4（a）所示为一个正三棱锥向三个投影面投影。三棱锥的底面 $\triangle ABC$ 平行于 H 面，棱面 $\triangle SAC$ 垂直于 W 面，棱面 $\triangle SAB$ 和 $\triangle SBC$ 为一般位置平面。

图 1.3-4（b）是正三棱锥的三面投影图，其投影特点：H 面上，三棱锥底面 $\triangle ABC$ 的

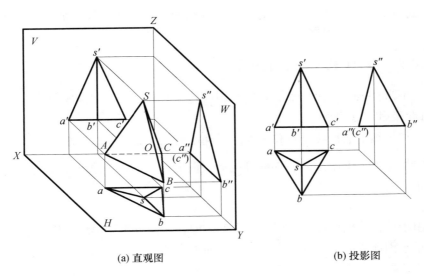

(a) 直观图　　　　　　　　　　　　(b) 投影图

图 1.3-4　正三棱锥的投影

投影反映实形，各侧棱面△SAB、△SAC、△SBC 的投影重影于底面。锥顶 S 重影于底面的中心。V 面上，锥底面△ABC 积聚为一横平直线，各侧棱面均为缩小的类似图形。在 W 面上，锥底面积聚为一直线，侧棱面△SAC 积聚一斜线，另两侧棱面重影于 W 面，为缩小的类似图形。

【例 1.3-4】四棱台的投影图（图 1.3-5 ）。

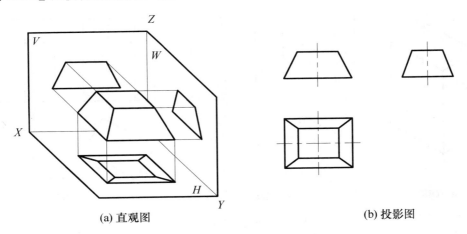

(a) 直观图　　　　　　　　　　　　(b) 投影图

图 1.3-5　四棱台的投影

四棱台可视为四棱锥的顶部被平行于底面的平面切去（四条棱线延长仍汇交于锥顶）。

图 1.3-5（a）所示为一四棱台向三个投影面投影。四棱台的上、下底面平行于 H 面，左、右侧棱面垂直于 V 面，前、后侧棱面垂直于 W 面。

图 1.3-5（b）是四棱台的三面投影图，其投影特点：H 面上，四棱台的上、下底面在 H 面上的投影反映实形（两个大小不等但相似的矩形），左右、前后各侧棱面均为缩小了的等腰梯形。V（W）面上，上、下底面分别积聚成横平直线，左、右（前、后）

侧棱面积聚成两条斜线，前、后（左、右）侧棱面重影于 V（W）面，为缩小了的等腰梯形。

1.3.2 基本几何形体表面上点的投影

作基本几何形体表面上点的投影，可利用前述平面上取点的方法作图。

1. 利用积聚性投影作图

当基本几何形体的表面投影有积聚性时，利用面的积聚性投影作图。

【例 1.3-5】 如图 1.3-6 所示，四棱柱的侧表面上点 K 的正面投影 k' 及顶面上点 M 的水平投影 m，求作它们的另二投影。

解

分析：由于棱柱体的底面、顶面及各个侧表面在三面投影图中均为投影面平行面或投影面垂直面，求平面体表面上点的投影可利用平面投影的积聚性作图。

作图：

（1）由于四棱柱侧表面为铅垂面，其水平投影积聚为一直线，所以点 K 的水平投影 k 必在面的积聚性投影上，根据 k' 和 k 求出 k''。从 k' 向 H 面投影引铅垂线与面的积聚性投影交于点 k，按投影关系由 k 和 k' 求得 k''。

（2）由于顶面为水平面，其正面投影和侧面投影积聚为一直线，因此，点 M 的正面投影 m' 和侧面投影 m'' 必在顶面的同面投影上。通过 m 向上引垂线，与顶面的积聚性投影相交于 m'，由 m' 和 m 求得 m''。

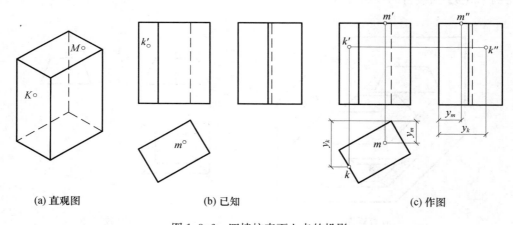

(a) 直观图　　　　　　(b) 已知　　　　　　(c) 作图

图 1.3-6　四棱柱表面上点的投影

2. 辅助线法作图

当立体表面投影没有积聚性时，面上取点的方法与上一节中讲述的方法相同，即面上取辅助线。

【例 1.3-6】 如图 1.3-7 所示，已知正三棱锥的侧面 SAB 上的点 K 的正面投影 k' 求作 k、k''。

解

作图：

由于棱锥侧表面 SAB 是一般位置面，故其面上点的投影可采用辅助线的方法作出，即

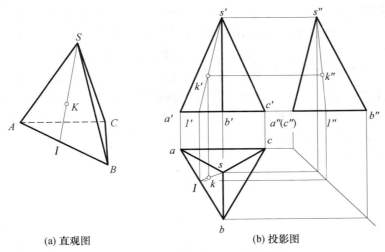

(a) 直观图　　　　　　　　　　　　(b) 投影图

图 1.3-7　三棱锥表面上点的投影

过锥顶 s' 及点 k' 作一辅助线 $s'1'$，然后求出辅助线的水平投影 $s1$，按点在线上的原则求出点 K 的水平投影 k，根据 k'、k 再求出 k''。

1.3.3　基本几何形体的切割

　　一个完整的基本形体（棱柱、棱锥、板、块等）的投影图，容易被认识。而经过切割的、局部的基本形体就比较难以直观地被识别。这就需要对基本形体的投影特点进行分析、思考。

　　学习正投影法的过程，要从"形体（实体）→投影图"，再由"投影图→形体（空间实体）"反复训练，以达到熟练掌握对正投影图的识读的目的。

　　【例 1.3-7】图 1.3-8（a）所示，四棱柱体从对角线部位切了一个方形切口。其挖切位置见图 1.3-8（b）中的阴影区域，投影图如图 1.3-8（c）。

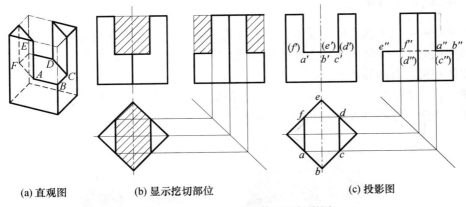

(a) 直观图　　　　　(b) 显示挖切部位　　　　　　　　(c) 投影图

图 1.3-8　切口四棱柱体三面投影图

　　V 面投影反映了切口的特征。切口底面（直观图中 $ABCDEF$ 平面）是一个水平面，其在 H 面的投影必反映实形，根据"V、H 长对正"的规律，可以直接对应到 $abcdef$ 实形。又按"V、W 高平齐"的规律，得到 $a''b''c''d''e''f''$ 的积聚性线段。则切割后的四棱柱体的投影图就显现眼前。

【例 1.3-8】 图 1.3-9（a）所示为切口正四棱锥体。其投影图如图 1.3-9（b）。W 面投影反映切口特征。切口底面（直观图中 $EDCF$）是水平面，按"V、W 高平齐"的规律，得到 $edcf$ 的积聚性线段。在 H 面上的投影反映实形，根据"V、H 长对正"和"H、W 宽相等"的规律，可以对应到 $edcf$ 实形。前、后面是两个正平面 $ABCD$ 和 $EFGH$。切口水平面 $EDCF$ 的 ED 线在四棱锥体的左棱面上，左棱面的正面投影积聚成一直线，因此，ED 线的正面投影积聚为一点，CF 线则在右棱面上。两个正平面 AB-CD 和 $EFGH$ 与四条棱线的交点为 A、B 和 G、H。经过以上分析，对切割后的四棱锥体的投影图就非常清楚了。

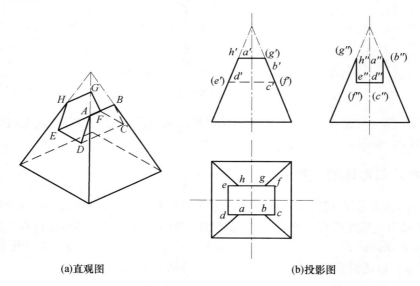

(a)直观图　　　　　　(b)投影图

图 1.3-9　切口四棱锥体的三面投影图

1.3.4　平面体的相交线

由两个或两个以上基本体相交组成的形体称为相贯式组合体（相贯体），相贯体的明显特点是在两相交的基本体的表面上产生相交线，这种相交线又称相贯线。

两立体相贯，有两种类型：

全贯　当一立体的一组棱线贯穿另一立体的同一个棱面时称全贯［图 1.3-10（a）］。

互贯　当两立体都只有部分互相咬接时称互贯［图 1.3-10（b）］。

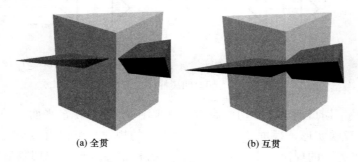

(a) 全贯　　　　　　　　(b) 互贯

图 1.3-10　两立体相贯的类型

1. 相贯线形式

两平面立体的相贯线，是封闭的空间折线或平面多边形（图 1.3-10）。每一段折线都是两平面立体上相应平面的交线；每一个折点都是一平面立体的某条棱线与另一平面的某个棱面的贯穿点。

2. 求两平面立体相贯线的方法

（1）求出两个平面立体上所有棱线及底边与另一个立体的贯穿点，按一定规律连成相贯线。

（2）求出一平面立体上各平面与另一立体的截交线，组合起来，得到相贯线。

求两平面立体的相贯线，实质上是求直线与平面的交点或两棱面的交线。

3. 相贯线可见性的判别

判别可见性的原则：只有两个可见面的交线才是可见的。只要有一个棱面不可见，其面上的交线就不可见。

4. 两平面体相交时的投影分析

图 1.3-11 为三棱柱和四棱柱相交。因三棱柱的所有棱线完全参与相交，所以此题为全贯。有两组相贯线，每组相贯线均为封闭的空间折线。

因相贯线是两立体表面的共有线，而四棱柱的水平投影有积聚性，所以相贯线的水平投影必然积聚在四棱柱的水平投影上；同样，三棱柱的侧面投影有积聚性，相贯线的侧面投影必然积聚在三棱柱的侧面投影上。

相贯线的求法，与平面上取点一样，当立体表面投影有积聚性时，利用积聚性投影求出交点。从图 1.3-11（a）中水平投影可以看出，四棱柱的 F 棱、G 棱未参与相贯，而三棱柱的 C 棱、D 棱、E 棱和直立四棱柱的 A 棱、B 棱均参与相贯，每条棱线有两个交点，两组相贯线上分别有 5 个交点（折点），求出这些交点，便可连成相贯线，作图结果如图 1.3-11（c）所示。

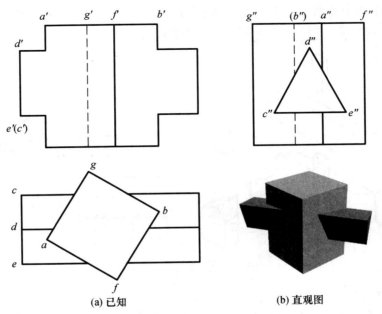

(a) 已知　　　　　　(b) 直观图

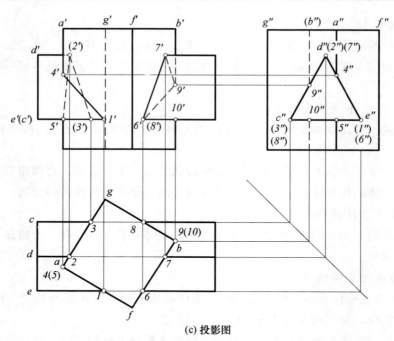

(c) 投影图

图 1.3-11　三棱柱与四棱柱的交线

1.3.5　平面组合体的投影

1. 组合体的结合形式

任何一个复杂的形体，都可以把它看作是一些基本几何形体组合而成，因此可称为组合体。组合体的结合形式有以下三种：

（1）叠加式

叠加式是由两个或两个以上的基本体叠加而成。如图 1.3-12 所示的房子，是由屋顶（两个三棱柱）和墙身、烟囱（三个四棱柱）叠加而成的。

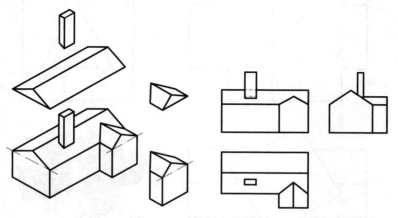

图 1.3-12　叠加式组合体

（2）切割式

一个较复杂的形体，可以把它看作是一基本几何体经切割后形成的，更易于认识。

如图 1.3-13 所示的三面投影，是由一个长方体切去一个楔形三棱柱体和一个四棱柱体后形成的。

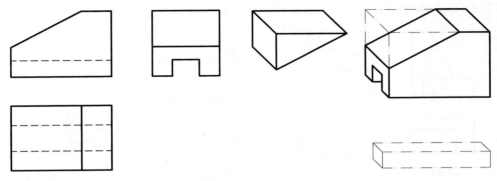

图 1.3-13　切割式组合体

（3）综合式

综合式组合体是既有形体叠加又含有形体的切割成分。图 1.3-14 所示的组合体是由长方形底板与经过切割后的四棱柱叠加而成。

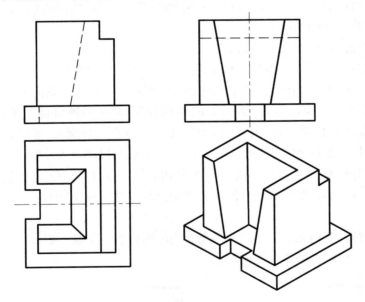

图 1.3-14　综合式组合体

2. 平面组合体投影图的识读

（1）形体分析法

上面介绍的平面组合体的组合形式（叠加式、切割式和综合式），目的在于提供一种识读投影图的方法——形体分析法。

形体分析法是从某一个反映组合体主要特征的投影图（V 面投影或 W 面投影，或 H 面投影，通常是 V 面投影图反映物体的形体特征）中分析组合体是由哪些部分组成；再对照其他投影图，分别认识、验证各部的细部形状；然后按投影图把各部分叠加在一起，由此读出投影图所表达的形体。

图 1.3-15（a）为组合体的两面投影，从 V 面投影看出，形体分为上、下两部分，对应 H 面投影图可知，下部底板被切去右侧两个角［图 1.3-15（b）］。上部为一个梯形块体，对应 H 面可知梯形块体的厚度［图 1.3-15（c）］。上、下叠加起来，投影图所表达的形体就清楚了。

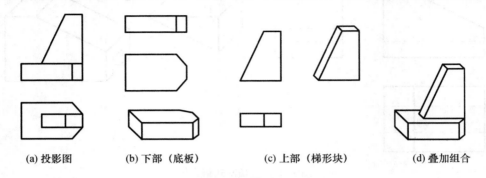

(a) 投影图　　　(b) 下部（底板）　　　(c) 上部（梯形块）　　　(d) 叠加组合

图 1.3-15　用形体分析法读图

（2）线面分析法

由各种形状和空间位置平面（平行面、垂直面、一般位置平面）包围的平面立体，其投影是平面立体所含的各平面投影的总和。分析投影图中，具有特征的平面的投影——线面分析法，也是阅读投影图的方法之一。

投影图中线面的几何意义归纳如下：

投影图上的封闭图形，一般是立体上某一平面的投影。图 1.3-16 所示，V 面上有 p'、q' 两个封闭图形，这两个封闭图形在空间的相对位置如何，需根据它的 H 面投影来确定。

p' 封闭形代表一个面，它在 H 面上的对应投影 p 有两种可能：或是积聚性直线段（$P \perp H$ 面），或是边数相同，图形相象的封闭图形（P 对 H 面倾斜）。按投影关系，p' 在 H 面上的对应投影 p 是一条积聚性直线段，而且 $//OX$ 轴，则可以确定 P 平面 $//V$ 面（正平面）。

按同样方法分析 Q 面也为正平面，且在 P 面之后。这样 P、Q 两个平面的相对位置就确定了。这两个具有特征的平面的空间位置确定之后，再对应 H 面与 V 面的投影图，就可以读懂其形体。

通过上述分析，我们知道投影图上一个封闭图形代表一个面。那么，投影图上所有的封闭图形都代表一个面吗？请看下面的图例。

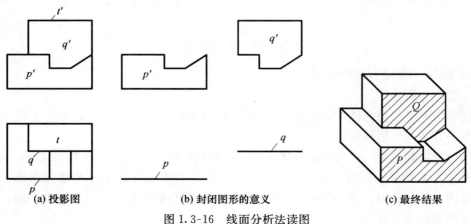

(a) 投影图　　　(b) 封闭图形的意义　　　(c) 最终结果

图 1.3-16　线面分析法读图

如图 1.3-17 所示，H 面投影上有一封闭图形 K，它在另一投影中没有相象的封闭图形或积聚性的线段与之对应，根据形体在 V 面上的投影特征得知，K 面代表的是一个孔洞的投影（可以称为虚面）。

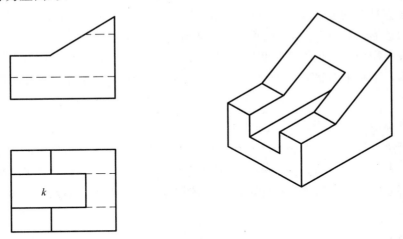

图 1.3-17　封闭图形

综上所述，投影图中封闭几何图形的意义如下：

① 投影图上一封闭图形表示一个面；

② 封闭图形在另一投影中的对应投影有两种可能：边数同等、形状相像的封闭图形，或是积聚性直线段；

③ 投影图中，相邻的封闭图形，一般表示不同的面，它们的关系或相交，或错开（前后、上下、左右）；

④ 有时候，投影图上的封闭图形表示一个孔洞（亦称虚面）。

分析投影图，首先从具有特征性的封闭图形入手，找出它在另一投影中的对应投影，由对应投影图形确定该平面的形状、位置。

【例 1.3-9】分析图 1.3-18 所示形体的三面投影图。

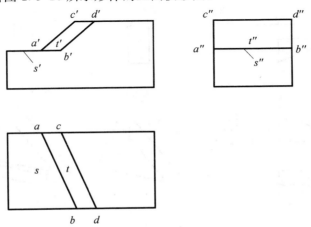

图 1.3-18　线面分析

根据三个投影图的外轮廓线来看，是个长方体，从 V 面投影可知，长方体的左上角被切去了一部分。对应 H 面投影图可知，被切去的是楔形体，也就是长方体上挖了个楔形槽口，其 H 面投影为 s、t 两个封闭图形。s 是一梯形封闭形，对应 V 面与 W 面都没有相像四边梯形，而相应只有两个直线段 s' 与 s''，而且是水平直线段，则可知 S 平面为水平面；t 封闭形是一个四边形，对应 V 面与 W 面，都各有相像的四边形 t' 和 t''，则说明 T 平面是一般位置平面（没有积聚性，也不反映实形）。T 与 S（H 面投影为相邻的两封闭图形 t 与 s）平面的几何关系，不是上下错开，而是相交（与 AB）。综合以上分析，即可认识该立体的确切形体。

（3）综合分析法

综合分析法，就是将形体分析法与线、面分析法综合起来，分析形体的整体情况。对于一个组合体，先是形体分析，拆成若干个基本形体，研究基本形体的投影，对不清楚的部位，用线、面分析法想出形体的空间形状。对挖切或贯穿的形体，要判断是属于那一种基本形体。

【例 1.3-10】已知形体的三面投影图 ［图 1.3-19（a）］，想出形体的空间形状。

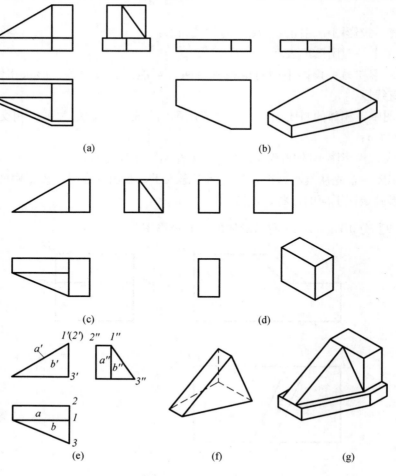

图 1.3-19　综合分析

解

（1）用形体分析法将形体拆开。从 W 面入手，根据投影关系，将形体分为上、下两部分，下部分是一块底板切掉一个角 ［图 1.3-19（b）］。上部分 ［图 1.4-19（c）］，从 V 面投影可以看出，形体又分为左右两部分，右边为一四棱柱 ［图 1.3-19（d）］，左边则需用线面分析法来确定形体的形状。

（2）用线面分析法确定图 ［图 1.3-19（e）］ 的空间形状。

如图 1.3-19（e），H 面上有 a、b 两个封闭图形，代表两个不同位置的平面，a 封闭型是一矩形，在 V 面投影上没有同变数图形与之对应，所对应的是一直线 a'，则 A 平面是正垂面，它在 H、W 面上的投影成缩小的类似图形。b 封闭图形是一个三角形，V 面投影上有类似图形与之对应，说明该平面与 V、H 面倾斜，但是否垂直于 W 面，关键是看三角形中有没有一条侧垂线，若有侧垂线，则为侧垂面，若没有，则为一般位置平面。在这个三角形中未找到侧垂线，所以三角形平面 B 是一般位置面。

图中 I、II 为正垂线，I、III 为侧平线，该二直线组成的面平行 W 面，再根据投影图中各线、面的相互位置关系即可想出形体空间形状，如图 1.3-19（f），后边为一三棱柱，前边是一个三角块。

（3）将以上分析结果组合起来得到图 1.3-19（g）的形状。

【例 1.3-11】 根据底板的两面投影 ［图 1.3-20（a）］，补画侧面投影图。

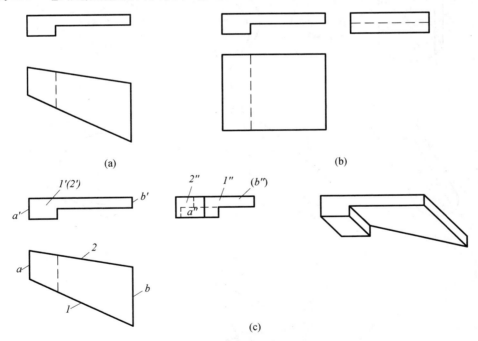

图 1.3-20　根据两面投影图补画第三投影图

解

（1）**分析**　由两面投影图补画第三投影图，应先分析已知投影图所给出的形体的空间形状。

① 该形体为一块矩形板，右下部被挖掉一块 ［图 1.3-20（b）］；

② 从图 1.3-20 (a) 中 H 面投影可知，底板的前后分别被两个铅垂面切割，为一平放的 L 形。

(2) 作图 [图 1.3-20 (c)]

① 投影关系，补画侧平面 A。

② 作铅垂面Ⅰ的侧面投影图，该平面的侧面投影图必须与 1′封闭图形相类似。

③ 铅垂面Ⅱ的侧面投影图，作法同Ⅰ面，注意它的侧面投影被底板左侧厚度挡住，画成虚线。

④ 作侧平面 B 的侧面投影图。

1.4　曲面立体的投影

由曲面或曲面与平面围成的形体称为曲面体。常见的基本曲面体有：圆柱体、圆锥体、球体、环体等回转体，另外有围成非回转体的直纹曲面，如斜柱面、斜锥面、螺旋双曲抛物面等（图 1.4-1）。本节主要介绍常见曲面体的形成方式、投影特点、曲面上定点及截切。

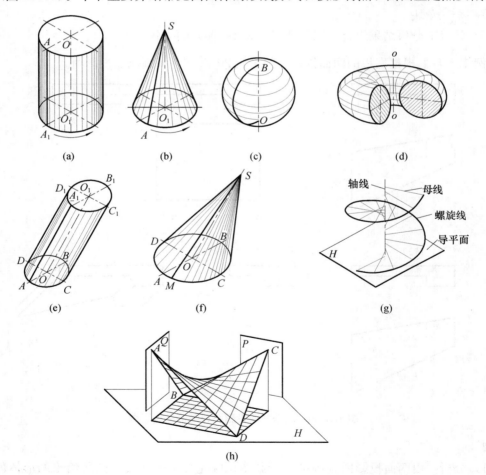

图 1.4-1　曲面体和曲面

(a) 圆柱体；(b) 圆锥体；(c) 圆球体；(d) 圆环体；(e) 斜椭圆柱；(f) 斜椭圆锥；(g) 螺旋面；(h) 双曲抛物面

1.4.1　圆柱体

1. 圆柱体的形成

圆柱体的形成方式之一，如图 1.4-2 所示，一直线 AA_1 绕与其平行的另一直线 OO_1 旋转，所得到的轨迹是一圆柱面。直线 OO_1 为轴线，AA_1 为母线，母线 AA_1 在圆柱面上的任一位置时，称为圆柱面的素线。若把母线 AA_1 和轴线 OO_1 连成一矩形平面，该平面绕 OO_1 轴旋转的轨迹就是圆柱体。圆柱体是两个相互平行且相等的平圆面（即顶面和底面）和一圆柱面所围成。

圆柱体的特点：垂直柱轴截，正截面是圆；平行柱轴可以在圆柱面上取直线。

2. 圆柱体的投影

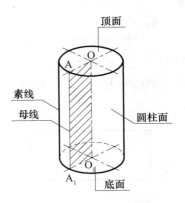

图 1.4-2　圆柱的形成

图 1.4-3 是一垂直 H 面的圆柱体，在 H 面上投影，圆柱曲面有积聚性，投影成一个圆；顶面圆和底面圆平行 H 面，均重影于该圆上，并反映实形。圆柱体在 V 面上的投影是一矩形线框，其几何意义表示前半个圆柱面和后半个圆柱面的重叠投影；矩形线框的最上、最下两条水平线段是圆柱体顶圆和底圆的积聚投影，其长度反映圆的直径；矩形线框的最左、最右两条竖直垂线是圆柱面上最左、最右两条轮廓线 AA_1、BB_1，称为 V 面转向线（是投影光面与圆柱曲面的切线，不同于棱柱体的棱线，随投影方向不同而改变）。圆柱体的 W 面投影仍为矩形线框，$d'd_1''$ 和 $c''c_1''$ 为圆柱体 W 面的转向线。

需要注意的是：曲面体上的转向线是曲面上可见与不可见部分的分界线。

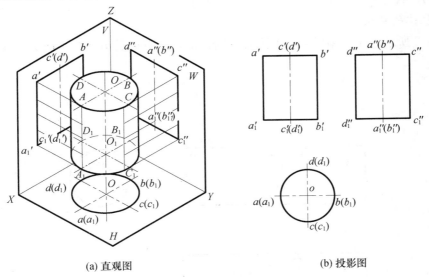

(a) 直观图　　　　　　　　　　　　　　(b) 投影图

图 1.4-3　圆柱体的投影

3. 圆柱面上取点

在圆柱体表面上取点的方法是：特殊点（转向线、顶圆和底圆上的点）直接定；一般点需要经过圆柱面的积聚性投影作图。

【**例 1.4-1**】已知圆柱体表面上的点 A 和点 C 的 V 面投影，求作这两点的其他投影[图 1.4-4（a）]。

解

（1）圆柱体的 W 面投影具有积聚性，因而圆柱面上点的 W 投影一定积聚在圆柱面的投影上，又因 a' 是转向线上的可见点（特殊点），说明点 A 位于圆柱面前边的转向线上，可直接在圆柱面上定出 H、W 面的投影 a 和 a'' [图 1.4-4（b）]。

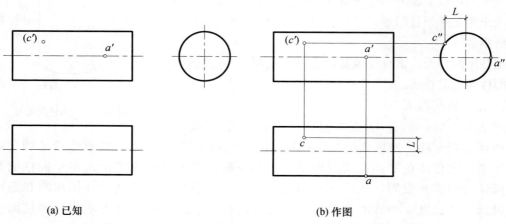

(a) 已知　　　　　　　　　　　　　　(b) 作图

图 1.4-4　求圆柱面上点的投影

（2）c' 点为不可见点，即 c 点位于后半个圆柱面上，属圆柱面上的一般点，故需经过圆柱面在 W 面上的积聚性投影作图。过 c' 引水平线与 W 投影交于 c''，按点的投影规律，求出 H 投影上的 c 点 [图 1.4-4（b）]。

4. 圆柱体的截交线

图 1.4-5 所示木屋架端部节点下弦截口的投影，可看成是由两个平面 R_V 和 P_V 截切圆柱所形成。

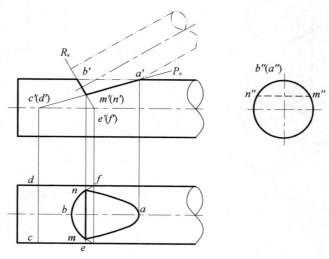

图 1.4-5　平面截切圆柱

根据截平面与圆柱轴线的不同位置，圆柱上的截交线有圆、椭圆、矩形三种形状，如表 1.4-1 所示。

表 1.4-1　圆柱体的截交线

截平面 P 位置	垂直于圆柱轴线	倾斜于圆柱轴线	平行于圆柱轴线
截交线空间形状	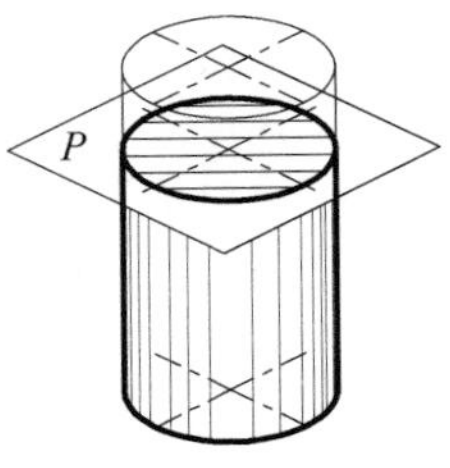	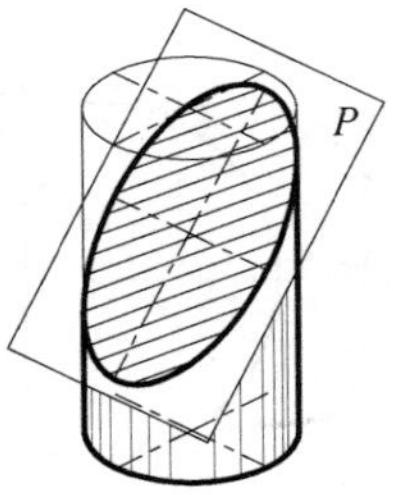	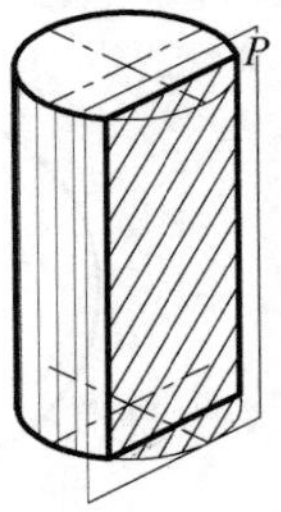
投影图	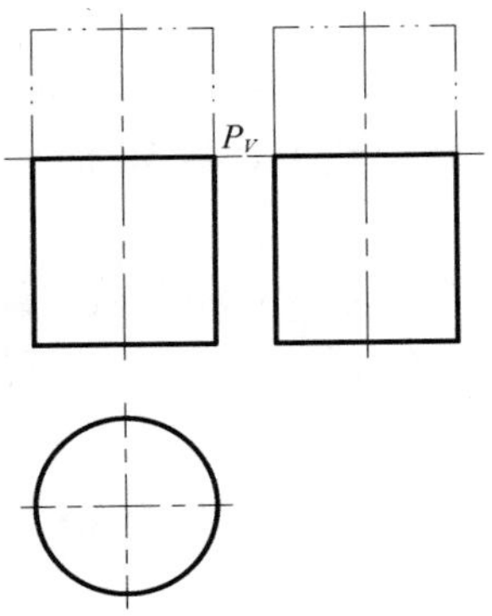	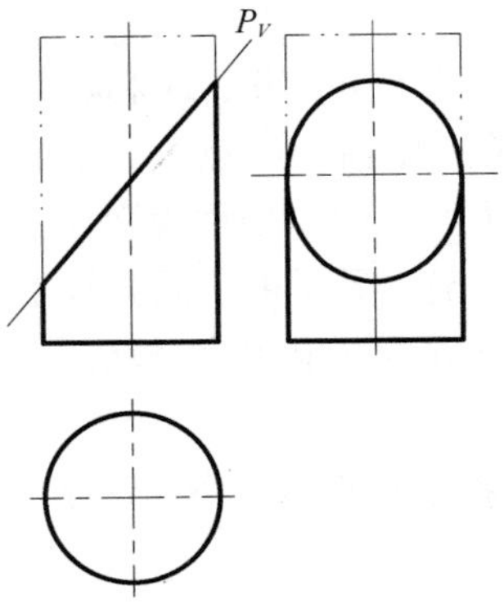	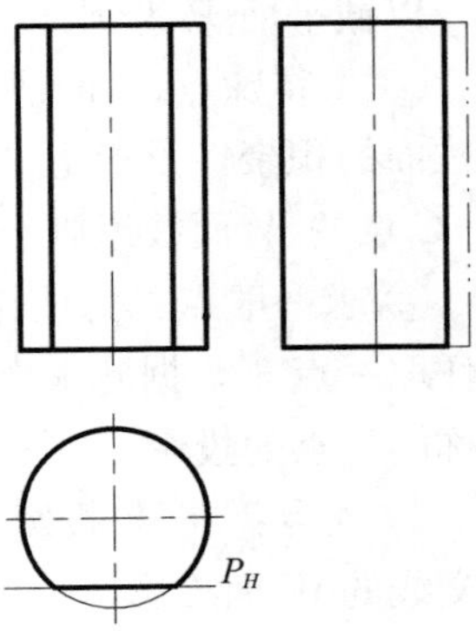

【例 1.4-2】　已知正圆柱分别被正垂面 P、水平面 Q 和侧平面 R 所截，求作截交线的投影（图 1.4-6）。

解

（1）分析［图 1.4-6（a）］

① 圆柱轴线垂直于 H 面，截平面 P 为正垂面，与圆柱轴线斜交，交线为椭圆（部分），椭圆长轴平行于 V 面，短轴垂直于 V 面，椭圆的 V 面投影为一直线段，与 P_V 重影，椭圆的 H 面投影，落在圆柱面的积聚投影上，即 cab 所包含的部分。

② 截平面 Q 为水平面，与圆柱轴线垂直，截交线是一小部分圆，且在 H 面上反映实形，交线的 W 面投影积聚为一条直线。

③ 截平面 R 为侧平面，截交线为一矩形平面，在 W 面上反映实形。

（2）作图〔图 1.4-6 (b)〕

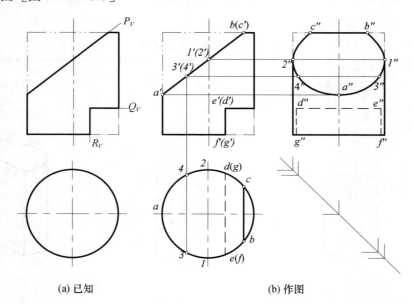

（a）已知   （b）作图

图 1.4-6　作圆柱的截交线

以截平面 P 为例：

① 求特殊点，即长短轴上的点Ⅰ、Ⅱ、A 和柱顶面 B、C 点，它们的 H 面投影积聚在圆柱面的积聚性投影上。因长、短轴上的点Ⅰ、Ⅱ、A 在转向线上，故 W 面投影直接定。B、C 点的 W 面投影则经过 H 面上的积聚性投影作图。

② 求一般点：为使作图准确，需要再求截交线上若干个一般点，如在截交线 V 面投影上任取一点 $3'$，据此求出 H 面投影 3 和 W 面投影 $3''$，由于椭圆是对称图形，可作出与点Ⅲ对称的Ⅳ点的投影。

③ 连点：在 W 投影上，按顺序依次连接 c''—$2''$—$4''$—a''—$3''$—$1''$—b''各点，即为椭圆形截交线的 W 面投影。

Q 面、R 面截交线的投影，读者自行作出。

④ 整理描深图形：作出各交线的 W 面投影后，要进行整理，如 $1''$、$2''$ 上部的转向线被切掉了，故不应画线，$1''$、$2''$ 以下的转向线应加深保留。结果如图 1.3-26 (b) 所示。

1.4.2　圆锥体

1. 圆锥体的形成

如图 1.4-7 所示，一直线 SA 绕与它相交的另一直线 SO 旋转，所得的轨迹为圆锥面。SO 称为锥轴，SA 称为母线，母线在圆锥面上的任一位置称为素线。如果把母线 SA 和轴 SO 连成一直角三角形 SOA，该平面绕直角边 SO 旋转，它的轨迹就是正圆锥体。正圆锥体的底面为圆平面，从锥顶 S 到底面圆的距离为圆锥的高。

圆锥体的特点：垂直于圆锥轴线截，正截面是圆，过锥顶可以

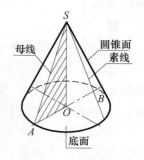

图 1.4-7　圆锥的形成

取直线。

2. 圆锥体的投影

图 1.4-8（a），圆锥体轴线垂直 H 面，底面平行 H 面，其三面投影如图 1.4-8（b）所示。

水平投影是一个圆，它是圆锥面和底面的重影，反映底面的实形。正面投影是一等腰三角形，它是前半个圆锥面和后半个圆锥面的重合投影，三角形底边是圆锥底面的积聚投影，其长度等于圆的直径。左右两条边 $s'a'$ 和 $s'b'$ 是圆锥最左、最右两条轮廓素线（转向线）SA 和 SB 的投影，该转向线在 H 面上的对应投影是中间的水平点画线 sa 和 sb，三角形 $s'a'b'$ 即为圆锥体在 V 面上的投影。

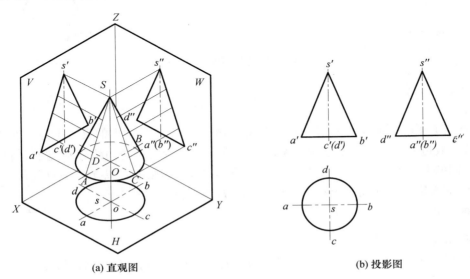

(a) 直观图　　　　　　　(b) 投影图

图 1.4-8　圆锥体的投影

圆锥体在 W 面上的投影也是等腰三角形，分析方法与上述相同。

3. 圆锥面上取点

求作圆锥体表面上点的投影有两种方法：

素线法：过锥面点通过锥顶以素线作为辅助线，利用线上定点的方法求点的投影，称为素线法。

纬圆法：过锥面点作垂直于圆锥轴线的纬圆（即平行底圆作水平圆），以纬圆作为辅助线来确定点的投影的方法，称为纬圆法。

【例 1.4-3】 已知圆锥体表面上的点 K 的 V 面投影 k'，求作点 K 的其余二投影［图 1.4-9（a）］。

解　方法一：素线法

作图：

① 点 K 作素线 SA 的 V、H 投影 $s'a'$、sa［图 1.4-9（b）］。

② 根据直线上点的投影原理，由 k' 求出 k 和 k''。

③ 判别可见性，以转向线为分界，因整个圆锥面的水平投影都可见，所以点 A 的水平投影 a 可见；点 A 在 V 面转向线的左边，说明点 A 在左半个圆锥面上，则 a'' 可见。

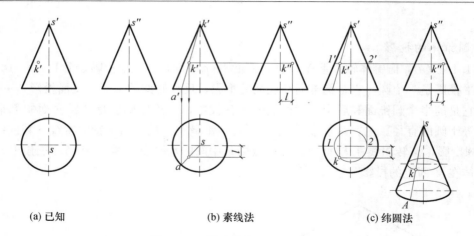

(a) 已知	(b) 素线法	(c) 纬圆法

图 1.4-9　圆锥体表面上点的投影

方法二：纬圆法

作图：

① 过点 K 作一纬圆，因所作的纬圆是 H 面平行面，在 V 面上的投影应为一条平行 OX 轴的直线，故过 k' 作平行 OX 轴的直线，与 V 面上投影的两条转向线分别交于 $1'$ 和 $2'$，此线即为纬圆的 V 面投影。然后求纬圆的 H 面投影，以 s 为圆心，以 $1'2'$ 为直径作圆，即为纬圆的 H 面投影。自 k' 向下引垂线，与纬圆的 H 面投影相交于 k 点。

② 据 k 和 k' 可求得 k'' ［图 1.4-9 (c)］。

4. 圆锥体的截交线

平面截切圆锥，根据截平面与圆锥的位置不同，其截交线有五种形状，如表 1.4-2 所示。

表 1.4-2　圆锥体的截交线

截平面 P 位置	截平面垂直于圆锥轴线	截平面与锥面上所有素线相交	截平面平行于圆锥面上一条素线	截平面平行于圆锥面上两条素线	截平面通过锥顶
	圆	椭圆	抛物线	双曲线	两条素线
截交线空间形状					
投影图					

求圆锥面上截交线的投影时，除截交线是直线和圆以外的其他几种曲线，都需要找出曲线上若干个点的投影光滑连接，因此，基本作图方法是应用圆锥面上取点的作图方法。

【例 1.4-4】补全带切口的圆锥的水平投影［图 1.4-10（a）］。

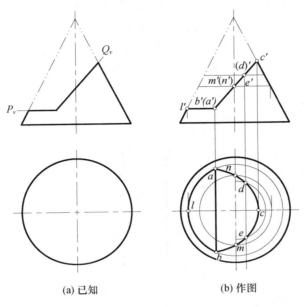

(a) 已知　　　　　　　　(b) 作图

图 1.4-10　作圆锥体的截交线

解

（1）分析：切口由水平面 P 和正垂面 Q 组成，水平面截得的交线是部分水平圆；正垂面截得的交线为椭圆的一部分。两截交线均垂直 V 面，在 V 面投影上积聚为二直线，水平投影为圆和椭圆曲线。

（2）作图：

① 作 P 面截交线的投影

因交线的 H 面投影是部分水平圆，故过 P_v 作纬圆，在 H 面投影上，求出部分水平圆和 P、Q 两平面交线 AB 的投影 a、b，故 alb 所围成的图形即为所求。

② 作 Q 面截交线的投影

a）求特殊点：在 V 面投影上，Q_v 与圆锥的 V 面投影轮廓线的交点，是椭圆短轴的端点 c 的 V 面投影 c'，此点在转向线上，可直接通过 c' 向下引垂线定出 H 面投影上 c 的位置。

b）求一般点：用纬圆法求最前、最后素线（转向线）与 Q 面的交点 M、N 和一般点 E、D 的 H 面投影 m、n、e、d。

③ 连线，在 H 面投影中，依次连接 $b-m-e-c-d-n-a$ 各点，即得椭圆的 H 面投影。

1.4.3　圆球体

1. 圆球体的形成

圆球体是由圆作为母线绕其本身的任一直径为轴旋转一周形成的球面体［图 1.4-11（a）］。

圆球体的特点是：在球面上截切，其截面皆为圆（或圆弧）。

2. 圆球体的投影

圆球的三面投影是直径相等的三个圆 [图 1.4-11 (b)]，圆的半径均为球的半径，这三个圆是位于球体上不同方向的三个轮廓圆的投影，亦即转向线的投影。V 面投影圆 $a'b'c'd'$ 是球体上平行于 V 面的最大正平圆的正面投影，其水平投影与横向中心线重合，侧面投影与竖向中心线重合；H 面投影 $aecf$，是球体上平行于 H 面的最大圆的水平投影，其正面投影和侧面投影均与横向中心线重合；W 面投影圆 $f''b''e''d''$，是球体上平行于 W 面的最大侧平圆的侧面投影，其水平投影和正面投影与竖向的中心线重合。

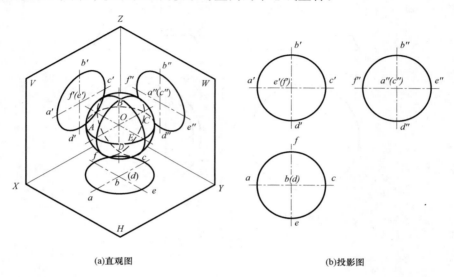

(a)直观图　　　　　　　　　　　　　　(b)投影图

图 1.4-11　圆球体的投影

3. 圆球体表面上取点

在圆球体表面上取点，只能采用纬圆法作辅助线，即在球面上作平行于投影面的辅助圆。

【例 1.4-5】已知球面上点 A 的正面投影 a'，求点 A 的 H、W 面投影 [图 1.4-12 (a)]。

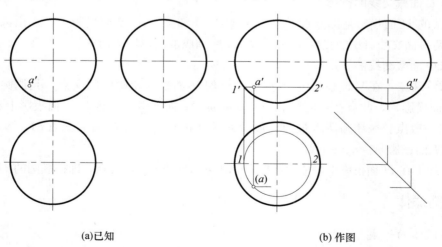

(a)已知　　　　　　　　　　　　　　(b) 作图

图 1.4-12　球面上取点

解

① 过点 A 作纬圆的 V 面投影，即过 a′作水平纬圆的 V 面投影 1′2′（为积聚的直线段），如图 1.4-12（b）所示。

② 据纬圆的 V 面投影，作出纬圆的 H、W 面投影，纬圆 H 面投影的直径等于 1′2′。

③ 根据点的投影规律定出 a 和 a″。从图中可见点 a′知，点 A 位于前半球面的左下角，故 a 不可见，a″可见。

4. 圆球体的截交线

圆球体被任何方向的平面所截，截交线都是圆。截平面平行于投影面时，截交线在该投影面上的投影是圆；当截平面垂直于投影面时，截交线在该投影面上的投影积聚成一条与截交圆直径相等的直线；当截平面倾斜投影面时，截交线在该投影面上的投影为椭圆。

【例 1.4-6】已知圆球体截切后的 V 面投影，求 H 面投影［图 1.4-13（a）］。

解 （1）分析：球被两相交平面截切，被水平面 Q 截切，所得截交线为部分圆弧，在 H 面上反映实形；被正垂面 P 截切，其空间截交线为圆，H 面上的投影为部分椭圆。

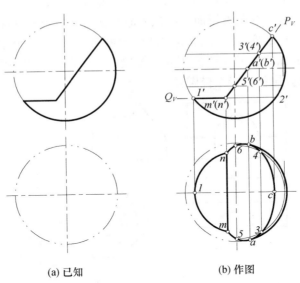

(a) 已知 (b) 作图

图 1.4-13 求圆球体的截交线

（2）作图［图 1.4-13（b）］

① 作水平面 Q 与球的截交线，延长 Q_V 与球的 V 面投影轮廓交于 1′、2′点，在 H 面上定出 1′点的对应投影 1，以 1′2′为直径作出纬圆的 H 面投影。

② 作正垂面 P 与球的截交线。

a）求截交线上的特殊点，如 A、B、C 点的 H 面投影。

b）求截交线上的一般点，如Ⅲ、Ⅳ点，过 3′、4′点作纬圆的 V 面投影，求出纬圆的 H 面投影，过 3′、4′向下引垂线与纬圆相交的点即为Ⅲ、Ⅳ点的水平投影 3、4，V

面投影上的 $5'$、$6'$ 点在转向线上，是特殊点，因无 W 面投影，要用求一般点的方法求其水平投影。

③ 连线并判别可见性。从 V 面投影可以看出，球面上的水平大圆 A、B 之左的一段圆弧已被截掉，故 H 面投影上用双点划线表示或不画线。

1.4.4　曲面体的相交线（相贯线）

曲面体的相交线有两种：即曲面体与平面体的相交线和曲面体与曲面体的相交线。这种相交线又称相贯线。

曲面体的相交线有以下特点：

（1）曲面体与平面体相交，其交线一般为平面曲线，曲面体与曲面体相交，其交线一般为空间曲线。

（2）相交线一般是封闭的图形（有一公共平面时不封闭）。

（3）相交线是两个立体所共有的线。

相交线的求法，实际上与曲面体上定点一样，用素线法或纬圆等来解题，当截平面为投影面垂直面时，可利用截平面的积聚性投影求出其交点。

1. 曲面体与平面体相交时的投影分析

图 1.4-14（a）是两个屋面相交的三面投影图。从图 1.4-14（b）可知，屋面由两坡屋顶屋面与半圆拱屋面组成，在前坡屋面与圆拱屋面相交处有一条平面曲线分界，这条平面曲线就是两屋面的交线，它的实质是平面截切圆柱面的截交线，截交线的空间形状是半个椭圆。椭圆的 V 面投影积聚在半圆屋面的正面积聚投影上，椭圆的 W 面投影积聚在前坡屋面的 W 面投影上，H 面投影仍为半个椭圆弧。

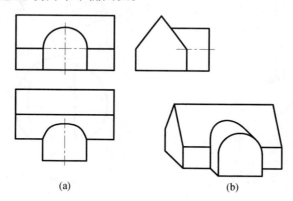

（a）　　　　　　　　　　　（b）

图 1.4-14　曲面体与平面体相交时的投影分析

2. 两曲面体相交时的投影

图 1.4-15（a）是三通管的三面投影图，从图 1.4-15（b）可以看出，三通管由横竖两个圆管垂直相交，在相交处有一空间曲线。在图 1.4-15（a）的 V 面投影上有一条粗实线的曲线把横、竖圆柱围成的粗实线线框分成两个线框，每个线框表示一个圆柱面，曲线是两个圆柱表面交线（相贯线）的投影。V 面投影上的虚线曲线，是两个管内壁的交线。该交线的 H 面与 W 面投影，分别积聚在圆柱曲面的积聚性投影上。

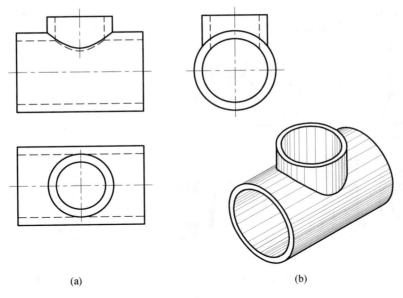

(a)　　　　　　　　　　　　　　　　(b)

图 1.4-15　两曲面体相交时的投影分析

3. 两曲面体相交的特殊情况

（1）相贯线是直线

1）两柱轴线平行，相贯线是平行轴线的直线 ［图 1.4-16（a）］。

2）两锥共顶，相贯线是两条过锥顶的直线 ［图 1.4-16（b）］。

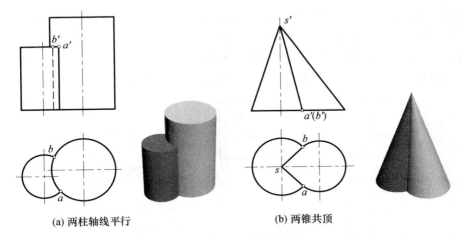

(a) 两柱轴线平行　　　　　　　　　　(b) 两锥共顶

图 1.4-16　相贯线是直线

（2）相贯线是平面曲线

1）凡同轴回转体，相贯线为圆 ［图 1.4-17（a）］。

2）两回转体有公切球，相贯线为平面曲线，如图 1.4-17（b）所示，两圆柱轴线相交，直径相等。两柱之间存在一个公切球，其相贯线是两个椭圆。因两柱轴线和 V 面平行，交得的椭圆和 V 面垂直，所以，相贯线的 V 面投影积聚成两条直线。

当圆柱和圆锥轴线相交，所作的球面同时与圆柱和圆锥相切，交线也是平面曲线（椭圆），如图 1.4-17（c）所示。

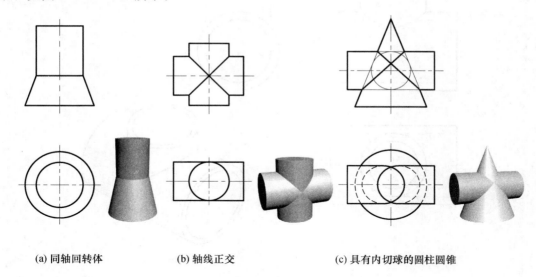

(a) 同轴回转体　　　　(b) 轴线正交　　　　(c) 具有内切球的圆柱圆锥

图 1.4-17　相贯线为平面曲线

1.5　轴测投影图

1.5.1　轴测投影的基本知识

在建筑工程中主要应用正投影图表达建筑物的形状和大小，原因是正投影图能完整准确地表示形体的几何量度，但这种图直观性差，不容易看懂。而轴测投影图是用一个图形直接表示建筑物的整体形状，图形立体感强，易于识别，如图 1.5-1 所示。所以，在建筑工程图纸中，一般把轴测投影图作为辅助性图，以帮助读图，便于施工。

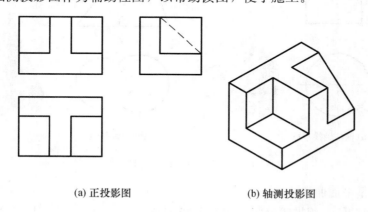

(a) 正投影图　　　　　　　(b) 轴测投影图

图 1.5-1　正投影图与轴测投影图比较

1. 轴测投影图的形成

用平行投影的方法，把形体连同它的三个坐标轴一起向设定的投影面（P）投影得到的投影图为轴测投影图（简称轴测图），如图 1.5-2 所示。

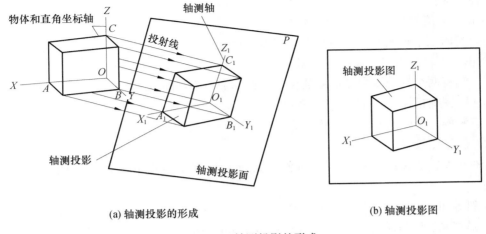

(a) 轴测投影的形成　　　　　　　　　(b) 轴测投影图

图 1.5-2　轴测投影的形成

2. 术语

(1) 轴测轴：三根直角坐标轴 OX、OY、OZ 在轴测投影面上得投影为轴测投影图，简称轴测轴。

(2) 轴间角：相邻两轴测轴的夹角，称为轴间角（$\angle X_1 O_1 Y_1$、$\angle X_1 O_1 Z_1$，$\angle Y_1 O_1 Z_1$），如图 1.5-2 所示。

(3) 轴测：形体的投影所反映的长、宽、高数值是沿轴测轴 $O_1 X_1$、$O_1 Y_1$、$O_1 Z_1$ 来测量的。

(4) 轴向变形系数：沿轴测轴方向，线段的投影长度与其真实长度之比，称为轴向变形系数。

图 1.5-2 中，OX 轴的轴向变形系数 $P = O_1 A_1 / OA$；OY 轴的轴向变形系数 $q = O_1 B_1 / OB$；OZ 轴的轴向变形系数 $r = O_1 C_1 / OC$。

从轴测投影的形成可以看出，轴向变形系数和轴间角是在轴测投影图上决定物体空间位置的作图依据。因此，知道了轴间角和轴向变形系数，就可以沿着轴向度量物体的尺寸，也可以沿着轴向量画出物体上各点、各线段和整个物体的轴测投影。

3. 轴测投影的特性

(1) 直线的轴测投影一般仍为直线，但当空间直线与投射线平行时，其轴测投影为一点。

(2) 形体上相互平行的线段，其轴测投影仍然互相平行；直线平行坐标轴，其轴测投影亦平行相应的轴测轴。

(3) 互相平行的线段，它们的投影长度与实际长度的比值等于相应的轴向变形系数。

(4) 轴测投影面 P 与物体的倾斜角度不同，可以得到一个物体的无数个不同的轴测投影图。

4. 轴测投影的分类

根据投射线与轴测投影面的方向，这种投影可分为两类：

(1) 正轴测投影

投射线的方向垂直轴测投影面，这种投影称正轴测投影。根据各轴向变形系数的不同，又分 3 种情况。

① 正等轴测投影（简称正等测）

正等测的三个轴向变形系数相等，即 $p=q=r$。

② 正二等轴测投影（简称正二测）

正二测有两个轴的轴向变形系数相等，另一个不等，即 $p=r\neq q$。

③ 正三等轴测投影（简称正三测）

正三测的三个轴向变形系数均不等，即 $p\neq q\neq r$，$p\neq r$。

（2）斜轴测投影

斜轴测投影的投射方向倾斜于轴测投影面。根据轴向变形系数的不同，又分为 3 种情况：

① 斜等测：三根轴的轴向变形系数相等，即 $p=q=r$。

② 斜二测：两根轴的轴向变形系数相等，其中一根不等，即 $p=r\neq q$

③ 斜三测：三根轴的轴向变形系数均不等，即 $p\neq q$，$p\neq r$。

在以上的各种轴测投影中，我们根据工程实际的需要，重点介绍正轴测投影中的正等测，斜轴测投影中的斜二测。

1.5.2　正等轴测投影

如图 1.5-3 所示，设想空间一长方体，它的三个坐标轴与轴测投影面 P 倾斜，投射线方向 S 与轴测投影面 P 垂直，在 P 面上所得到的投影是正轴测投影。在正轴测投影中，常用的是正等轴测投影。

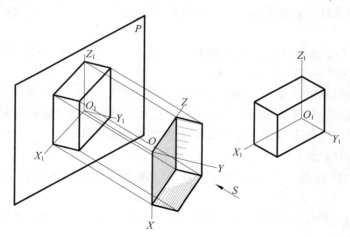

图 1.5-3　正轴测投影

1. 正等轴测图的轴间角和轴向变形系数

正等测图是使空间形体的三个坐标轴与轴测投影面的倾角相等。所以，各轴向变形系数和轴间角均相等。即：

轴间角 $\angle X_1 O_1 Y_1 = \angle Y_1 O_1 Z_1 = \angle X_1 O_1 Z_1 = 120°$，一般将 $O_1 Z_1$ 轴画成垂直位置，使 $O_1 X_1$ 和 $O_1 Y_1$ 轴处于水平成 $30°$（图 1.5-4）。

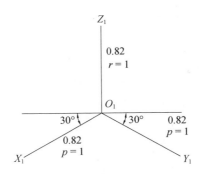

图 1.5-4　正等测图的轴测轴、轴间角、轴向变形系数

轴向变形系数经计算 $p=q=r=0.82$，为简化作图，常把变形系数取为 1，即凡与轴测轴平行的线段，作图时按实长量取，这样绘出的图形，其轴向尺寸均为原来的 1.22 倍。

轴测轴的设置，可选择在形体上最有利于特征表达和作图简捷的位置，如图 1.5-5 所示。

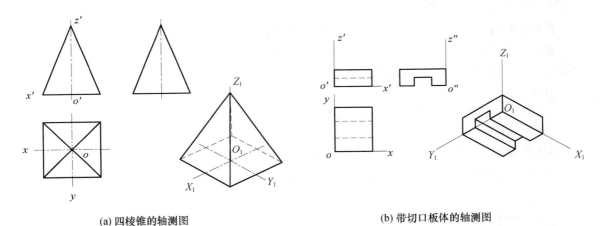

(a) 四棱锥的轴测图　　　　　　　　　　　　　(b) 带切口板体的轴测图

图 1.5-5　轴测轴设置示例

2. 平面立体正等测图的画法

根据平面立体的特征，为了作图方便，可选用下列作图方法。

(1) 直接作图法

对于简单的平面立体，可以直接选轴，并沿轴量尺寸作图。

【例 1.5-1】 画出如图 1.5-6（a）所示形体的正等轴测图。

解

作图步骤：

1）在 H、V 面投影上设置坐标轴 ［图 1.5-6（a）］。

2）画轴测轴 ［图 1.5-6（b）］。

3）沿轴向度量尺寸，画形体前端面的轴测投影图，过端面上各点作 Y_1 轴的平行线，并量取形体的宽度 ［图 1.5-6（c）］。

4）描深，完成作图。

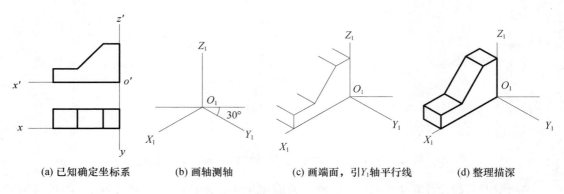

(a) 已知确定坐标系　　　(b) 画轴测轴　　　(c) 画端面，引Y_1轴平行线　　　(d) 整理描深

图 1.5-6　直接作图法作正等测图

（2）切割法

大多数平面立体可以设想为长方体挖切而成，为此，先求出长方体正等测图，然后进行轴测挖切，从而完成立体的轴测图。

【例 1.5-2】完成图 1.5-7（a）所示形体的正等测图。

解　从图 1.5-7（a）看出，该形体由一长方体切去两部分组成，其中被正垂面切去物体的左上角，被铅垂面切去左前部分。

作图：

1）在 H、V 面投影上设置坐标轴［图 1.5-7（a）］。

2）画轴测轴［图 1.5-7（b）］。

3）作辅助长方体轴测图［图 1.5-7（c）］。

4）在平行轴测轴方向上，按题意要求进行挖切并描深［图 1.5-7（d）］。

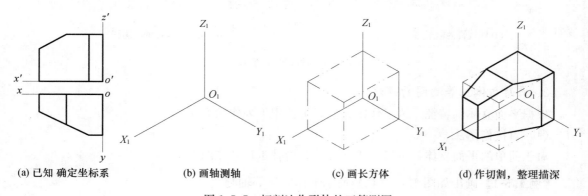

(a) 已知 确定坐标系　　　(b) 画轴测轴　　　(c) 画长方体　　　(d) 作切割，整理描深

图 1.5-7　切割法作形体的正等测图

（3）坐标法

根据坐标关系，画出立体表面各点的轴测投影图，然后连成形体表面的轮廓线。坐标法是画轴测图的基本方法，特别适合形体复杂和非特殊位置平面包围的平面立体。

【例 1.5-3】根据正三棱锥的 V、H 面投影，作正等测图［图 1.5-8（a）］。

解　三棱锥是由底面△ABC 和锥顶点 S 组成，只要按坐标求出锥底面三角形和锥顶点的轴测投影，然后按顺序连各棱线即可。

作图：

1）在 H、V 面投影上设置坐标轴，在 H 面上，坐标原点 o 与 s 重影 [图 1.5-8（a）]。

2）画轴测轴，在 Y_1 轴上定出点 A_1、D_1 的位置，$A_1O_1 = ao$，$D_1O_1 = do$，见图 1.5-8（b）。

3）过点 D_1 作线平行 O_1X_1 轴，在直线上定 B_1C_1（$B_1C_1 = bc$），连线 $A_1B_1C_1$。见图 1.5-8（c）。

4）在 Z_1 轴上取 $O_1S_1 = o's'$，连线 S_1A_1、S_1B_1、S_1C_1。描深，完成全图 [图 1.5-8（e）]。

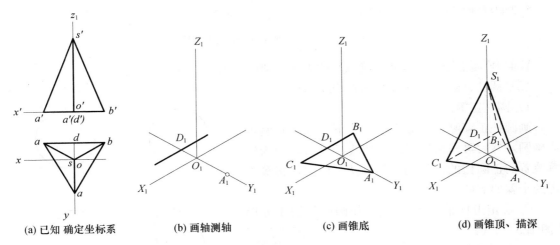

(a) 已知 确定坐标系　　(b) 画轴测轴　　(c) 画锥底　　(d) 画锥顶、描深

图 1.5-8　坐标法作三棱锥的正等测图

3. 曲面体的正轴测投影

（1）平行于坐标面圆的正等测图

由于正等测的三根坐标轴与轴测投影面倾斜成等角，所以，三个坐标面也都与轴测投影面成相同角度倾斜，因此，平行于这三个坐标面上的圆，其投影是类似图形，即椭圆。椭圆的长短轴与轴测轴有关，当圆在 XOY 坐标面或平行 XOY 坐标面时，椭圆的长轴垂直 Z_1 轴，短轴平行 Z_1 轴；当圆在 XOZ 坐标面或平行 XOZ 坐标面时，椭圆的长轴垂直 Y_1 轴，短轴平行 Y_1 轴。当圆在 YOZ 坐标面或平行 YOZ 坐标面时，椭圆的长轴垂直 X_1 轴，短轴平行 X_1 轴。图 1.5-9 是平行于坐标面圆的正等测图。

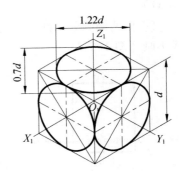

图 1.5-9　坐标面或其平面上圆的正等测图

平行于坐标面圆的正等测图的画法，通常采用近似画法，即四心椭圆法。现以 H 面上圆的正等测为例说明其画法，如

图 1.5-10 所示：

1）在图 1.5-10（a）上，确定坐标轴，并作圆外切四边形 $abcd$。

2）作轴测轴 X_1、Y_1，作圆外切四边形的轴测投影 $A_1B_1C_1D_1$ 得切点 $I_1 II_1 III_1 IV_1$ [图 1.5-10（b）]。

3）分别以 B_1、D_1 为圆心，B_1III_1、D_1I_1 为半径作弧 $\overparen{III_1IV_1}$ 和 $\overparen{I_1II_1}$ [图 1.5-10（c）]。

4）连接 B_1III_1 和 B_1IV_1 交 A_1C_1 于 E_1、F_1，分别以 E_1、F_1 为圆心，E_1IV_1 为半径作弧

$\overset{\frown}{I_1 IV_1}$ 和 $\overset{\frown}{II_1 III_1}$，即得由四段圆弧组成的近似椭圆［图 1.5-10（d）］。

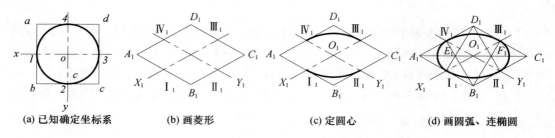

(a) 已知确定坐标系　　(b) 画菱形　　(c) 定圆心　　(d) 画圆弧、连椭圆

图 1.5-10　四心法画水平圆的正等测图

V 面 W 面上圆的正等测（椭圆）的画法分别如图 1.5-11 所示：

（2）圆柱、圆锥、圆球正等测图的画法

1）圆柱正等测图

画圆柱正等测图，应先作上、下底圆的轴测投影椭圆，然后再作两椭圆的公切线，图 1.5-12 为铅垂放置的正圆柱的正等测图的画法。作圆柱正等测图的步骤如下：

① 确定坐标轴，在 H 面上作圆的外切正方形［图 1.5-12（a）］。

② 作轴测轴 X_1、Y_1、Z_1，在 Z_1 上截取圆柱高度 H，并作 X_1、Y_1 的平行线［图 1.5-12（b）］。

③ 作圆柱上、下底圆的轴测投影椭圆［图 1.5-12（c）］。

④ 作两椭圆公切线，对可见轮廓进行描深，虚线不画［图 1.5-12（d）］。

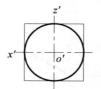
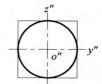
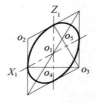
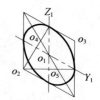

(a) V 面上椭圆的画法　　(b) W 面上椭圆的画法

图 1.5-11　V、W 面上椭圆的画法

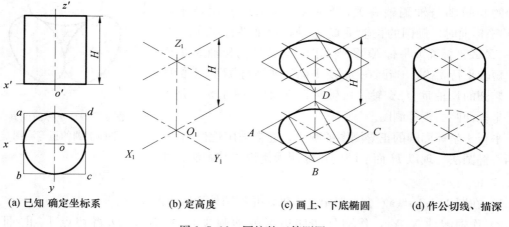

(a) 已知 确定坐标系　　(b) 定高度　　(c) 画上、下底椭圆　　(d) 作公切线、描深

图 1.5-12　圆柱的正等测图

2）圆锥的正等测图

画圆锥正等测图，先作底面椭圆，过椭圆中心往上截取圆锥高度，求得锥顶 S，过点 S

作椭圆的切线即可，作图步骤如图 1.5-13 所示。

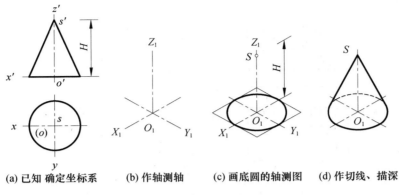

(a) 已知 确定坐标系　　(b) 作轴测轴　　(c) 画底圆的轴测图　　(d) 作切线、描深

图 1.5-13 圆锥的正等测图

3）圆球的正等测图

图 1.5-14 所示为球的正等测图画法，球从任何一个方向投影都是椭圆，且圆的直径等于球的直径，作图时，只要过球心分别作出平行于三个坐标面的球上最大圆的正等测图，即椭圆，再作此三个椭圆的包络线圆即为所求。作图步骤如下：

① 确定轴测轴，在 H、V 面上作圆的外切正方形［图 1.5-14（a）］。

② 作水平圆、正平圆的轴测投影图 1.5-14（b）。

③ 画侧面圆的轴测投影图 1.5-14（c）。

④ 作三椭圆的包络线圆，并区分可见性，描深完成作图［图 1.5-14（d）］。

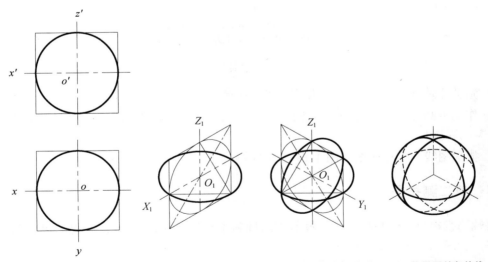

(a)已知 作外切正方形　(b) 作水平圆、正平圆的轴测图　(c) 作测平圆的轴测图　(d) 作椭圆的包络线

图 1.5-14　圆球的正等测图

图 1.5-15 为一组合体的正等测图，从图 1.5-15（a）知：组合体的下部是一个底板，其左侧切掉一个角。底板上部有一开有半圆柱立板，立板的左侧切去一梯形块。其作图步骤如下：

① 在 V、H 投影上确定坐标轴［图 1.5-15 （a）］。

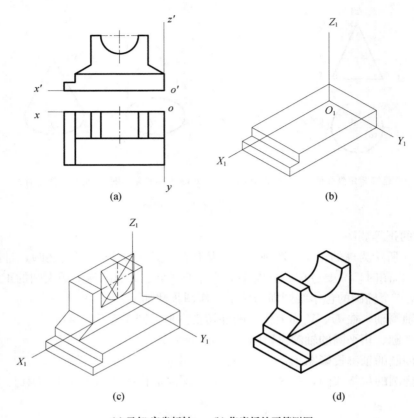

(a) 已知 定坐标轴　　　(b) 作底板的正等测图
(c) 作立板、圆柱孔的正等测图 (d) 整理描深

图 1.5-15　组合体的正等测图

② 画轴测轴 X_1、Y_1、Z_1，并作底板的正等测图 ［图 1.5-15 （b）］。

③ 作立板圆柱孔的正轴测图，先画前面，再画后面，上部半圆柱体用四心椭圆法绘制［图 1.5-15 （c）］。

④ 描深图线，完成作图 ［图 1.5-15 （d）］。

1.5.3　斜二测投影

斜轴测投影也叫斜角投影。当投射方向倾斜于轴测投影面 P 时，所得的投影称为斜轴测投影。如图 1.5-16 （a）所示。

斜二测图是斜轴测投影的一种，是两坐标轴（一般是 X、Z 轴）与轴测投影面平行的特殊形式斜轴测投影图。建筑制图标准中推荐了正面斜二测图（简称斜二测）。

1. 斜二测图的轴间角和轴向变形系数

轴间角：$\angle X_1O_1Z_1 = 90°$；$\angle X_1O_1Y_1 = \angle Y_1O_1Z_1 = 135°$。

轴向变形系数：$p = r = 1$，$q = 0.5$，如图 1.5-16 （b）所示。

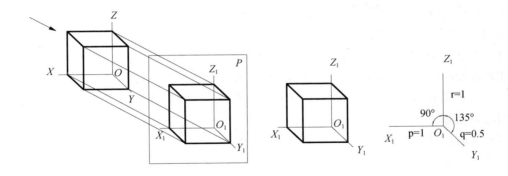

(a) 斜轴测图的形成　　　　　　(b) 斜二测图的轴测轴、轴间角和轴向变形系数

图 1.5-16　正面斜轴测图

2. 斜二测图的画法

在斜二测图中，平行于 $X_1O_1Z_1$ 的平面反映实形。因此，选择反映形体特征的平面平行于该轴测投影面，使作图简化。

绘制斜二测图时，根据立体的特征，可采用前述直接作图法、切割法、坐标法等。

【例 1.5-4】 作出图 1.5-17（a）所示台阶的斜二测图。

解

（1）分析：形体端面平行于 XOZ 坐标面，则斜二测投影图与原投影图相同。

（2）作图：

1）在 H、V 面上确定坐标轴 ［图 1.5-17（a）］。

2）画轴测轴 ［图 1.5-17（b）］。

3）画出端面的轴测投影（与 V 面投影相同），过端面各点向后引 Y_1 轴的平行线，并按 $q=0.5$ 量取 Y 方向的宽度尺寸（可用点的定比方法在投影图上分割线段），如图 1.5-17（c）所示。

4）整理、描深，完成全图 ［图 1.5-17（d）］。

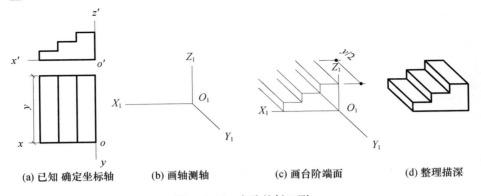

(a) 已知 确定坐标轴　　(b) 画轴测轴　　(c) 画台阶端面　　(d) 整理描深

图 1.5-17　台阶的斜二测

【例 1.5-5】 作出图 1.5-18（a）所示形体的斜二测图。

解

分析：形体分上下两部分，下部分为带有缺口的底板，上部分形体为拱体，前端面形状略复杂，故使前端面平行于 XOZ 坐标面，在斜二测图上反映实形。

作图

（1）选坐标轴［1.5-18（a）］；

（2）画轴测轴及底板，确定上部形体位置［1.5-18（b）］；

（3）画上部形体，由前端面开始画，过各点作 Y 方向的平行线，量取 $q=0.5$，最后画出半圆柱的轮廓线［1.5-18（c）］；

（4）描深，完成作图［1.5-18（d）］。

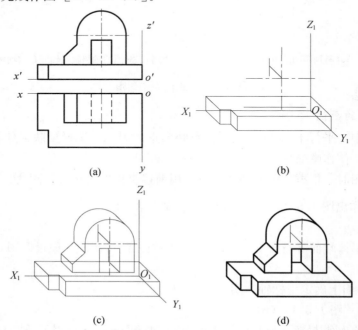

(a)已知 定坐标轴;(b)作底板斜二测图;(c)作上部形体的斜二测图;(d)描深

图 1.5-18　形体的斜二测图

第 2 章 　房屋建筑工程图

2.1 　一般性民用建筑的构成部分

房屋建筑类型众多，规模大小各异，外部形体更是形形色色，但就其主要的构成部分而言，一般由基础、墙与柱、楼板与楼梯、门与窗、屋顶等构成（图 2.1-1）。这些主要的构成部分，由于所处的部位不同，承受荷载状况不同，各有其不同的作用。这里所谓的"一般性民用建筑"是指大量性的住宅、宿舍、幼儿园等民用房屋。

1. 基础

基础是房屋建筑底部，埋于地面以下。基础承受上部建筑的全部荷载（建筑物自重和外加荷载），并且把荷载传递给地基。基础作为建筑的主要承重构件，要求坚固、稳定、耐久。由于埋置于地下，还必须具有防潮、防水和耐腐蚀的性能。

2. 墙与柱

墙体在房屋建筑中具有承重和分隔维护的作用。只有轻质隔墙或柱间填充墙仅仅起分隔、围护作用。墙作为承重构件，要承受屋顶和各层楼板传递的荷载，以及各种外加的荷载，要求坚固、稳定和耐久。作为围护构件，起分隔室内外各使用空间的作用，应各具备所需的保温、隔热、防水、防潮、防火、隔声等性能。

柱主要是承重构件（装饰用的虚假柱除外），承受屋顶和各层楼板传来的荷载，必须有足够的强度、刚度和耐久的性能。

3. 楼板层

楼板层包括梁与板，是房屋建筑竖向分隔楼层的水平承重构件，承受本楼层的全部荷载（自重与外加的荷载），并且传递给墙或柱，楼板层必须有足够的强度和刚度，并且有良好的隔声效果。

4. 楼梯

楼梯是楼层之间交通联系和疏散必需的构件。就承重而言，楼梯如同一块倾斜的楼板，因而必须要有足够的强度、刚度和安全防护措施。

5. 屋顶

屋顶由承重结构和围护构造组成。屋顶的承重结构承受屋顶的自重和外加荷载，必须有足够的强度和刚度；作为围护结构，应具有排水、防水、保温、隔热等性能。

6. 门与窗

门主要为室内外以及内部各房间之间交通联系和疏散之用。窗主要为采光和通风而设，并且具有眺望外部情境的作用。门与窗都是非承重的围护构件，要求开启方便，构造密封，

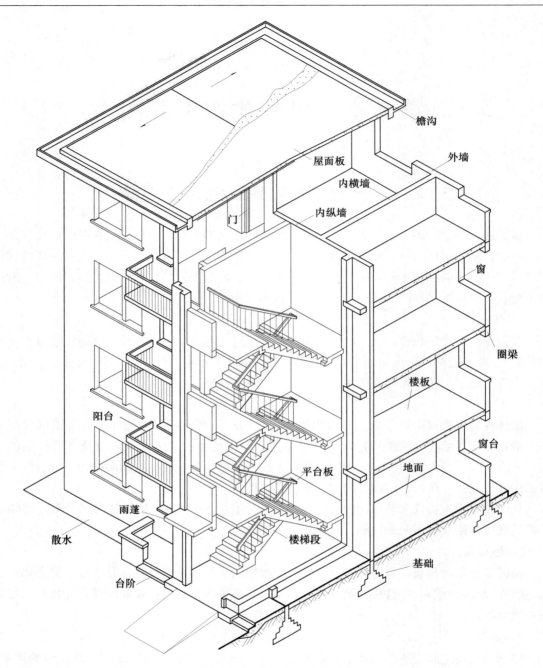

图 2.1-1　房屋建筑构成图

具有良好的保温、隔热、隔声等性能。

　　一般性民用房屋除上述主要的组成构件之外，还有一些构件，如阳台、台阶、雨篷、屋檐等。

2.2　一般性民用建筑工程图

　　房屋建筑工程图是按前一章所述的正投影法绘制的，并且必须遵照国家制定的《房屋建筑制图统一标准》GB/T 50001—2017 和《建筑制图标准》GB/T 50104—2010 等的规范绘制。

房屋建筑图，不管建筑规模的大或小，建筑等级标准的高或低，一般必须有平面图、立面图、剖面图，以及构造节点详图等。

2.2.1　房屋建筑的平、立、剖面图的基本概念

1. 平面图

房屋建筑的平面图实际上是对整栋房屋沿窗台以上窗、门洞口部位，被一个假设的水平切平面剖切，移去切平面上部房屋，对切平面下部作水平投影，并且规定对截交轮廓线画粗实线，可见线画中实线，而形成的图形规范性地称为平面图。如图 2.2-1 是一栋单层房屋的平面图，并且带有入口、台阶（或坡道）等。

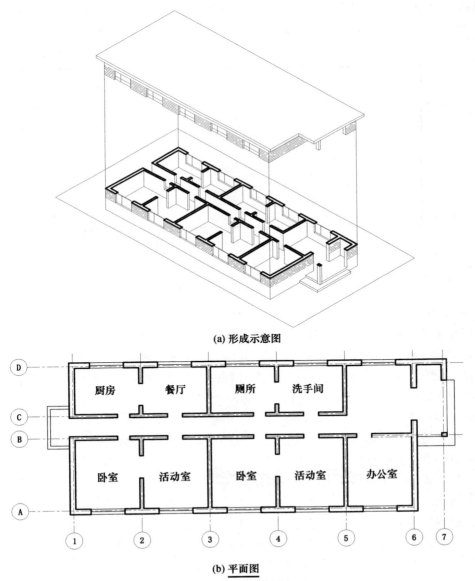

(a) 形成示意图

(b) 平面图

图 2.2-1　建筑平面图的形成

　　房屋建筑的底层平面图是最为主要的平面图，它关联着地下、地面以及上面各层的功能关系。当为多层（或高层）建筑时，如果层平面空间布局各不相同时，应有二、三……各层的平面图，并以该层编号（如一层平面图）命名，图名下用粗实线绘制一条横线（图2.2-1）；而当多层（或高层）建筑若干层平面空间布局完全相同时，可以只画其中一个平面图，并标注称"标准层"。

　　房屋建筑的平面图必须标注房屋承重结构的定位轴线，并且规定轴线横向编号应用阿拉伯数字①、②、③……，从左至右顺序编号；竖向编号应用英文大写字母Ⓐ、Ⓑ、Ⓒ……，从下至上顺序编号。

　　屋顶平面图，是实际意义上的正投影法由上向下作的水平投影图，图形比较简单，仅表明屋顶的平面形状，凸出屋面构件（如烟囱、排气孔、电梯机房……）的平面形状，以及屋面的排水方式和方向（如图2.2-2）。屋顶以下各层的阳台、雨篷、遮阳等构件不再在屋顶平面图中表达。

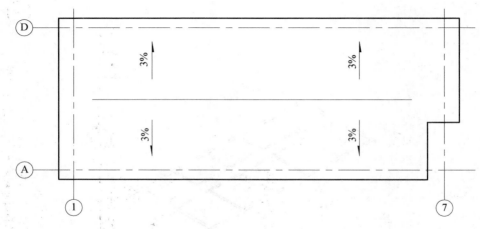

图 2.2-2　屋顶平面图

2. 立面图

　　房屋建筑的立面图，就是建筑物竖向立面的正投影图。通常按建筑各个立面的朝向命名，一栋房屋一般有正立面图、背立面图、左侧立面图和右侧立面图。现行《房屋建筑制图统一标准》GB/T 50001—2017中规定以该图两端的轴线编号命名，图2.2-3就是一栋建筑的两个立面图，①～⑦立面图和Ⓐ～Ⓓ立面图。

　　立面图主要表明房屋的整体外部形状，以及屋顶、屋檐、门窗、阳台、雨篷、台阶等构件的形式和位置（竖向标高定位）。墙面、线脚纹饰的材料、色彩和做法，应作简单的标注。

　　一般立面图的比例比较小，如1∶100、1∶200、1∶500，对这些构件的图形做了简化，为了指导施工常用索引符号引出，另绘制详图。

3. 剖面图

　　房屋建筑的剖面图，是对整栋房屋假设用一个垂直于某一组定位轴线的铅垂截切面将房屋切开，移去截切面前面部分，对留下部分用正投影法作剖面的投影（图2.2-4），称为剖面图，与截切面的截交线画粗实线，对可见线画中实线。

　　剖面图必须在原平面图上标出剖切的位置、剖视的方向和剖面图的编号，并且以此

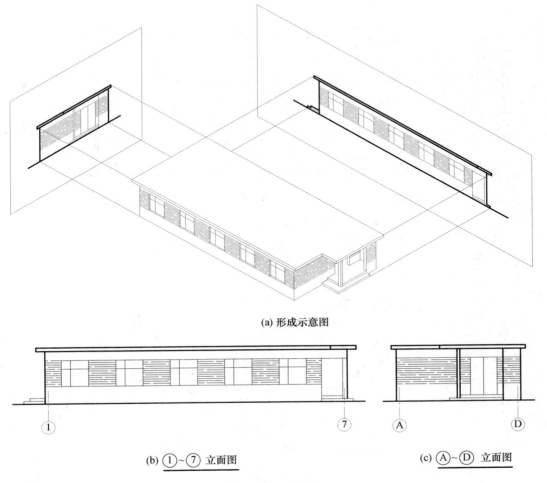

(a) 形成示意图

(b) ①~⑦ 立面图　　　　　　　　　　(c) Ⓐ~Ⓓ 立面图

图 2.2-3　立面图

　　为剖面图命名，如 1-1 剖面图。剖面图的有关规则详见本书附录第一部分中的剖面图和断面图。

　　剖面图主要表达房屋结构和构造的方式、材料和做法；房屋内部与外部各主要部分的竖向尺寸和高程，屋面的排水方式与排水坡度。剖面图的图线比较密集，为了表达清楚，宜选择比较大的图形比例，如 1：100、1：50、1：30。

　　房屋建筑的剖面图，根据需要往往有多个不同部位与方向的剖面图，对于不同位置，但同一方向的两个（也只限两个）相邻的剖面（用两个互相平行的剖切平面剖切），可以合并画成一个剖面图，如图 2.2-5 中 2-2 剖面图，在平面图上要标注剖切的位置、转折点与方向。而在剖面图上，并不留下转折处痕迹。这种剖面的表达方式称"阶梯剖面"。

　　房屋建筑的平面图、立面图、剖面图等主要工程图，由于图形的比例通常都比较小，对于各种构件如门、窗、楼梯、孔洞……等都采用图例作简化表达。建筑构造及配件的图例见本书附录中第二部分。

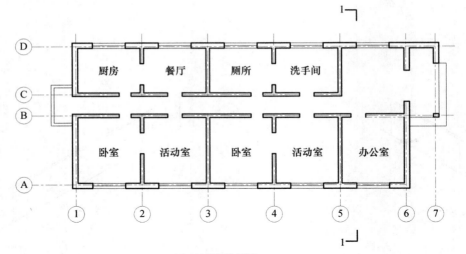

(a) 1-1剖切位置图

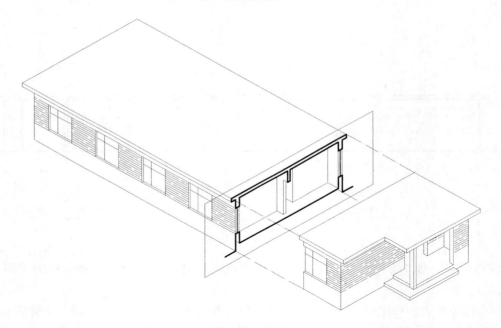

(b) 1-1剖面轴测图

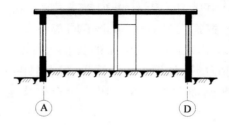

(c) 1-1剖面图

图 2.2-4　剖面图

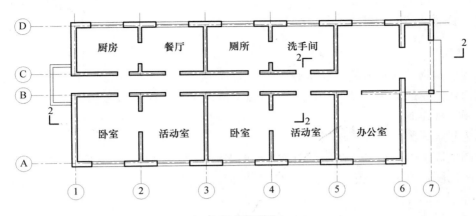

(a) 2-2剖切位置图

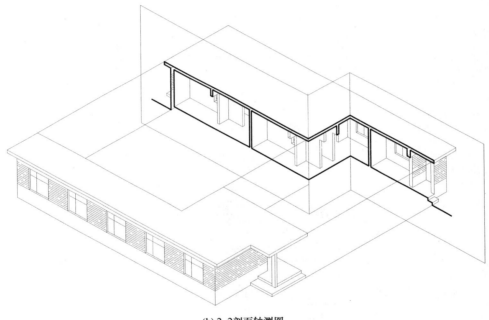

(b) 2-2剖面轴测图

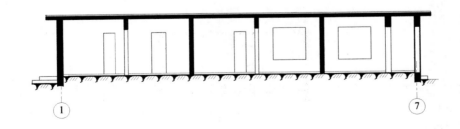

(c) 2-2剖面图

图 2.2-5　阶梯剖面图

2.2.2 详图与断面图

1. 详图

工程建筑物一般都体量大，其平、立、剖面图只能采用较小比例（1：100，1：200）绘制，因而建筑物的某些细部及构配件的详细构造及尺寸不能直接表达清楚，根据施工的需要，必须另外绘制大比例（1：10、1：5、1：2、1：1、2：1）的图样，这种局部大比例的图样称为建筑详图（也称大样图）。

详图应以索引号编号，使用详图符号作图名时，符号下不宜再画线。

详图的图示方法，视细部的构造复杂程度而定。图 2.2-7、图 2.2-8 所示分别为图 2.2-6 中檐口和散水的详图。

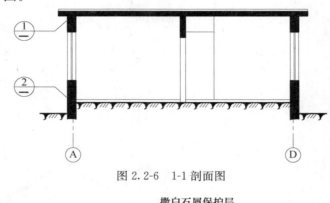

图 2.2-6　1-1 剖面图

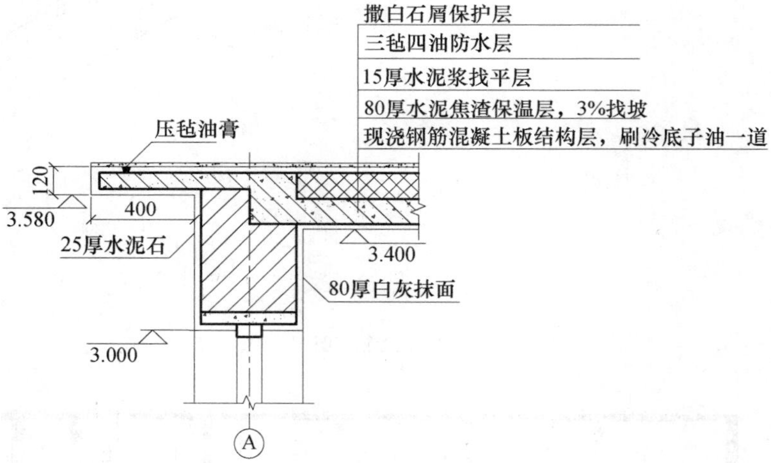

图 2.2-7 ①檐口详图 1：20

详图为了清楚表达细部构造，除了选用比较大的比例外，还要详细标注尺寸、材料和做法。建筑材料要采用《房屋建筑制图统一标准》规定的图例符号（见本书附录第一部分中常用建筑材料图例）表述。

房屋建筑工程图中，有的详图或所采用的配件标准图，为了便于查阅，被索引的图样与索引的详图之间的关系，必须按《房屋建筑制图统一标准》规定标注索引符号与详图符号。图 2.2-6 中的 ①、② 即为详图索引符号，图 2.2-7、图 2.2-8 中的图名 ①、② 就是详图符号。有关详图的索引符号与详图符号的规定在第 3 章中将详细说明。

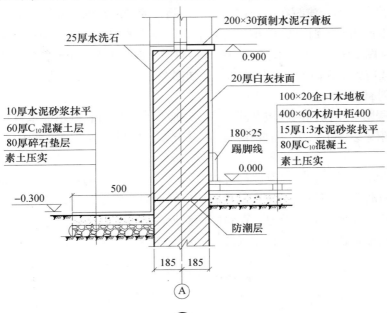

图 2.2-8　②散水详图 1∶20

2. 断面图

假想用一个垂直剖切部位的剖切平面截切形体，只画出该剖切平面与形体相交部分的图形称为断面图，简称断面，如图 2.2-9 所示。

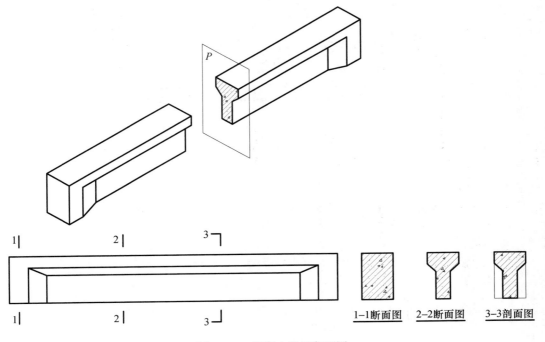

图 2.2-9　混凝土梁及断面图

　　断面图的剖切符号应只用剖切位置线表示，剖切位置线的长度为 6～10mm，采用阿拉伯数字按顺序编号，编号注写在剖切位置线的一侧，编号所在的一侧为断面的剖视方向。

　　断面图与剖面图的区别：断面图只需（用 0.7b 线宽的实线）画出剖切平面与形体接触到的那部分图形（图 2.2-9）；剖面图是剖切形体后对剩余部分再作投影而得的投影图，即除画出断面图形外，还应画出视向方向可见的部分。如图 2.2-9 所示为钢筋混凝土 T 形梁，图中 3-3 剖面图与上述剖面图的概念一致。

　　在建筑工程图样中的剖面区域（断面）上，应根据不同材料画出建筑材料图例，常用建筑材料图例见附录表 7-1。若不需要在剖面区域上表示材料类别，则可采用通用剖面线（45°细实线）表示。

　　为了简化断面图的表达，对某些杆件组合结构，各个杆件的断面可以直接画在该杆件的中断处，把原杆件用折断符号断开，以相同比例画出断面图形，如图 2.2-10。当断面图形比较狭窄时，可以不画断面材料符号，而将断面图形涂黑。

　　结构梁板的断面图可画在结构布置图上（图 2.2-11），因断面图形较窄，可涂黑表示。

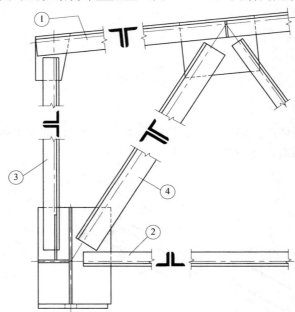

图 2.2-10　断面图画在杆件中断处

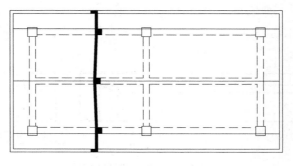

图 2.2-11　断面图画在布置图上

第3章 房屋建筑施工图

3.1 房屋建筑施工图概述

3.1.1 概述

1. 建筑设计过程

一般性民用建筑设计分为初步设计和施工图设计两个阶段。对于技术复杂规模大而又缺乏设计经验的工程，经主管部门指定，或由设计部门自行确定，可以增加技术设计阶段。

（1）初步设计

设计人员根据建筑单位的要求，应进行调查研究，收集必要的设计基础资料，作出若干方案比较，完成方案设计并绘制初步设计图。内容包括：设计说明书、设计图纸、主要设备、材料表和工程概预算书。初步设计文件的深度应满足建筑设计规范要求，初步设计图应报有关部门批准。

（2）施工图设计

施工图设计应根据已批准的初步设计文件进行编制。施工图设计文件以单项工程为单位，其内容包括：封面、图纸目录、设计说明（或称首页）、图纸、预算等。

2. 施工图的分类及编制顺序

（1）工种分类

施工图纸按其内容和专业工种的不同，一般分为三类。

1）建筑施工图（简称"建施"）：包括建筑总平面图、立面图、剖面图、建筑细部以及所采用的通用配件图例等。

2）结构施工图（简称"结施"）：包括基础、结构布置平面图和各种结构构件详图等。

3）设备施工图（简称"设施"）：包括给排水、采暖通风、电气等设备的平面布置图、系统图和详图等。

（2）施工图的编制顺序

一个工程施工图纸的编制顺序：图纸目录、设计总说明、建筑施工图、结构施工图、设备施工图。

各专业工种施工图纸的编制顺序：总体性图纸在前，局部性图纸在后；施工首先用的图纸在前，施工后续用的图纸在后。

单项工程整套图纸的编制顺序：

（1）图纸目录：列出全套图纸的目录、类别、各类图纸的图名与图号。便于查阅图纸。

（2）施工总说明：主要说明工程概况和总的要求。内容包括：工程设计依据、设计标准、施工要求等。

（3）建筑施工图：图纸内容包括：总平面图、各层平面图、立面图、剖面图、详图以及采用的通用配件图等。

（4）结构施工图：主要表示房屋的承重结构方式与材料、构件类型、尺寸及构造作法等。图纸内容包括：基础图、结构布置图和结构构件详图等。

（5）设备施工图：主要表示房屋的给水、排水、采暖、通风、电气等设备布置、制作、安装要求等。图纸包括：给水排水施工图、采暖通风施工图、电气施工图等。

3.1.2　建筑施工图的有关规定与阅读要点

1. 建筑施工图的有关规定

为了保证图纸质量，提高制图效率并便于阅读，国家建委制定了《房屋建筑制图统一标准》（GB/T 50001—2017）和与之配套使用的《建筑制图标准》（GB/T 50104—2010）、《总图制图标准》（GB/T 50103—2010）。绘制施工图应严格遵守国家标准中表达的规定。读图亦必须按"国标"所规范的表达方式去读图。下面是图面上表述方式的几点说明：

（1）图线

图面上的线型是图样表达的"语言"，有着严格的内涵和用途。如线型用错或混淆，易造成施工失误，影响工程质量。制图必须按"标准"规定线型表达；读图应按"标准"规定线型认识、理解。《房屋建筑制图统一标准》（GB/T 50001—2017）规定的图线宽度 b 以及工程制图所选用的图线分别见本书附录中第 1 部分表 1-1、表 1-2。

（2）比例

建筑物形体尺寸大，不可能用足尺（1:1）表达，必须按比例加以缩小来表达。整体建筑物表达一般采用小比例（1:100，1:200，1:500……）制图；局部构造用大比例（1:20，1:10，1:5…）制图；对某些尺寸小的细部，可用放大的比例（1:1，2:1…）制图（详见本书附录中第 2 部分表 2-1）。比例选用的主要目的在于把图形表达清楚。

（3）定位轴线及编号

建筑施工图中的定位轴线是建筑物承重构件系统的定位、放线的重要依据。凡是承重墙、柱子等主要承重构件应标注轴线并构成纵、横轴线网来确定其位置。对于非承重的次要构件，则可用主轴线网以外的附加中心线予以确定。

需要说明的是，有时为了构造上的需要，主轴线网的轴线不一定通过构件的形心，但必须表明构件与定位轴线的关系。

定位轴线采用 0.25b 线宽的单点长画线绘制，并予编号。轴线的端部画细实线圆圈（直径为 8~10mm），平面图上定位轴线的编号，宜标注在图样的下方与左侧，横向编号应用阿拉伯数字（①，②，③……）由左向右依次注写，竖向编号应用大写英文字母Ⓐ、Ⓑ、Ⓒ……，（I、O、Z 除外）从下至上顺序注写，如图 3.1-1 所示。

在两个轴线之间有附加轴线并需要编号时，则编号用分数表示，分母表示前一轴线的编号，分子表示附加轴线的编号。编号宜用阿拉伯数字顺序编写；1 号轴线或 A 号轴线之前的附加轴线的分母应以 01 或 0A 表示（图 3.1-2）。

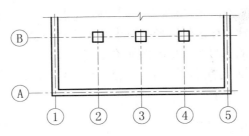

图 3.1-1　定位轴线的编号顺序

大写英文字母中，I、O 及 Z 三个字母不得用为轴线编号。避免与数字 1、0、2 混淆。

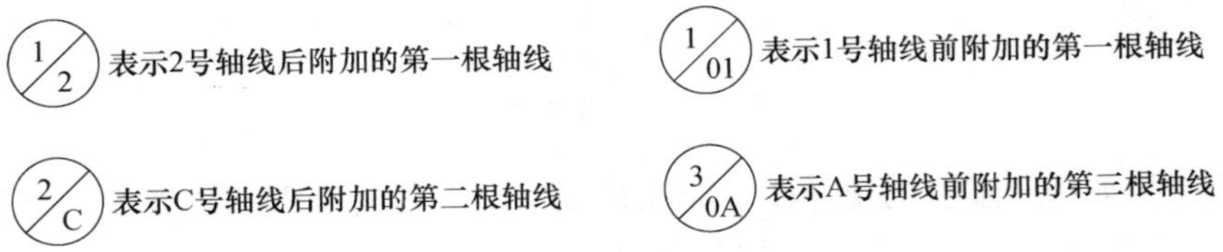

$\frac{1}{2}$ 表示2号轴线后附加的第一根轴线　　　$\frac{1}{01}$ 表示1号轴线前附加的第一根轴线

$\frac{2}{C}$ 表示C号轴线后附加的第二根轴线　　　$\frac{3}{0A}$ 表示A号轴线前附加的第三根轴线

图 3.1-2　附加轴线

（4）尺寸与标高

图面上的尺寸单位除标高及建筑总平面图上规定用米（m）为单位外，均必须用毫米（mm）为单位。

标高是标注建筑物高度的一种尺寸形式。标高有绝对标高和相对标高两种：

绝对标高：以青岛（验潮站）黄海的平均海平面定为绝对标高的零点，全国各地标高以此作为基准。

相对标高：除总平面图外，一般采用相对标高，即把底层室内主要地坪标高定为相对标高的零点，标注为 ±0.000，各层面标高以此为基准。

标高用标高符号加数字表示。标高符号应以直角等腰三角形表示。标高符号的具体画法如本书附录中第 10 部分图 10-27～图 10-30 所示。

（5）图例

建筑物及构筑物是按比例缩小绘制的，对于有些建筑细部、构件形状和建筑材料等往往不能如实画出，也不容易用文字加以说明，所以用按规定的图例和代号来表示。建筑制图中有各种规定的图例，如本书附录中第 7 部分中表 7-1 是建筑材料图例。

（6）索引符号和详图符号

1）索引符号

图样中的某一局部或构件，如需另见详图时，应以索引符号索引，如图 3.1-3。索引符号是由直径为 8～10mm 的圆和水平直径组成，圆及水平直径线宽宜为 0.25b。索引符号应按下列规定编写：

① 索引出的详图与被索引的图样同在一张图纸内，则应在索引符号的上半圆中用阿拉伯数字注明该详图的编号，并在下半圆中间画一段水平细实线，如图 3.1-3（a）所示。

　　② 如索引出的详图与被索引的图样不在同一张图纸内，应在索引符号的上半圆中用阿拉伯数字注明该详图的编号，在索引符号的下半圆中用阿拉伯数字注明该详图所在图纸的编号。图 3.1-3（b）中所注的编号为 5 的详图画在了第 2 张图纸上。

　　③ 索引出的详图，如采用标准图，则应在索引符号水平直径的延长线上加注该标准图集的编号，如图 3.1-3（c）所示。

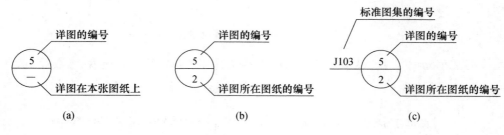

图 3.1-3　索引符号

　　④ 索引符号如用于索引剖视详图，应在被剖切的部位绘制剖切位置线，并以引出线引出索引符号，引出线所在的一侧应为剖视方向，如图 3.1-4 所示。

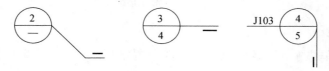

图 3.1-4　用于索引剖面详图的索引符号

　　2）详图符号

　　详图的位置和编号，应以详图符号表示。详图符号的圆直径为 14mm，线宽为 b。详图应按下列规定编号：

　　① 详图与被索引的图样同在一张图纸上时，应在详图符号内用阿拉伯数字注明详图的编号，如图 3.1-5（a）所示。

　　② 详图与被索引的图样不在同一张图纸上时，应用细实线在详图符号内画一水平直径，在上半圆中注明详图编号，在下半圆中注明被索引的图纸的编号，如图 3.1-5（b）所示。

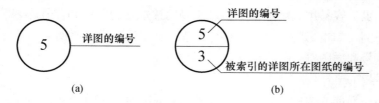

图 3.1-5　详图符号

　　（7）指北针及风向频率玫瑰图

　　总平面图上的指北针或风向频率玫瑰图，是表明建筑物和建筑群的朝向和与风向的关系。指北针指示的方向为正北方向（磁北）。建筑物的朝向与建筑物所在地区的日照有密切关系，因而在总平面图上必须标注"指北针"图样。

　　指北针的形状符合图 3.1-6 的规定，其圆的直径宜为 24 mm，用细实线绘制；指针尾部的宽度宜为 3 mm，指针头部应注"北"或"N"字。需用较大直径绘制指北针时，指针尾部的宽度宜为直径的 1/8。

　　风向频率玫瑰图，简称"风玫瑰图"，如建施总平面图所示（图 3.2-1），风玫瑰图同样指示正北方向，并表示常年（图中实线）和夏季（图中虚线）的风向频率（各城市或地区常年气象统计平均数值）。图形中显示的常年最高频率风向称为"主导风向"。

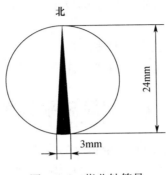

图 3.1-6　指北针符号

2. 阅读要点

（1）阅读图纸的顺序和注意事项

　　一个单体工程的整套施工图，简单的工程只有几张图，复杂的工程有几十张，甚至几百张，大型的特殊工程图纸有上千张。在阅读所需要的图样时，应当按照前面所介绍的施工图的编制顺序和工种分类来阅读或查阅。方法是"先总体后局部"。

　　1）阅读施工图首页——设计说明，从总体上了解工程的性质、规模、结构形式、技术措施等，对工程有一个大概的认识。

　　阅读图纸目录，了解图纸的内容、工种的分类编排以及选用的有关标准图、构配件图集等，以便深入研读时查找。

　　2）按各工种所需分别深入阅读专业图纸。要求达到读懂和熟记的程度，并能发现存在的问题或错误。读图过程中还要注意相关工种之间的配合、协调关系。

　　3）一项工程施工图中，必有选用的标准图、构件配件的通用图，读图时应找来审阅，看其是否适当与配合。

　　4）在阅读施工图过程中，应特别注意有关变更设计的情况。对变更设计的说明和图样，要仔细审阅，并及时废去原图样，以免造成失误。

（2）标准图

　　建筑工程施工图中，有些建筑构件、配件和节点详图（材料与做法）等，常选自某种标准图集或通用图集。因此，被选定图样也是工程施工图的组成部分。目前标准图集种类较多，现将有关情况说明如下：

　　1）标准图集的分类

　　我国编制的标准图集，按其编制的单位和使用范围大体分为以下三类：

　　① 国家批准的通用标准图集，可供全国范围内使用。

　　② 经各省、市、自治区地方批准的通用标准图集，可供本地区使用（地区之间适当借

用也是可以的）。

③ 各设计单位编制的标准图集，宜供本单位设计的工程项目使用。

全国通用的标准图集，通常采用"×××"或"建×××"代号表示建筑标准配件类的图集；用"G×××"或"结×××"代号表示结构标准构件类的图集。

2）标准图的查阅

① 根据施工图中注明的标准图集名称编号及编制单位查找相应的图集。

② 阅读标准图集时，必须首先阅读图集的总说明，了解编制该图集的设计依据、使用范围、施工要求和注意事项等。

③ 了解标准图集的编号和有关表示方法。

④ 根据施工图中的详图索引编号查阅被索引详图，核对构件部位的适应性和尺寸。

3.2　建筑总平面图

在地形图上画出新建、拟建、原有和要拆除的建筑物、构筑物外形轮廓的水平投影，称为总平面图。它是规划设计的实施"蓝图"。它具体地反映建筑物、构筑物群体的布局及其与城市规划和管理的要求。

3.2.1　总平面图的图示内容

1. 建设地段的地形图及其由城市规划管理部门用"红线"限定的建设用地范围。并标注城市坐标系统数值。

2. 新建筑物、构筑物规划设计布置的定位，定位方式有两种：一种是根据城市坐标系统，于房屋转角处标注坐标数；另一种根据场地上原有的永久性建筑物或道路来定位，标注定位尺寸。建筑物及构筑物编号，并列"名称编号表"。

3. 场地竖向设计标高（标注绝对高程）及建筑物室内底层地面标高（标注绝对高程），并以该高程作为室内相对标高零点。标注建筑物层数，符号为数字，如 6F，表示该建筑为 6F 层。当层数少时，也有用小圆点数表达，（如"⋯"或"∴"表示 3 层）。

4. 标明拟拆除旧建筑的范围边界，与新建筑物相邻建筑物的性质，耐火等级及层数。

5. 标明道路、明沟等的宽度起点、变坡点、转折点、交叉点、终点的标高、坡向箭头、回转半径等，以及下埋各种管线的网络走向。

6. 绿化、挡土墙等设施的规划设计。

7. 其他：比例、指北针（或风玫瑰图）、补充的图例、必要的说明等。

3.2.2　总平面图的读图要点

1. 了解工程性质、图纸比例，阅读文字说明，熟悉图例。总平面图中常用的图例见表 3.2-1。

2. 了解建设地段的地形，"红线"范围，建筑物的布置，周围环境、道路布置。

3. 了解拟建建筑物的室内外高差、道路标高、坡度及排水情况、填挖方情况。

4. 拟建房屋的定位方式。

表 3.2-1　总平面图中的图例

名称	图例	备注	名称	图例	备注
新建建筑物	$X=$ $Y=$ ① 12F/2D H=59.00m	新建建筑物以粗实线表示与室外地坪相接处±0.00 外墙定位轮廓线　建筑物一般以±0.00 高度处的外墙定位轴线交叉点坐标定位。轴线用细实线表示，并标明轴线号　根据不同设计阶段标注建筑编号，地上、地下层数，建筑高度，建筑出入口位置（两种表示方法均可，但同一图纸采用一种表示方法）　地下建筑物以粗虚线表示其轮廓　建筑上部（±0.00 以上）外挑建筑用细实线表示　建筑物上部连廊用细虚线表示并标注位置	围墙及大门		—
			挡土墙	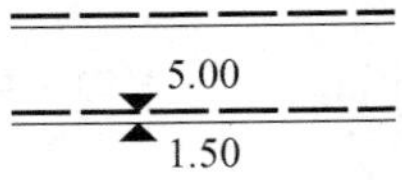 5.00 1.50	挡土墙根据不同设计阶段的需要标注 墙顶标高 墙底标高
			原有道路	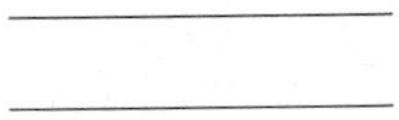	—
			计划扩建的道路		—
			拆除的道路	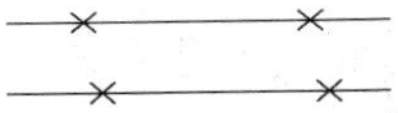 × × × ×	—
			人行道	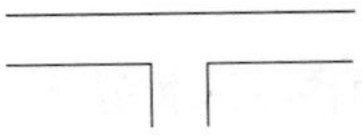	—
原有建筑物		用细实线表示	填挖边坡	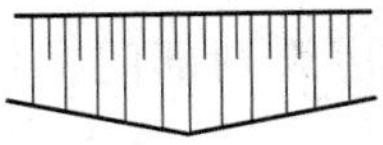	—
计划扩建的预留地或建筑物		用中粗虚线表示	新建的道路	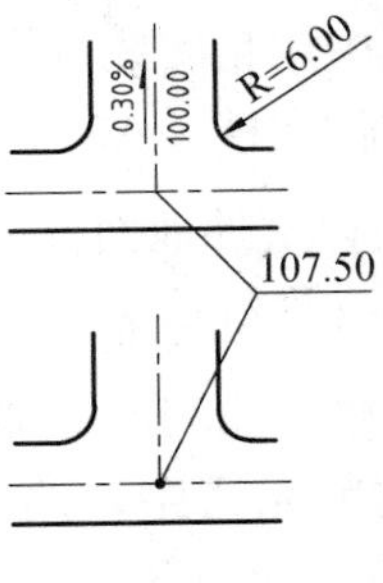 0.30% 100.00 R=6.00 107.50	"R=6.00" 表示道路转弯半径；"107.50" 为道路中心线交叉点设计标高，两种表示方式均可，同一图纸采用一种方式表示；"100.00" 为变坡点之间距离，"0.30%" 表示道路坡度，"→" 表示坡向
拆除的建筑物	× ×	用细实线表示			
建筑物下面的通道		—			
铺砌场地		—	常绿针叶乔木	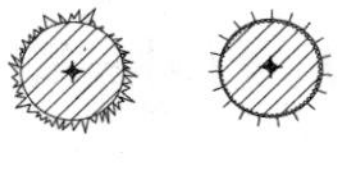	—

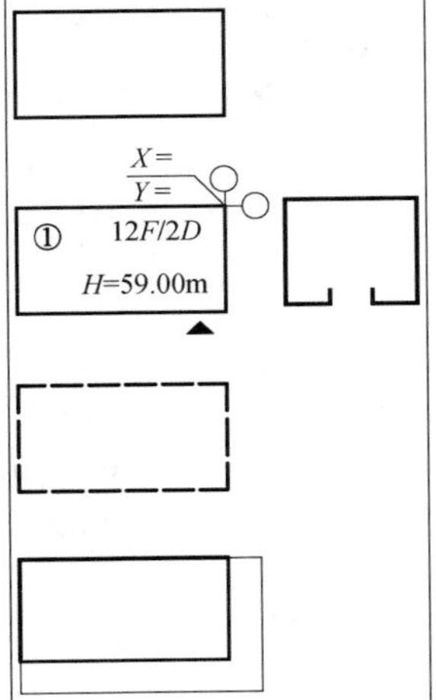

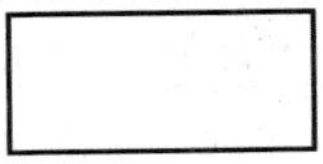

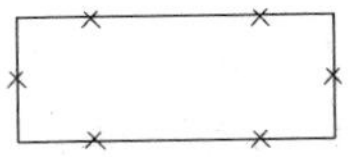

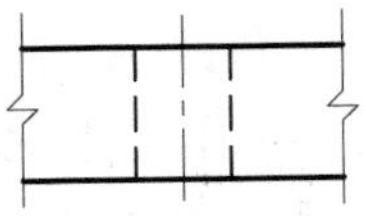

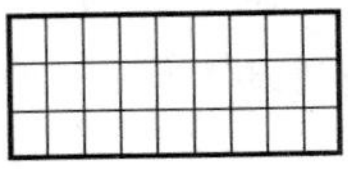

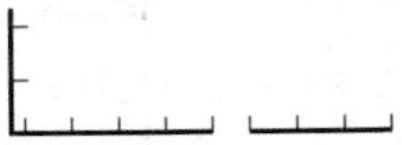

名称	图例	备注	名称	图例	备注
室内地坪标高	151.00 (±0.00)	数字平行于建筑物书写	落叶阔叶灌木	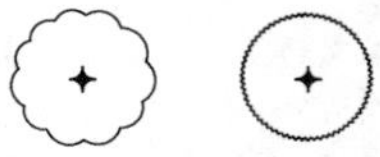	—
室外地坪标高	▼ 143.00	室外标高也可采用等高线	花卉	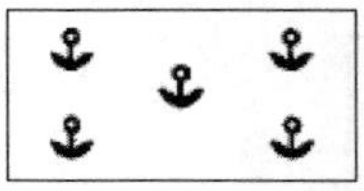	—
坐标	1. $X=105.00$ $Y=425.00$　2. $A=105.00$ $B=425.00$	1．表示地形测量坐标系　2．表示自设坐标系，坐标数字平行于建筑标注	草坪	1. 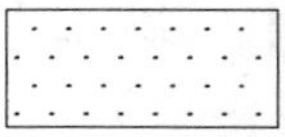 2. 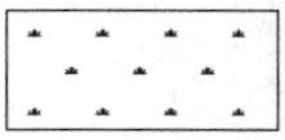 3. 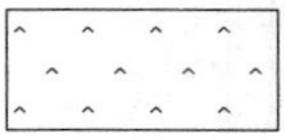	1．草坪 2．表示自然草坪 3．表示人工草坪
方格网交叉点标高	-0.50 ┃ 77.85 78.35	"78.35"为原地面标高；"77.85"为设计标高；"−0.50"为施工标高；"−"表示挖方（"+"表示填方）			

3.2.3　总平面图阅读实例

图 3.2-1 所示，为某小区二期工程一个组团的总平面图。该总平面图的比例为 1：500。通常与城市规划部门提供的用地地形图相一致，城市地形图带有坐标方格网，拟建建筑物的定位，就按城市方格网统一定位；或者就附近已建成的建筑物之间的垂直距离定位。

从图中地形等高线的标高，可知该地块的原地势东南高而西北低。根据（表 3.2-1）图例可以看出，图用粗实线画出的图形，是新建 A5 住宅楼的底层外轮廓投影；用细实线画出的是已建成的住宅楼。A5 住宅楼左上角数字"5F"表示该楼为五层，一层室内地面设计标高为 ▽ 35.000；室外地面标高为 ▼33.800（标高的单位以米计）。

图纸右下方有一风玫瑰图，箭头指向正北方，并且表明该地区各方位的年风向频率和主导风向。由风向频率玫瑰图可知 A5、A6 等住宅楼朝向为南偏西。

该住宅楼北紧靠道路，路北为已建成的水泵房、变电所等。新建 A5 住宅楼的定位是按楼的西墙距已建成的 A6 住宅楼 8m，A5 住宅楼的南墙距 A3 住宅楼北墙为（墙的外皮到外皮）27m。从图中还可看出，A5 住宅楼东、北、西三侧的斜坡与挡土墙情况。总平面图中的道路、护坡、绿化等，都用图例表示其位置与范围。其中道路转弯半径 R，其后数字为半径大小。路面上用箭头以百分数表示出了排水坡度 i，相应的水平距注在坡度下面。

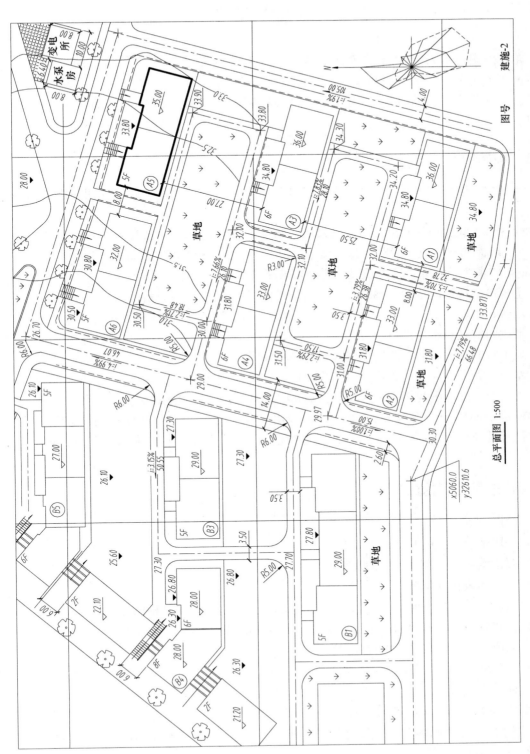

图 3.2-1　总平面图

3.3　建筑平面图

建筑平面图主要反映房屋的平面形状、大小和房间布置；墙（或柱）的位置、厚度（断面形状）和材料；门窗的类型和位置等。建筑平面图是单项工号中最为主要的图纸。从施工放线、打基础、建墙柱，以及各工种之间协调配合，都离不开建筑平面图。

3.3.1　图示内容

1. 墙、柱、墩剖切断面；内外门窗位置及编号，房间的名称；房间的开间与进深的轴线及编号。

2. 标注各房间、构件的定形与定位尺寸。房屋外墙规定标注三道尺寸。近墙一道为门窗洞宽（或墙面凹凸）及窗间墙的起迄尺寸；第二道为房间的开间（或进深）尺寸，亦即轴线尺寸；第三道为总尺寸。这三道尺寸线必须封闭（即三个总量尺寸相等）。

3. 主入口、楼梯间位置、梯段上下方向，楼梯间进深尺寸及信报、仪表等设施。

4. 阳台、雨篷、烟气道、雨水管、入口台阶、散水等位置、形状及尺寸。

5. 卫生间洁具和厨房设备布置。

6. 地下室或半地下室、跃层（阁楼）等的平面图。

7. 屋顶、露台平面图，表达屋顶形式、排水方式及设施。

8. 平面图上剖面图的剖切位置与方向的索引符号；详图、构配件等索引符号。

9. 建筑平面图中，各建筑配件，一般采用图例表示，并注上相应的代号及编号，如门的代号为 M，窗的代号为 C。常用的构造及配件图例见本书附录中第 11 部分表 11-1。

3.3.2　建筑平面图的阅读

1. 读图要点

（1）采取逐层阅读的原则（先底层后上层）。

（2）阅读图名、比例及有关的文字说明。

（3）了解建筑物的朝向。

（4）阅读建筑物的平面形状、总长、总宽尺寸、各房间的位置和用途。

（5）了解各房间的开间和进深细部尺寸和室内外标高。

（6）阅读细部构造和设备配置等情况。

（7）了解剖切位置的标注及索引符号。

（8）查阅有关图例。

2. 阅读实例——A5 住宅楼平面图

A5 住宅楼在总平面图上已有明确定位。图 3.3-1 为 A5 住宅楼轴测图，以辅助读图。以下介绍各层平面图的阅读：

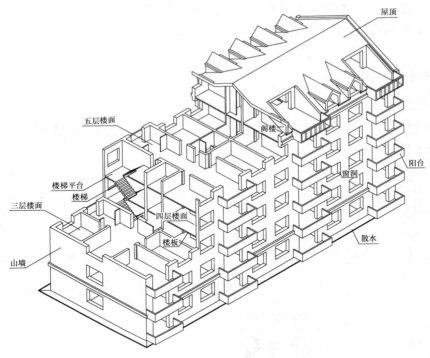

图 3.3-1　A5 轴测图

（1）一层平面图——A5 建施－3（图 3.3-2）

1）图样比例 1：100；为"一梯二户"两单元并列式住宅楼；与⑨轴线并接。两个出入口分别设在⑤～⑦和⑫～⑬轴线之间，并且与楼梯间户门集合在一起，称为单元的交通枢纽。

2）在 A5 一层平面图外，画有一个指北针符号，说明房屋的朝向。从图中可知，本例房屋南偏西。

3）砖混结构。从图中定位轴线系统的分布（①～⑰与Ⓐ～Ⓓ）及其间距，可知各主要房间的开间、进深。并由总尺寸线可知住宅楼的长度（32900mm）和宽度（12500mm）。

4）图中注有外部尺寸和内部尺寸，从各道尺寸的标注，可了解到各房间的开间和进深，外墙与门窗及室内设备等的大小和位置。

外部尺寸：各方向平行墙面注三道尺寸线。

第一道尺寸线确定门窗的位置及其宽度，通过标注的门窗编号，可以从门窗表中可知道门窗的大小、形状开启方式和材质；

第二道尺寸线为定位轴线的间距，表明房间的开间和进深。如①～②和Ⓐ～Ⓑ轴线之间房间的开间是 3.4m，进深是 4.5m；

第三道尺寸线为各向墙面的总尺寸。

内部尺寸：内部标注的局部尺寸，是室内各构件的定形与定位所必需的尺寸。如Ⓑ轴线尽端上两个门，尺寸 120 是轴线②的定位尺寸，900 是门的定形尺寸。又如②轴线上内墙，轴线两侧各标注 120，这既是定形尺寸，又是定位尺寸，表明墙厚 240。

5）楼梯、墙体、门窗等，采用《建筑制图统一标准》中的图例符号（见本书附录中第 11 部分表 11-1）来表达，门窗前的标注为门窗的编号及其宽度，门窗的详图可以从门窗表 A5 建施-18 和 A5 建施-19 查阅。楼梯间的详图可以从 A5 建施-14 和 A5 建施-15 查阅。

6）详图索引，如 1♯ 厨房详见建施-16，即建施第 16 页；又如 $\frac{1}{17}$ 管道井，即建施—17 页①号详图。其他同理。

7）在底层平面图上，通常标注剖面图的剖切符号及编号，如通过楼梯间的 1-1 剖切符号。

（2）标准层平面图——A5 建施-4（图 3.3-3）

1）通常各层分别有各层的平面图，当多层或高层建筑物有若干层平面布局和结构承重系统相同，为了提高绘图作业效率和节省工作量，就可以设置"标准层"平面图，替代相应的二、三、四层平面图。如图 3.3-3 A5 建施-4。

2）非平面布局或结构承重系统，个别构造稍有不同，可以"加注"，如轴线⑤～⑥与⑫～⑬之间入口上方的雨篷，仅二层设置，三、四层则没有；⑥～⑧轴线之间的起居室标注的一组数据 $\begin{array}{l}11.200\\8.400\\5.600\\\underline{\nabla}2.800\end{array}$，表明为二、三、四、五层楼面的标高；并且注明"所有未注尺寸同一层平面图"。

3）梯段标注的上、下箭头和折断符号，是以本楼层为基准，"上"为上上层梯段，"下"为下下层梯段。

（3）五层平面图——A5 建施-5（图 3.3-4）

五层平面图和标准层平面图完全相同。只有两处符号的差异：一处是楼梯间只有向下的箭头，表示五层只有向下的梯段踏步，而没有向上的梯段踏步，楼梯间到五层为止；二处是起居室虚线方洞的位置与范围，是为住户预留上跃层的自家设置扶梯空间。

（4）阁楼层平面图——A5 建施-6（图 3.3-5）

阁楼为跃层，没有公共楼梯，上阁楼由用户自家设置扶梯。预留方形洞口，就是为用户自行设计留用，形式与材质自定。轴线⑤～⑥和⑫～⑬原楼梯间成为卧室。轴线①～②、⑥～⑧、⑩～⑫和⑯～⑰原主卧室成为室外露台。图中虚线图形为屋顶"老虎窗"的位置。

屋面平面图（图 3.3-6）主要表明屋面的排水方式、方向和坡度。排水方式为有组织排水，屋面雨水流入天沟，经垂直水落管排至地面。屋面与老虎窗的排水坡度未标注，意为随屋面承重结构而定。

屋面平面图中，有若干个详图或配件的索引符号。按照索引符号的指引可以查阅相应的详图或配件图。如 $\frac{1}{13}$ 为檐口详图，可以在 A5 建施 13 页编号①查到该详图。$\frac{2}{17}$ 为硬山压顶详图，图样在 A5 建施-17 页，编号②，泛水做法采用 88J5 图集第 30 页⑤详图。又如 $\frac{DJ9-1}{12}$ 厨房烟囱详图，可以在 DJ91-1 大连建筑配件通用图集第 12 页查到该详图。其余索引符号同理。

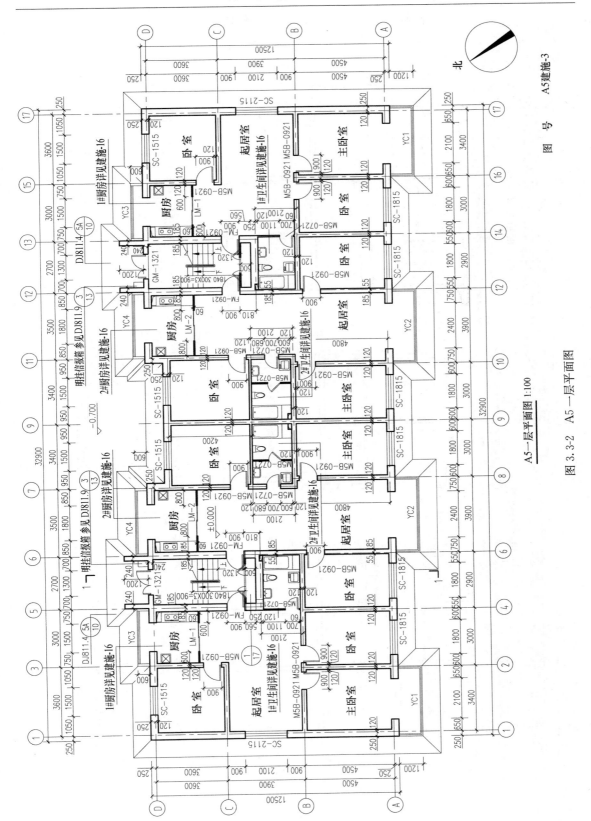

A5一层平面图 1:100

图 3.3-2　A5 一层平面图

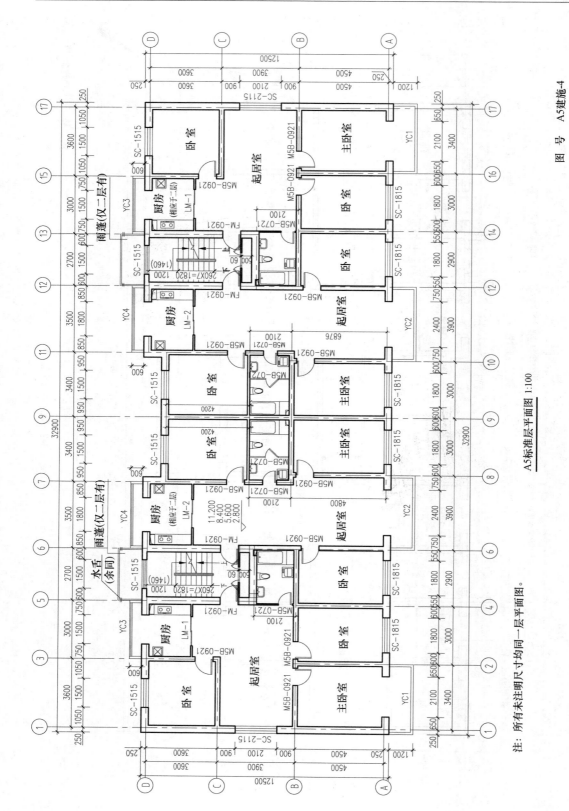

A5标准层平面图 1:100

图 3.3-3　A5 标准层平面

注：所有未注明尺寸均同一层平面图。

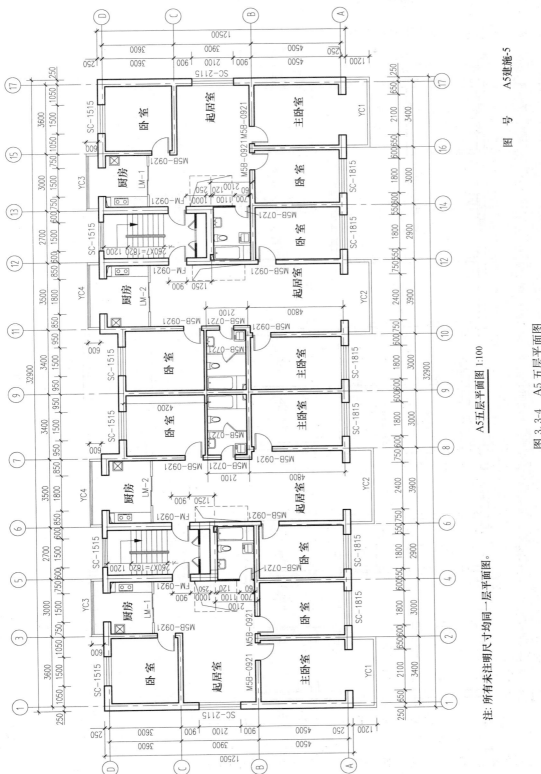

A5五层平面图 1:100

注：所有未注明尺寸均同一层平面图。

图 3.3-4　A5 五层平面图

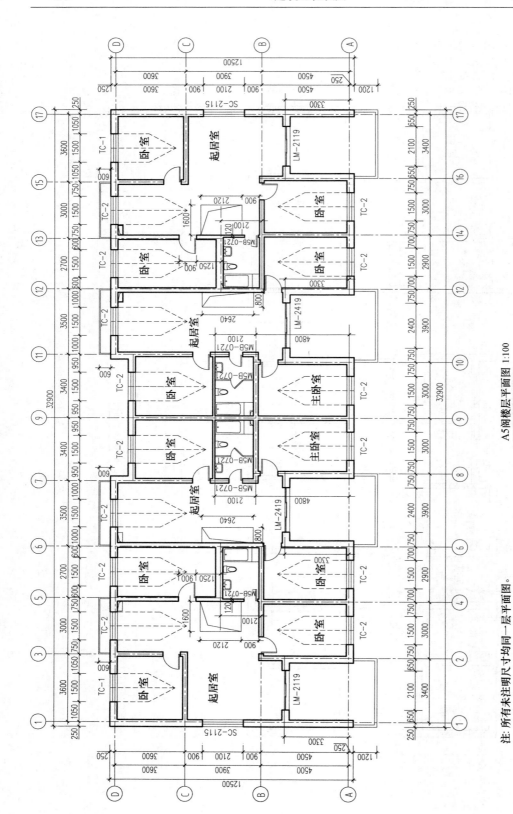

注：所有未注明尺寸均同一层平面图。

图　号	A5建施-6

图 3.3-5　A5 阁楼层平面图

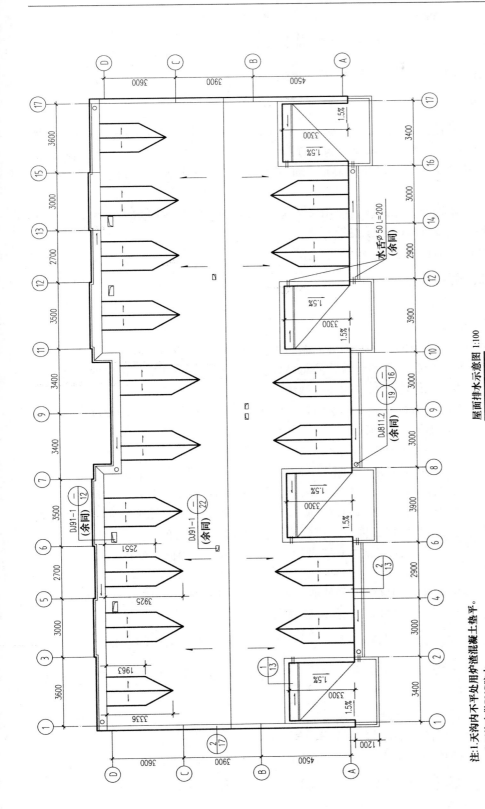

屋面排水示意图 1:100

注:1.天沟内不平处用炉渣混凝土垫平。
2.天沟内做PVC防水。
3.天沟内排水坡度为0.5%。

图 3.3-6 A5 屋面排水示意图

图 号 A5建施-7

3.4　建筑立面图

建筑立面图反映房屋的外貌和立面装修的做法。

3.4.1　图示内容

1. 表明建筑物室外地面线以上的勒脚、台阶、门、窗、雨篷、阳台；室外楼梯、外墙面的壁柱花饰和预留孔洞、檐口、屋顶等的位置。

2. 用标高表示建筑物各主要部位的高度，如屋檐或屋顶、各楼层、门窗顶、窗台、台阶室内外地坪标高等。

3. 表明建筑物外墙饰面的分格线。应用文字说明各部位所用材料及色彩。

4. 标注建筑物两端或分段的轴线编号。

5. 标注细部详图索引符号。

3.4.2　建筑立面图的阅读

1. 读图要点

（1）了解图名及比例。

（2）了解房屋的整个外貌形状。明确立面图与平面图的对应关系。

（3）阅读房屋的竖向标高，了解建筑物的总高以及室外地坪、各楼层等部位的标高。

（4）阅读文字说明，了解房屋外墙的装修做法。

（5）阅读立面图上的索引符号，了解索引符号标注的部位，以配合详图的阅读。

2. 阅读实例——A5 住宅楼立面图

（1）①～⑰立面图——A5 建施-8（图 3.4-1）

1）①～⑰立面图为 A5 住宅主要立面图（图 3.4-1），比例为 1∶100，与平面图的比例一致。

2）该住宅以轴线命名比以方位命名更为明确。就正投影法而言，应为正立面图，但建筑立面图上不画虚线。主要表达该立面的窗、阳台、老虎窗等的排列与图形。文字标注墙面的色彩与涂料，屋面的材质与色彩，檐口、窗台和线脚的纹饰做法与色彩。

3）从屋顶"老虎窗"反映住宅楼为五层带阁楼。红色黏土瓦屋面，硬山封檐压顶，涂白色高级外墙涂料。

4）从图中所标注的标高，知该住宅室外地面标高为－0.700，比室内±0.000 低 0.7m，最高（屋脊处）处为 17.773m，所以房屋的外墙总高为 18.43m。

5）详图的索引，如 $\frac{1}{13}$ 露台与檐口详图，可查 A5 建施 13 页编号 ① 图。又如 $\frac{2}{12}$、$\frac{3}{12}$ 为外檐口的窗台与线脚详图，在建施 12 页，详图 ②、③。外墙面各部分色彩见图面文字标注。其余同理。

（2）⑰～①立面图——A5 建施-9（图 3.4-2）

1）该立面图称背立面图，面向北。有两个单元入口。

2）文字标注墙面的色彩及涂料与①～⑰立面图相同。

3）索引符号 $\frac{2}{13}$ 是檐口详图，可查阅 A5 建施 13 页编号 ②、③ 图。

（3）Ⓐ～Ⓘ与Ⓘ～Ⓐ立面图——A5 建施-10（图 3.4-3）

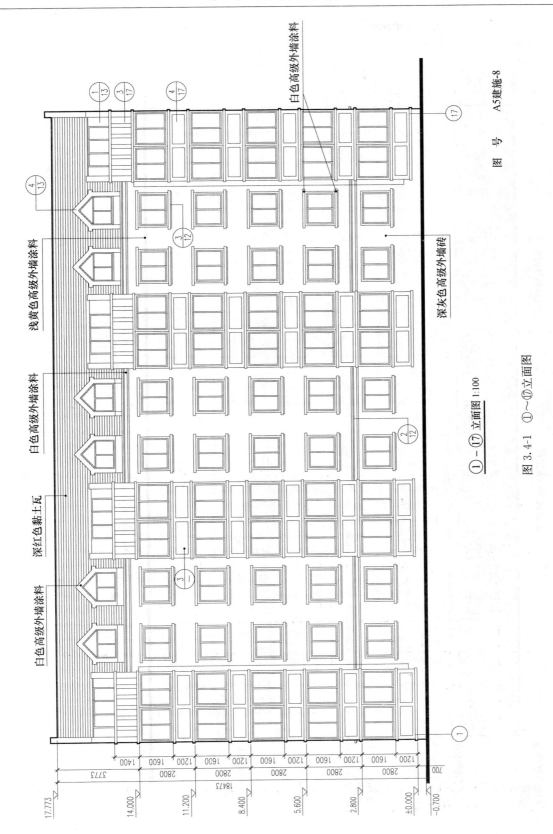

图 3.4-1 ①～⑰立面图

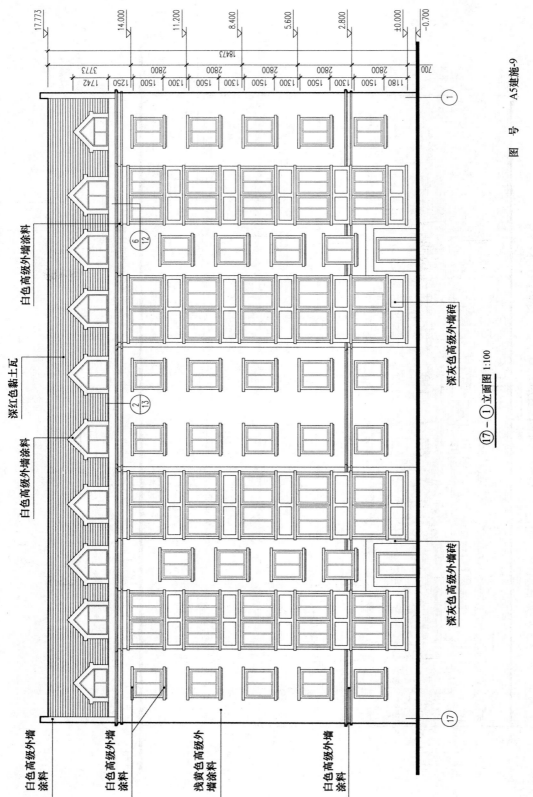

⑰－①立面图 1:100

图 3.4-2　⑰～①立面图

图　号　A5建施-9

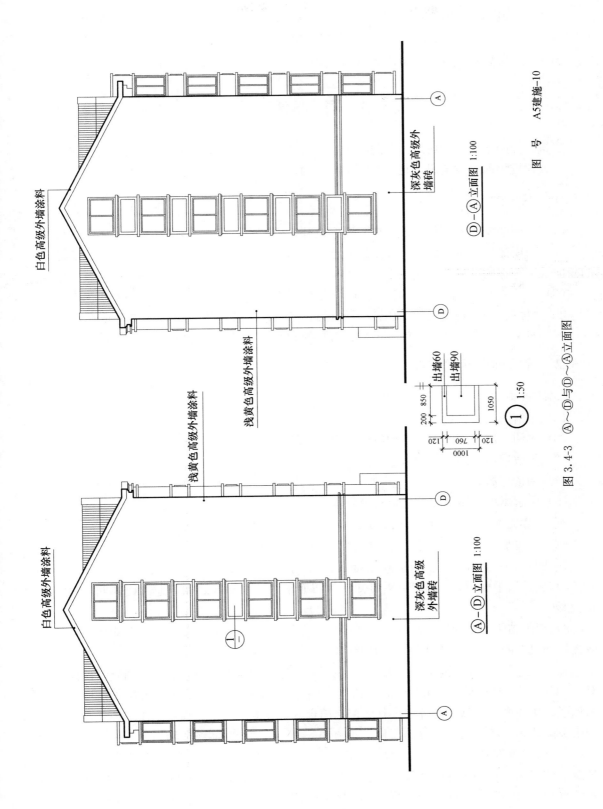

图 3.4-3　Ⓐ～Ⓓ与Ⓓ～Ⓐ立面图

1）该立面图也称山墙立面图，墙面的色彩及涂料与①～⑰立面图相同。双坡屋面，硬山封檐，图中可见的瓦屋面为南、北老虎窗的屋面。

2）索引符号 $\frac{1}{-}$ 为窗口下栏板的细部做法，详图在本页，编号①图。

3.5　建筑剖面图

建筑剖面图主要表达房屋内部的结构、构造及其材料做法。它与建筑平面图、立面图配合，反映建筑物的整体情况，是指导建筑施工的重要技术图样之一。

3.5.1　图示内容

（1）表明竖向承重构件（墙、柱）图形及其定位轴线。

（2）表明建筑物剖切构件（如各层楼面、顶棚、屋顶、门、窗、楼梯、阳台、雨篷等）的断面及剖视方向可见的图线。

（3）标注出被剖切构件的竖向尺寸及标高。建筑剖面图上的标高是相对（一层地面±0.000）标高，并为构造层"成活"后的标高。实践中应特别注意，不可忽视或误解。

（4）对某些构造复杂的部位，可标注简洁的文字，说明其材料和做法。

3.5.2　建筑剖面图的阅读

1. 读图要点

（1）了解图名及比例。

（2）查阅一层平面图上的剖切部位，明确剖面图与平面图的对应关系。

（3）了解房屋的结构与构造形式。

（4）阅读标高和尺寸。

（5）了解索引详图所在的位置及编号。

2. 阅读实例——A5住宅楼剖面图

（1）1-1剖面图——A5建施-11（图3.5-1）

1）图3.5-1是A5住宅楼的1-1剖面图。比例为1∶100。

2）从一层平面图1-1剖切位置可知，剖切面于⑤～⑥轴线之间，通过楼梯间，向左作正投影图。

3）建筑结构类型为砖混结构，承重砖墙，现浇钢筋混凝土楼板、屋顶和楼梯，檐口及各楼层均设有圈梁，并与外墙窗过梁相结合。

4）一层室内地面标高±0.000，是该住宅相对标高的基准，对应总平面图竖向设计标高35.000m，室外地面标高−0.700m；住宅入口平台标高−0.600m。切到的建筑构件，如室内地面、楼地面、屋顶、内外墙及其门窗、阳台等，读图时注意，当绘图比例较小时，剖面图中被剖切到的墙、构件，可画简化材料图例（断面轮廓画粗实线或涂黑）。

5）从剖面图中标注的标高与尺寸可知：一至五层的层高相同，均为2.800m，层间的标高差与竖向尺寸必须相符；窗台墙高、窗洞高、窗顶墙高的总值必须与层高相符合，即900＋1500＋400＝2800（mm）。标高17.773m则表明该建筑物的总高度。右侧标高及尺寸则表明楼梯平台与窗洞等的竖向标高与尺寸。阁楼层为带老虎窗的双坡屋面。文字标注屋面构造层的材料及做法。

6) 详图索引 $\frac{\text{DJ811.4}}{}\frac{5}{2}$ 为单元入口，大连建筑配件通用图集第二页编号⑤图。详图索引 $\frac{3}{12}$ 为封闭的阳台详图，可查阅 A5 建施 12 页，编号⑤图。

其他索引符号前述立面图上都已述说，不需要重复。

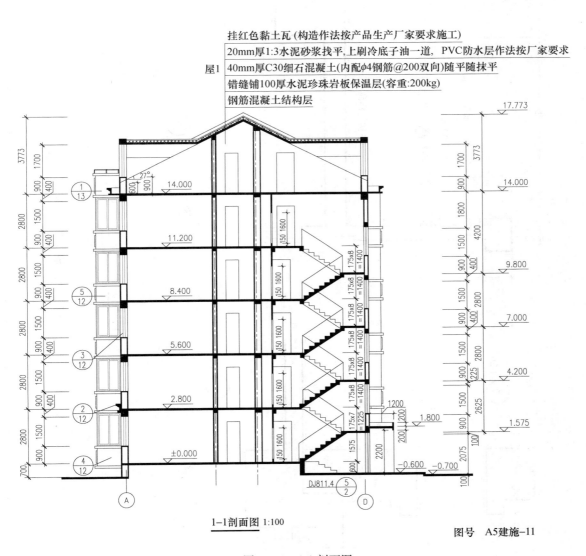

挂红色黏土瓦(构造作法按产品生产厂家要求施工)
20mm厚1:3水泥砂浆找平,上刷冷底子油一道, PVC防水层作法按厂家要求
40mm厚C30细石混凝土(内配φ4钢筋@200双向)随平随抹平
错缝铺100厚水泥珍珠岩板保温层(容重:200kg)
钢筋混凝土结构层

1—1剖面图 1:100

图号　A5建施-11

图 3.5-1　1-1 剖面图

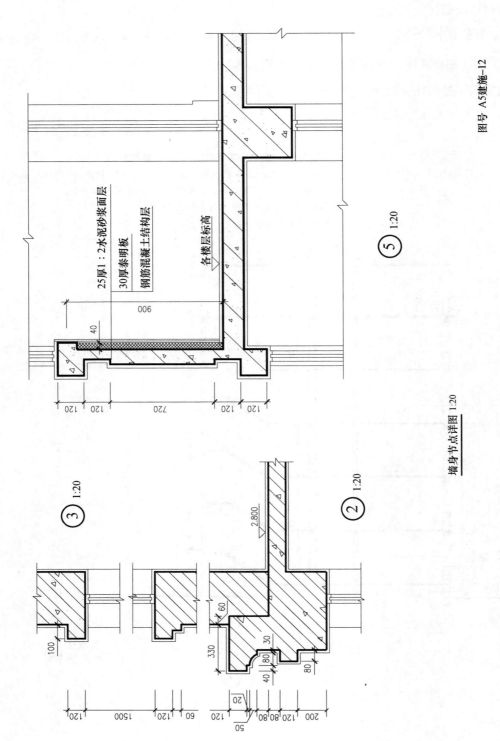

图 3.5-2　墙身节点详图

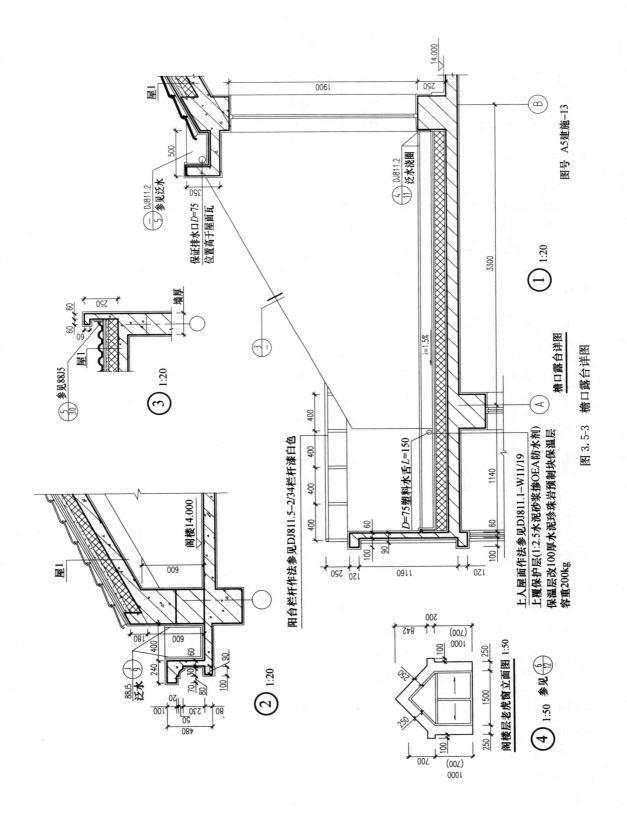

图 3.5-3　檐口露台详图

3.6 建筑详图

房屋建筑工程图，除平面图、立面图和剖面图等主要图纸之外，为了指导施工，需要补充必需的建筑细部或构件的详图。详图是施工图的组成部分。

详图的特点是：比例尺大，图样内容详细，尺寸齐全，文字说明详尽。

3.6.1 图示内容

通常需要用详图表达的部位或构件有：

（1）外墙的檐口、泛水、阳台、雨篷、勒脚、饰面的线脚纹样等。

（2）楼梯的踏步、栏杆扶手；厨房的烟道、炊具的布置及安装要求；卫生间的排气、防水、卫生洁具的布置及安装要求。

（3）室内装修，如顶棚、窗帘盒、窗台板，门窗洞口的筒子板与贴脸，壁柜等构造与材料。

3.6.2 建筑详图的阅读

1. 楼梯间详图——A5 建施-14、（A5 建施-15）（图 3.6-1、图 3.6-2）

（1）单元楼梯间为"一梯二户"。为解决入口问题，一层地面标高 ±0.000 下降 0.600m，设 4 级踏步，每级起步高 150mm，第一梯段设踏步 9 级，第二梯段设踏步 7 级，踏步尺寸均为 260mm×175mm。平台宽度为 1200mm。

（2）标准层（二、三、四、五）层间的楼梯，踏步级数相同，梯段水平投影长度相等。各层梯段上、下箭头表明梯段上下的方向和位置。

五层楼梯间只有向下的箭头，表明单元的公共楼梯到五层为止，上跃层阁楼，由用户自设扶梯。

（3）详图索引符号 $\frac{1}{15}$ 为楼梯扶手详图，可从 A5 建施-15 页，编号 ① 图查阅；$\frac{1}{17}$ 为管道井详图，可从 A5 建施-17 页，编号 ① 图查阅。

2. 厨房、卫生间详图——A5 建施-16（图 3.6-3）

（1）1# 厨房位于 ③～⑤ 轴线之间，开间 3000mm，进深（由 ① 轴线墙内表面）2100mm，LM-1 为推拉门；2# 厨房位于 ⑥～⑦ 轴线之间，开间 3300mm，进深（由 ① 轴线墙内表面）2100mm，LM-2 为推拉门。

1#、2# 厨房的设备布置（对称）相同，$\frac{1}{2}^{DJ811.9}$ 煤气台详图，采用大连建筑配件通用图集 DJ811.9 第 2 页 ① 详图。$\frac{BTA7}{10}^{DJ91.1}$ 烟道详图，常用通用图集 DJ91.1 第 10 页 BTA7 型详图。

（2）1# 卫生间位于 ⑤～⑥ 轴线之间，开间 2700mm，进深（由 ⑧ 轴线）2100mm，设浴缸、坐便器、洗手盆等三件卫生洁具，其定位尺寸为图面所标注；2# 卫生间位于 ⑦～⑨ 轴线之间，开间 3400mm，进深（由 ⑧ 轴线）2100mm，设分隔墙，浴缸、坐便器设在里间，

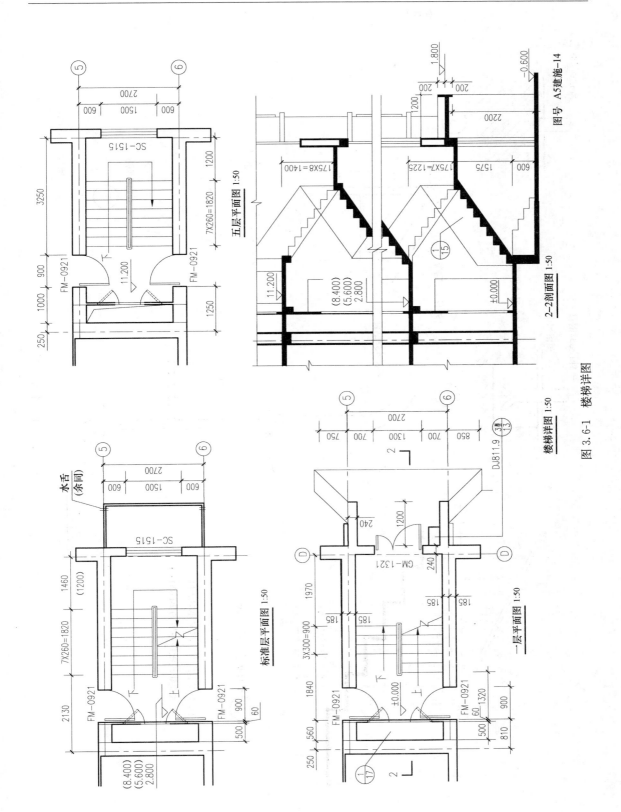

图 3.6-1　楼梯详图

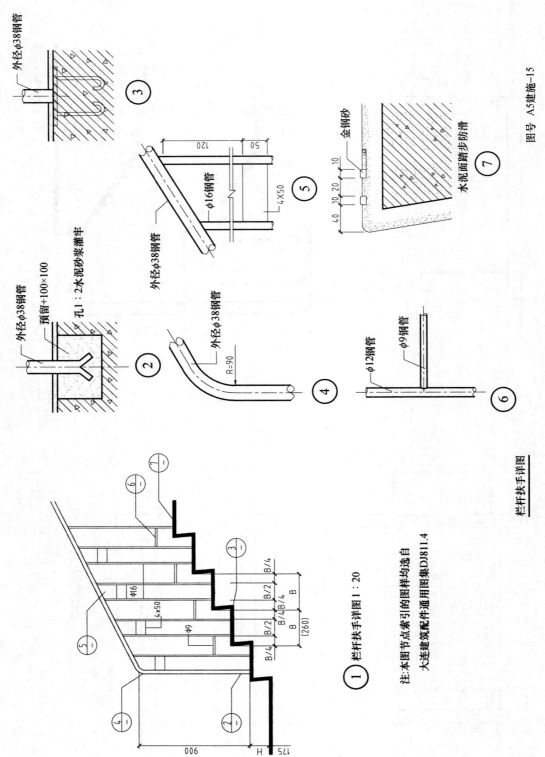

图 3.6-2　栏杆扶手详图

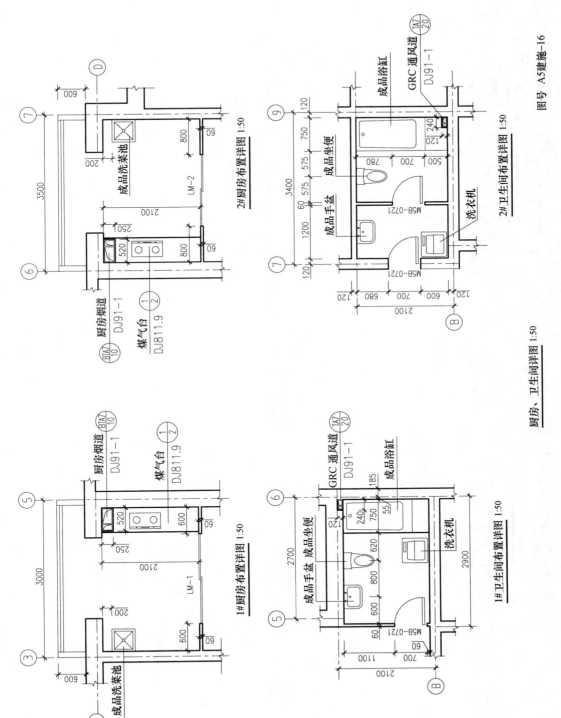

图 3.6-3　厨房、卫生间详图

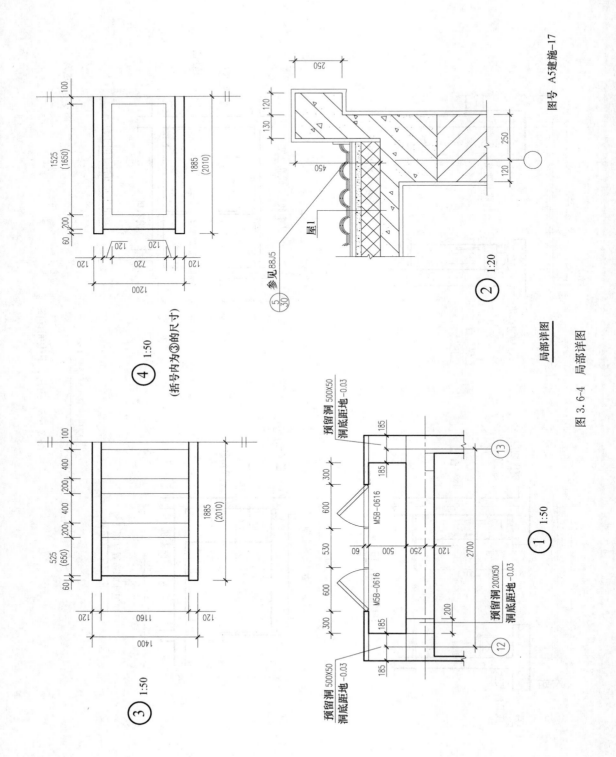

图 3.6-4　局部详图

洗手盆设在外间，各洁具定位尺寸如图面所标注。$\overset{TA7}{20}$$\overset{DJ91-1}{}$ 为通风道详图，采用大连建筑配件通用图集 DJ91.1，第 20 页⦅1/A⦆型详图。

3．门窗详图——A5 建施-18、A5 建施-19（图 3.6-5，图 3.6-6）

（1）A5 住宅楼所采用的通用木制门为商品门，不再给出详图，而用详图索引，如 M5B-0921，采用大连建筑配件通用图集 DJ831.1-M5B 型。对非通用门、窗则必须逐一给出立面图样及开启方式，洞口宽、高尺寸及分扇尺寸。

（2）门窗一览表，将 A5 住宅楼所采用的各种类型门、窗的编号、尺寸和用量等统计于表中，可一览无余。门的代号 M。FM（防护门），GM（钢门），LM（推拉门），代号后的数字为门洞口宽高尺寸，如 GM-13 21 ├─后两位数字为门高2100mm。窗的代号 C。SC（塑钢窗），YC（封阳台窗），TC（阁楼老虎窗），代号后的数字为窗洞口宽、高尺寸，如 SC-21 15 ├─后两位数字为窗高1500mm。
└─前两位数字为窗宽2100mm

（3）建施-19 所给出的门窗图样为非通用型。图样仅画出外形及标准高宽和分扇尺寸。由于门窗（框、扇）均为通用型材接合而成，对门、窗的节点详图省略。

门窗统计一览表

类别	编号	洞口尺寸 宽×高(mm)	楼层 住宅						合计 (樘)	所在标准图集号 或所在施工图号	备注
			一层	二层	三层	四层	五层	阁楼层			
三防门	FM-0921	900×2100	4	4	4	4	4		20		成品门
钢制门	GM-1321	1300×2075	2						2	见本页	成品门
木制门	M5B-0921	900×2100	12	12	12	12	12	12	72	DJ831.1	参见DJ831.1 M5
	M5B-0721	700×2100	6	6	6	6	6	6	36	DJ831.1	参见DJ831.1 M5
	M5B-0616	600×1600	4	4	4	4	4		20	DJ831.1	参见DJ831.1 M5
塑钢推拉门	LM1	1495×高度	2	2	2	2	2		10	见本页	
	LM2	1595×高度	2	2	2	2	2		10	见本页	
	LM-2119	2100×1900	2	2	2	2	2		10	见本页	
	LM-2419	2400×1900	2	2	2	2	2		10		
塑钢窗	SC-2115	2100×1500	2	2	2	2	2	2	12	见本页	
	SC-1815	1800×1500	6	6	6	6	6	6	36	见本页	
	SC-1515	1500×1500	4	6	6	6	6	6	34	见本页	
封阳台塑钢窗	YC1	宽度×1600	2	2	2	2	2		10	见本页	
	YC2	宽度×1600	2	2	2	2	2		10	见本页	
	YC3	2840×1600	2	2	2	2	4		10	见本页	
	YC4	3340×1600	2	2	2	2	2		10	见本页	
阁楼老虎窗	TC-1	1500×1400						2	2	见本页	
	TC-2	1500×1700						12	14	见本页	

图号　A5建施-18

图 3.6-5　门窗统计一览表

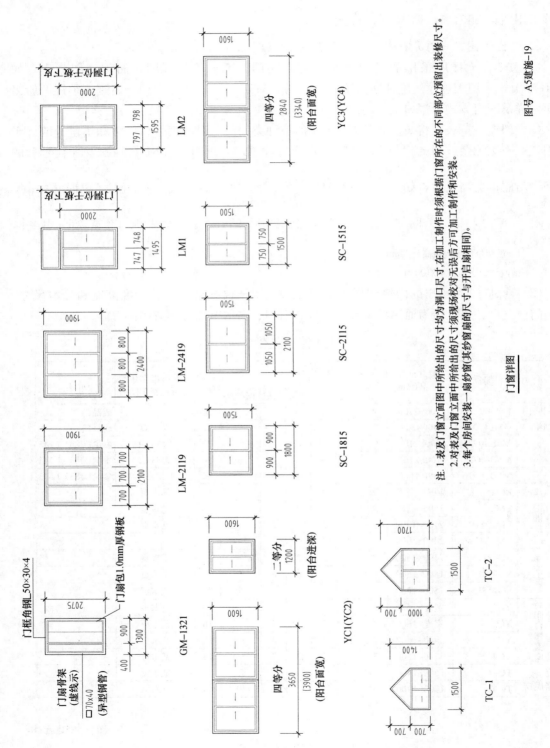

注 1.表及门窗立面图中所给出的尺寸均为洞口尺寸,在加工制作时须根据门窗所在的不同部位预留出装修尺寸。
　　2.对表及门窗立面图中所给出的尺寸须现场校对无误后方可加工制作和安装。
　　3.每个房间安装一扇纱窗(其纱窗扇的尺寸与开启扇相同)。

门窗洋图

图 3.6-6　门窗洋图

图号　A5建施-19

第4章 房屋建筑结构施工图

4.1 概 述

房屋建筑都是由许多结构构件和建筑配件组成的。结构构件是指房屋的组成中受力的部件。其中，诸如屋顶、楼板、梁、柱、承重墙和基础等，是主要的受力构件。这些构件互相支承，联成整体，构成了房屋中受力与传力的结构系统。该系统称为"建筑结构"，或简称为"结构"，而组成这个结构系统的各个构件称为"结构构件"。

房屋结构施工图（简称结施），该图主要用以表示房屋结构系统的结构类型、结构布置、构件种类、数量、构件的内部构造和外部形状大小以及构件间的连接构造等。主要用来作为施工放线、开挖基槽、支模板、绑扎钢筋、设置预埋件、浇筑混凝土和安装梁、板、柱等构件及编制预算和施工组织计划等的依据。

建筑结构按其主要承重构件采用的材料不同，一般可分为砖混结构、钢筋混凝土结构、钢结构和木结构等。目前，一般中小型民用房屋，大都采用砖混结构（图 4.1-1）。

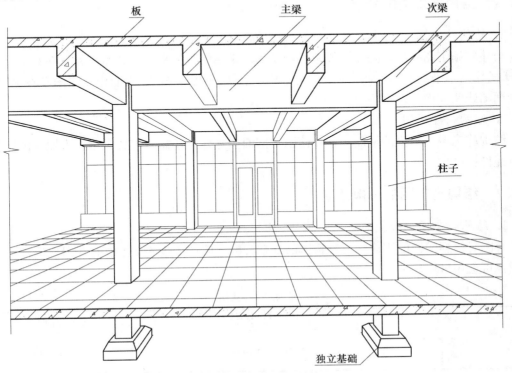

图 4.1-1 建筑物的结构

不同的结构类型，其结构施工图的具体内容和图示方式也各不相同，但一般都包括下列三部分内容。

1. 结构设计说明

内容包括：选用结构材料类型、规格、强度等级；地基情况；施工注意事项；选用标准图等（小型工程可将说明分别写在各图纸上）。

2. 结构平面布置图

结构平面布置图是在建筑平面的基础上表示房屋中各承重构件平面布置的图样。内容包括：

（1）各楼层结构布置平面图；

（2）基础平面图；

（3）屋面结构平面图。

3. 构件详图

内容包括：

（1）梁、板、柱及基础结构详图；

（2）楼梯结构详图；

（3）屋架结构详图；

（4）其他详图，如支撑、预埋件、连接件等。

4.2　房屋结构施工图的特点及一般规定

4.2.1　结构施工图的特点

1. 结构施工图

与建筑施工图一样，是用正投影法绘制的。常用的结构平面布置图，就是在对水平投影面 H 所作的水平剖面图。通常在 H 面上作构件的平面图，在 V 面上作立面图和在 W 面上作剖面图或侧立面图。

2. 结构构件详图

结构施工图在主要的平面图、立面图和剖面图之外，还需要配置大量较大比例的结构构件或配件详图。

4.2.2　结构施工图的一般规定

1. 结构施工图的比例

绘图时根据图样的用途和被绘物体的复杂程度，应选用表 4.2-1 中的常用比例，特殊情况下也可选用可用比例。

表 4.2-1　比例

图名	常用比例	可用比例
结构平面图 基础平面图	1：50，1：100，1：150	1：60，1：200

续表

图名	常用比例	可用比例
圈梁平面图，总图 中管沟、地下设施等	1:200, 1:500	1:300
详图	1:10, 1:20, 1:50	1:5, 1:30, 1:25

2. 常用构件代号

房屋结构的基本构件，如板、梁、柱等，种类繁多，布置复杂，为了图示简明扼要，便于阅读，"国标"规定了常用构件代号，如表 4.2-2 所示。构件代号即构件名称的汉语拼音第一个字母。预应力钢混凝土构件的代号，应在代号前加注"Y"，如 Y—KB 表示预应力钢筋混凝土空心板；又如 Y—DL 表示预应力钢筋混凝土吊车梁。

表 4.2-2　常用构件代号

序号	名称	代号	序号	名称	代号	序号	名称	代号
1	板	B	19	圈梁	QL	37	承台	CT
2	屋面板	WB	20	过梁	GL	38	设备基础	SJ
3	空心板	KB	21	连系梁	LL	39	桩	ZH
4	槽形板	CB	22	基础梁	JL	40	挡土墙	DQ
5	折板	ZB	23	楼梯梁	TL	41	地沟	DG
6	密肋板	MB	24	框架梁	KL	42	柱间支撑	ZC
7	楼梯板	TB	25	框支梁	KZL	43	垂直支撑	CC
8	盖板或沟盖板	GB	26	屋面框架梁	WKL	44	水平支撑	SC
9	挡雨板或檐口板	YB	27	檩条	LT	45	梯	T
10	吊车安全走道板	DB	28	屋架	WJ	46	雨篷	YP
11	墙板	QB	29	托架	TJ	47	阳台	YT
12	天沟板	TGB	30	天窗架	CJ	48	梁垫	LD
13	梁	L	31	框架	KJ	49	预埋件	M—
14	屋面梁	WL	32	刚架	GJ	50	天窗端壁	TD
15	吊车梁	DL	33	支架	ZJ	51	钢筋网	W
16	单轨吊车梁	DDL	34	柱	Z	52	钢筋骨架	G
17	轨道连接	DGL	35	框架柱	KZ	53	基础	J
18	车挡	CD	36	构造柱	GZ	54	暗柱	AZ

在实际工程中，使用构件代号时，往往在代号后加上阿拉伯数字编号，用以表示构件的材料类型、尺寸大小、所处位置等情况的型号或序号。

3. 结构平面图与节点表达方式

结构平面图应按图 4.2-1 的规定采用正投影法绘制，特殊情况也可采用仰视投影绘制。

在结构平面图中，构件可用轮廓线表示，如能用单线表示清楚时，也可用单线表示。定位轴线应与建筑平面图或总平面图一致。

在结构平面图中，当若干部分相同时，可只绘制一部分，并用大写的拉丁字母（A、B、C……）外加细实线圆圈表示相同部分的分类符号。分类圆圈直径为 8mm 或 10mm。其他相同部分仅标注分类符号。

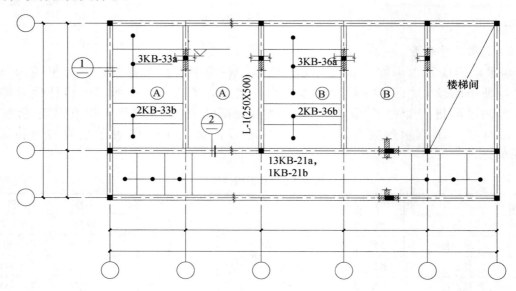

(a) 用正投影法绘制预制楼板结构平面图

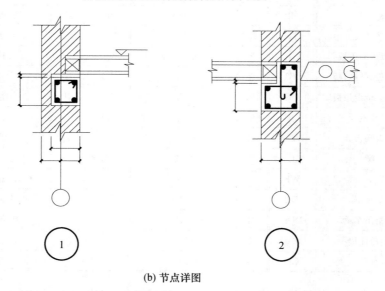

(b) 节点详图

图 4.2-1　结构平面布置图与节点表达方式

4. 构件的简图

由杆件构成的构件图，可以用单线表示其构件的形式和杆件的轴线长度等。图 4.2-2 为用单线图表示的桁架式结构的几何尺寸图，杆件的轴线长度尺寸应标注在构件一侧，如需要时，可在桁架的左半边注尺寸，右半边注写内力。

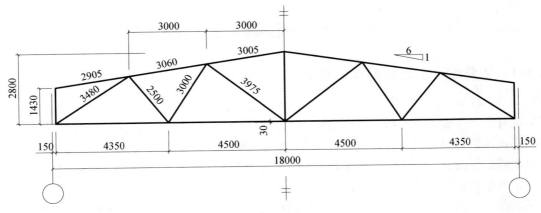

图 4.2-2　钢桁架简图

5. 详图编号及其顺序

在结构平面图上的剖视详图、断面详图因采用索引符号表示，其编号顺序宜按下列规定编排（图 4.2-3）：

（1）外墙从左下角开始按顺时针方向编号；

（2）内横墙从左到右，从上至下编号；

（3）内纵墙从上到下，从左至右编号。

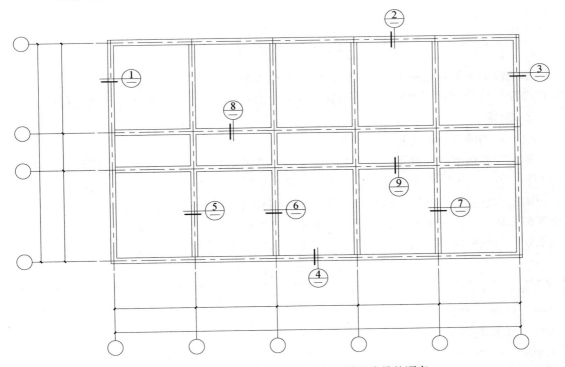

图 4.2-3　结构平面图上索引剖、断面详图编号的顺序

4.3　钢筋混凝土结构图

4.3.1　钢筋混凝土结构的基本知识

1. 钢筋混凝土结构简介

混凝土是一种人造石料，是由水泥、砂子、小石子和水按一定配合比例拌合硬化而成。混凝土抗压能力好，但抗拉能力差。如图 4.3-1（a）为一混凝土简支梁，受力后容易在受拉区出现裂缝而断裂。而钢筋的抗压能力和抗拉能力都很强，因此，在混凝土的受拉区域内加入一定数量的钢筋，使两种材料粘结成一整体，共同承受外力，这种配有钢筋的混凝土称为钢筋混凝土［图 4.3-1（b）］。用钢筋混凝制成的梁、板、柱、基础等构件，称为钢筋混凝土构件。全部用钢筋混凝土构件构成的承重结构，称为钢筋混凝土结构。

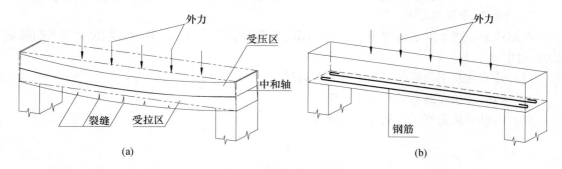

图 4.3-1　钢筋混凝土简支梁受力情况示意图

钢筋混凝土构件按施工方法的不同，分为现浇和预制两种。现浇构件是指在建筑工地上现场浇制的构件。预制构件是指在预制厂或工地预先制好，然后运到工地吊装的构件。

2. 钢筋

（1）钢筋的等级和代号

钢筋按其强度和品种不同，分为不同等级，如表 4.3-1 所示。其中Ⅰ级钢筋的材料牌号为 HPB300，是热轧光圆钢筋，即经热轧成型并自然冷却的成品钢筋，强度最低；Ⅱ、Ⅲ、Ⅳ级钢筋是热轧带肋钢筋（俗称螺纹钢），分为 HRB335、HRB400、HRB500 三个牌号，强度逐渐提高。广泛用于房屋、桥梁、道路等土建工程建设中。在结构施工图中，为了便于识别钢筋，每一种钢筋都用一个符号表示，常用的钢筋及钢丝的符号见表 4.3-1。

表 4.3-1　普通钢筋的种类及符号

种类（热轧）	代号	直径 d（mm）	屈服强度标准值 f_{vk}（N/mm²）	备注
HPB300（热轧光圆钢筋）	Φ	6～22	300	Ⅰ级钢筋
HRB335（热轧带肋钢筋）	Φ	6～50	335	Ⅱ级钢筋
HRB400（热轧带肋钢筋）	Φ	6～50	400	Ⅲ级钢筋
HRB500（热轧带肋钢筋）	Φ	6～50	500	Ⅳ级钢筋

（2）钢筋的分类与作用

钢筋按其在构件中所起的作用分为下列几种（图 4.3-2）。

1）受力筋——承受拉力或压力的钢筋，用于梁、板、柱等各种钢筋混凝土构件。

2）架立筋——一般只在梁中使用，与受力筋、箍筋一起形成钢筋骨架，用以固定箍筋位置。

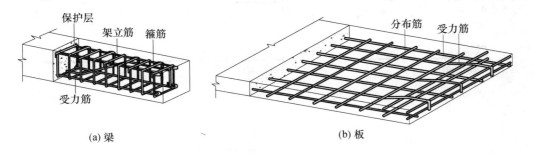

(a) 梁   (b) 板

图 4.3-2 钢筋混凝土梁、板配筋示意图

3）箍筋（钢箍）——一般用于梁、柱内，用以固定受力钢筋位置，并承受一部分斜拉应力。

4）分布筋——一般用于屋面板、楼板内，用以固定受力筋的位置，将承受的重量均匀地传给受力筋。

5）构造筋——因构件构造要求或施工安装需要而配置的钢筋，如腰筋、预埋锚固筋、吊筋等。

3. 保护层

为了保护钢筋，防腐蚀、防火以及加强钢筋与混凝土的粘结力，钢筋混凝土中的钢筋不能外露，在钢筋的外边缘与构件表面之间要留有一定厚度的混凝土保护层（图 4.3-2）。保护层的最小厚度由构件、环境、混凝土强度等级决定。混凝土的强度分为 C15、C20、C25、C30、C35、C40、C45、C50、C55、C60、C65、C70、C75、C80 十四个等级，数值越大，混凝土的抗压强度越高。

保护层的厚度可参考表 4.3-2。

表 4.3-2 混凝土保护层的最小厚度

环境类别	板、墙、壳	梁、柱、杆
一	15	20
二 a	20	25
二 b	25	35
三 a	30	40
三 b	35	50

4. 钢筋的弯钩型式及钢筋的弯起

为了使钢筋和混凝土具有良好的粘结力，避免钢筋在受拉时滑动，应在光圆钢筋两端做成半弯钩或直弯钩；带纹钢筋与混凝土的粘结力强，两端不做弯钩；钢箍两端在交接处也要做出弯钩，弯钩的长度一般分别在两端各伸长 50mm 左右。弯钩的常见形式和画法如图 4.3-3 所示。一般施工图上都按简化画法。

根据构件受力需要，常在构件中设置弯起钢筋，梁中的弯起钢筋的弯起角一般为 45°角，当梁高 $h>800$mm 时，可采用 60°角。

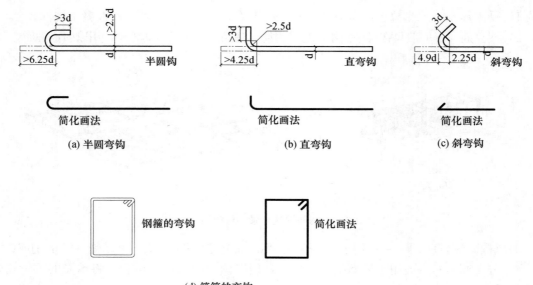

图 4.3-3　钢筋与箍筋的弯钩

4.3.2　钢筋混凝土结构施工图的表达方式和一般规定

1. 钢筋混凝土结构施工图的表达方式

（1）为了明显表示钢筋混凝土构件中钢筋的配置情况，在构件的立面图和断面图上，假想混凝土为透明体，图内不画材料符号，外轮廓线用细实线，配筋图中的钢筋用粗实线，在断面中被剖切到的钢筋用黑圆点表示，未被剖切到的钢筋仍用粗实线表示。

（2）对钢筋的类别、数量、直径、长度及间距等要加以标注，参见图 4.3-4。

（3）若构件左右对称，可在其立面图的对称位置上，画出对称符号，一半表示外形，另一半表示配筋的情况。

2. 钢筋混凝土结构施工图的一般规定

（1）钢筋在配筋图上的画法

钢筋在配筋图上的画法如表 4.3-3、表 4.3-4 所示。

普通钢筋的一般表示方法应符合表 4.3-3 的规定。

表 4.3-3　普通钢筋的表示方法

序号	名称	图例	说明
1	钢筋横断面	●	
2	无弯钩的钢筋端部		其中下图表示长短钢筋投影重叠时可在短钢筋的端部用 45°短划线表示
3	带半圆形弯钩的钢筋端部		
4	带直钩的钢筋端部		
5	带丝扣的钢筋端部		

续表

序号	名称	图例	说明
6	无弯钩的钢筋搭接		
7	带半圆弯钩的钢筋搭接		
8	带直钩的钢筋搭接		
9	花篮螺丝钢筋接头		

表 4.3-4　钢筋画法图例

序号	说明	图例
1	在结构楼板中配置双层钢筋时，底层钢筋弯钩应向上或向左，顶层钢筋则向下或向右	底层　顶层
2	配双层钢筋的墙体，在配筋立面图中，远面钢筋的弯钩应向上或向左，而近面钢筋则向下或向右（GM：近面；YM：远面）	GM　YM　GM　YM
3	如在断面图中不能清楚表示钢筋布置，应在断面图外面增加钢筋大样图	
4	图中所表示的箍筋、环筋，如布置复杂，应加画钢筋大样及说明	或
5	每组相同的钢筋、箍筋或环筋，可以用粗实线画出其中一根来表示，同时用一横穿的细线表示其余的钢筋、箍筋或环筋，横线的两端带斜短划表示该号钢筋的起止范围	

（2）钢筋的标注

为了区分各种类型、不同直径和数量的钢筋。要求对所表示的各种钢筋加以标注，通常采用引出线的方式。有以下两种标注形式：

1）标注钢筋级别、根数、直径，如"$\overset{3\Phi20}{\diagup}$"表示：①号钢筋直径为 20mm 的 HRB335 的钢筋三根。

2）标注钢筋的级别、直径和相等中心距，如"$\overset{\phi8@250}{\diagup}$"表示：⑥号钢筋是 HPB300 钢筋，直径为 8mm，间隔 250mm 放置一根。其中"@"为中心距符号。

4.3.3　钢筋混凝土构件配筋图阅读

配筋图是标注钢筋在混凝土中准确位置、直径、形状、长度、数量、间距等的图样，是钢筋施工的依据。

配筋图一般包括构件配筋立面图、断面图、钢筋详图和钢筋表。

1. 钢筋混凝土梁的配筋图

图 4.3-4 为预制钢筋混凝土 T 形梁的配筋图，读图时先看图名，然后按立面图、断面图，详图的顺序阅读。

（1）立面图

立面图表示简支梁的工作状态，梁内钢筋总的配置情况。其中有①、②、③、④、⑤、⑥、⑦、⑧八个编号，①、②、③、④号为受力钢筋，（②、③、④号为弯起钢筋，弯起角度为 45°）。⑤号是架立筋，⑥、⑦号是箍筋，其引出线上写的 $\phi 8@250$，表示直径为 8mm 的钢箍间隔 250mm 放一根，⑧号是吊筋。

为使图面清晰和简化作图，全梁配置的等距箍筋通常只画出 3～4 根，并注明其间距。

（2）断面图

梁的断面图表示梁的断面形状，尺寸和钢筋前后的排列情况，例如 1-1 断面是个 T 形，尺寸如图 4.3-4 中 1-1 断面图所示，图中黑圆点表示钢筋的断面。梁下部有四个黑圆点，其编号为①，共 4 根，直径为 22mm 的Ⅰ级钢筋，上部有 10 个黑圆点，编号为⑤、②，⑤号共 8 根，直径为 12mm 的Ⅰ级钢筋，②号 2 根，直径为 19mm 的Ⅰ级钢筋。剖切位置宜选择在钢筋排列位置有变化的区域，但不要在弯起段内取剖面。

（3）钢筋详图

对于配筋较复杂的钢筋混凝土构件，应把每种钢筋分别另画详图，表示钢筋的形状、大小、长度、弯起点等，以便加工。

钢筋详图应按钢筋在梁中的位置由上而下分别画出，用粗实线画在对应梁的立面图的下方，比例与梁立面图相同。同一编号的钢筋直径、形状、尺寸全同，只需画一根。如③号钢筋，从标注 1ϕ13 可知，这种钢筋只有一根，直径 $d=19$，长度 $l=4060$mm。

钢筋每分段的长度直接标注在各段上方，不用画尺寸界线。钢筋的弯钩有标准尺寸，图上不注出，在钢筋表中另作计算。

（4）箍筋详图

箍筋详图比例与断面图相同，并注尺寸。本例中采用的是四肢箍筋，在 1-1 断面中，围住黑圆点的矩形线框就是⑥、⑦号箍筋，直径为 8mm 的Ⅰ级钢筋，其排列情况如图 4.3-4 所示。

（5）钢筋表

钢筋表中列出了梁中所有钢筋的编号、形状、直径、长度及根数等，主要是为了加工成型、统计用料和编制预算。

2. 钢筋混凝土柱的配筋图

预制钢筋混凝土柱结构图的表达方式基本上和梁相同，但对于工业厂房的钢筋混凝土柱等复杂的构件，除画出配筋图外，还要绘出其模板图和预埋件详图。如图 4.3-5 所示为某单层工业厂房单跨车间的 Z-1 预制钢筋混凝土柱结构图。

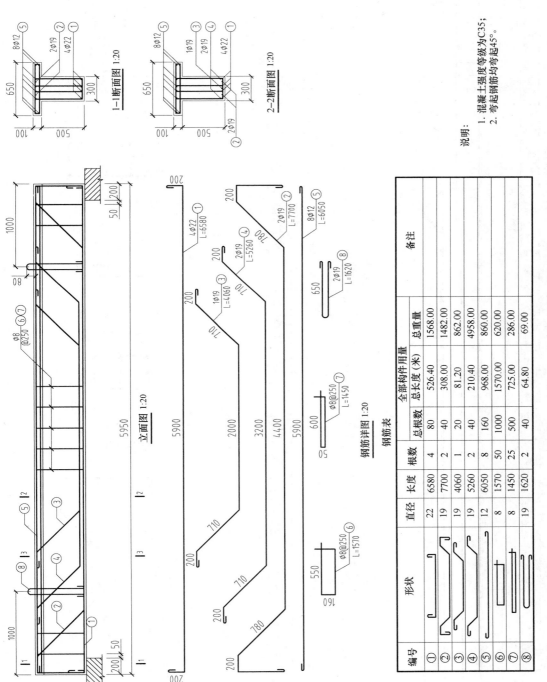

图 4.3-4　钢筋混凝土 T 形梁配筋图

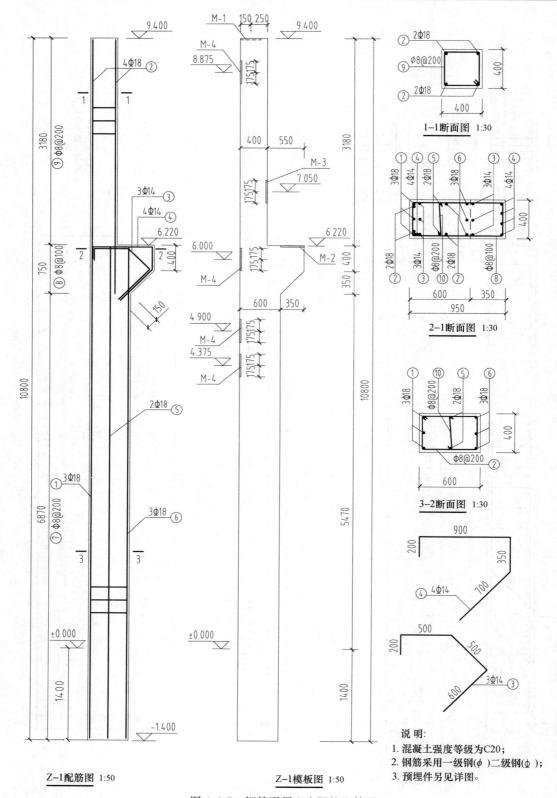

图 4.3-5　钢筋混凝土牛腿柱配筋图

图 4.3-5 所示钢筋混凝土牛腿柱，从模板图可知柱的外形、尺寸、标高，以及预埋件的位置等。该柱分为上柱和下柱两部分，上柱支撑屋架，上下柱之间突出的牛腿用来支撑吊车梁。从断面图看出上柱为方形，断面尺寸为 400mm×400mm。下柱为矩形，断面尺寸为 400mm×600mm。牛腿 2-2 断面尺寸为 400mm×950mm，柱总高为 10800mm。柱顶标高为 9.400m，牛腿面标高为 6.220m。柱顶处的 M-1 表示 1 号预埋件，用于与屋架焊接。牛腿顶面处（标高为 6.220m）标注的 M-2 和在上柱标高为 7.050m 处标注的 M-3 的预埋件，将与吊车梁焊接。牛腿柱外侧的 M-4 是外围护结构相连接的预埋件。预埋件的构造做法，另有详图表示。

图 4.3-5 为钢筋混凝土牛腿柱的配筋图。上柱②号筋是 4 根直径为 18mm 的 Ⅱ 级钢筋，分置在柱的四角，从柱顶延伸到牛腿内 750mm。下柱①号钢筋是 3 根直径为 18mm 的 Ⅱ 级钢筋，与⑥号钢筋（也是 3 根直径为 18mm 的 Ⅱ 级钢筋）共同作为受力筋，均匀分布在下柱的受拉区。不难看出，①号与⑥号筋的编号之所以不同，是因为这两种编号的钢筋长度不同。柱中间配的是⑤号筋，即 2 根直径 18mm 的 Ⅱ 级钢筋。①、⑤、⑥号筋都是从下柱的底部一直伸到牛腿的顶部。柱左边的②和①号筋在牛腿处搭接成整体，搭接长度为 750mm（两根无弯钩的钢筋搭接时，在搭接两端各画 45°短粗线，参见表 4.3-3 第 6 条）。牛腿处配有③、④号弯筋，分别为 3 根和 4 根直径为 14mm 的 Ⅱ 级钢筋，其弯曲形状与各段长度尺寸详见③、④号筋详图。

上下柱箍筋的编号分别为⑨、⑦，牛腿处的箍筋编号为⑧。箍筋的间距可从图中读出，如该柱牛腿部分的箍筋间距为 100mm。要注意，牛腿变断面处的箍筋周长要随牛腿断面的变化逐个计算。参见图 4.3-6 牛腿示意图。

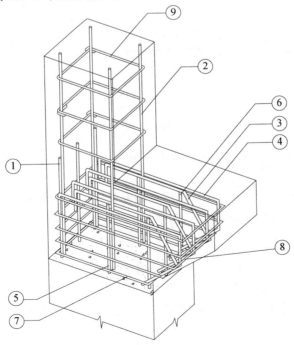

图 4.3-6　钢筋混凝土牛腿示意图

一般情况下，柱的模板图和配筋图用 1：50、1：30、1：20 的比例，断面图用 1：20、1：10。读图时应注意以下的尺才标注：① 柱的总高与分段高度；②各断面大小和牛腿尺寸；③纵向钢筋的搭接长度；④ 柱身各段中箍筋的编号和间距；⑤ 柱底，牛腿面和柱顶等的标高。

3. 钢筋混凝土板的配筋图

图 4.3-7 为现浇钢筋混凝土楼板层配筋图（局部）。楼板的配筋图通常可以直接画在楼板层的结构平面图上。为表明楼板、梁和墙的构造关系，在平面图内画出内置的楼层断面图与相应的受力筋的配置及其弯起的状况、规格、直径、间距、编号等。

图中每种规格的钢筋只画出了一根，按其立面形状画在相应的位置上；图中①、②、③号筋为 HPB300 钢筋，直径为 10mm，间距 200mm。对于弯筋，轴线到弯起点的距离以及弯筋伸入邻板的长度应如图 4.3-7 中所示，其中①、②号筋分别为 700mm 和 1000mm；④、⑤号钢筋是支座处的构造筋。

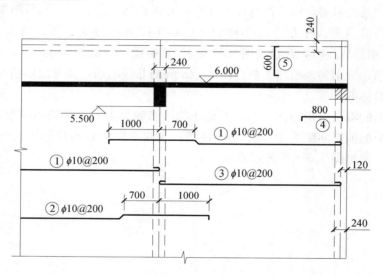

图 4.3-7 现浇楼板配筋平面图

与受力筋垂直配置的分布筋有时不画出，但必须在图中说明，或在钢筋表中注明其直径、间距（或数量）及总长。

有时在结构布置平面图上可直接读出梁、板断面图的重合断面（把钢筋混凝土的断面部分涂黑），并读出楼板和梁底的标高，如图中所示梁底标高为 5.500m。

4. 钢筋混凝土楼梯配筋图

图 4.3-8 所示为楼梯配筋图。楼梯下层的受力筋采用 $\phi 8@100$（③号筋）和 $\phi 8@120$（⑥号筋），分布筋采用 $\phi 6@200$。当在配筋图中不能清楚读出钢筋布置，应能在配筋图外面找到增画的钢筋大样图。本图中虚线表示的钢筋是指没有剖切到的另一跑楼梯内的配筋。

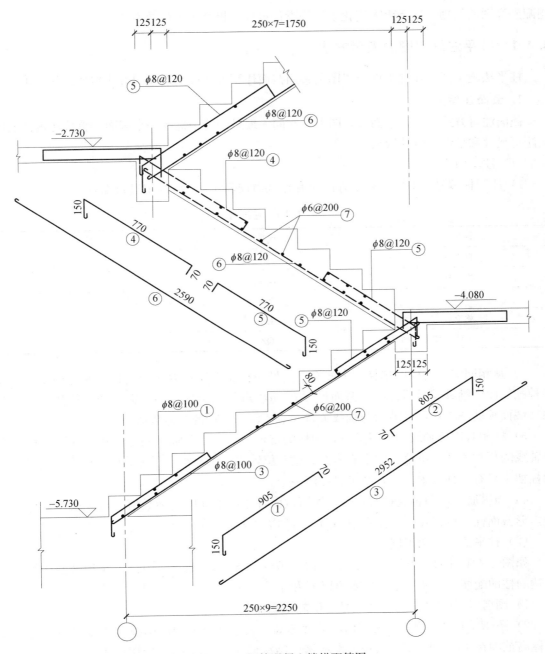

图 4.3-8　钢筋混凝土楼梯配筋图

4.4　钢筋混凝土结构构件的平面整体表示法

钢筋混凝土结构施工图平面整体设计表达方法简称"平法"，是把结构构件的尺寸和配筋等，按照平面整体表示方法制图规则，整体直接表达在各类构件的结构平面布置图上，再与标准构造详图相配合。这种方法改变了传统的将构件从平面布置图中索引出来，再逐个绘制配筋详图的繁琐方法，大大简化了结构设计过程，提高了工作效率。

4.4.1 柱平法施工图的表示方法

柱平法施工图是在柱平面布置图上采用截面注写方式或列表注写方式表达，如图 4.4-1。

1. 截面注写方式

截面注写方式是在柱平面布置图上，在同一编号的柱中选择一个截面，直接在该截面图上注写尺寸和配筋的具体数值。

（1）注写内容

1）注写柱编号，对除芯柱之外的所有柱截面按表 4.4-1 的规定进行编号。

表 4.4-1　柱编号

柱类型	代号	序号
框架柱	KZ	××
框支柱	KZZ	××
芯柱	XZ	××
梁上柱	LZ	××
剪力墙上柱	QZ	××

2）从相同编号的柱中选择一个截面，按另一种比例原位放大绘制柱截面配筋图，并在各种配筋图上继其编号后再注写截面尺寸 $b \times h$、角筋或全部纵筋、箍筋的具体数值，以及在柱截面配筋图上标注柱截面与轴线关系 b_1、b_2、h_1、h_2 的具体数值。

3）柱相对定位轴线的位置关系，即柱的定位尺寸。在截面注写方式中，对每个柱与定位轴线的相对关系，不论柱的中心是否经过定位轴线，都要给予明确的尺寸标注。相同编号的柱如果只有一种放置方式，则可只标注一个。

4）当纵筋采用两种直径时，需再注写截面各边中部筋的具体数值（对于采用对称配筋的矩形截面柱，可仅在一侧注写中部筋，对称边省略不注）。

（2）柱平法施工图识读

如图 4.4-1 所示，为某结构从标高 19.470～33.870m（即 6～10 层）采用截面注写方式表达的柱的配筋图。从图中可以看出以下内容：

1）图名以 19.470～33.870m 柱平法施工图命名。

2）图 4.4-1 中左侧表格为结构层楼面标高，表中竖直方向的两根粗实线指向结构层楼面标高范围在 19.470～33.870m，表示该柱结构施工图仅适用于标高在 19.470～33.870m 范围内 6～10 层的 KZ1 和 KZ2。

3）图中反映定位轴线与柱的相对位置关系，即柱的定位尺寸。如过轴线③的 KZ1 柱示出的尺寸标注。

4）结构中具有相同截面和配筋形式柱的编号分别为 KZ1、KZ2、KZ3、LZ1，其中 KZ1 带有芯柱 XZ1，除 KZ1 外，分别在 KZ2、KZ3、LZ1 柱中各选出一个，按另一种比例原位放大绘制的柱截面配筋图，如③轴与ⓒ轴线相交处的 KZ1 柱，其截面尺寸是 650mm×600mm。KZ2、KZ3 与 KZ1 具有相同的截面尺寸。

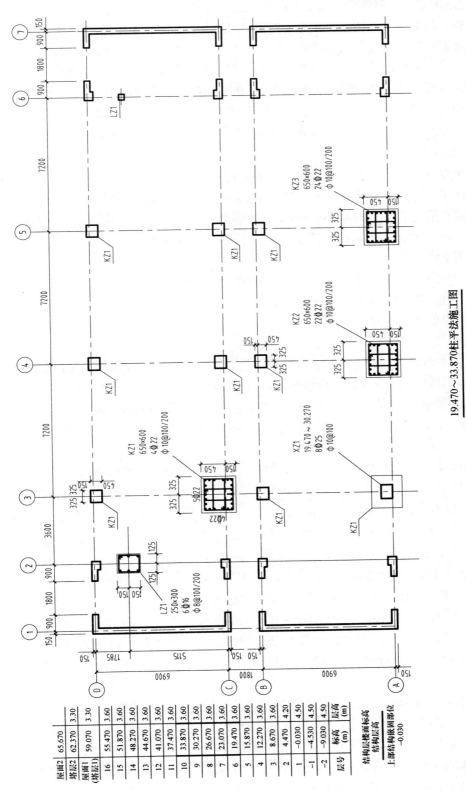

19.470～33.870柱平法施工图

柱平法施工图截面注写方式

图 4. 4-1　柱平法施工图截面注写方式

层号	标高 (m)	层高 (m)
屋面2	65.670	
塔层2	62.370	3.30
屋面1 (塔层1)	59.070	3.30
16	55.470	3.60
15	51.870	3.60
14	48.270	3.60
13	44.670	3.60
12	41.070	3.60
11	37.470	3.60
10	33.870	3.60
9	30.270	3.60
8	26.670	3.60
7	23.070	3.60
6	19.470	3.60
5	15.870	3.60
4	12.270	3.60
3	8.670	4.20
2	4.470	4.50
1	-0.030	4.50
-1	-4.530	4.50
-2	-9.030	4.50

结构层楼面标高
结构层高
上部结构嵌固部位: -0.030

5）柱的配筋。本例柱的纵向受力钢筋标注有两种情况，一种情况如 KZ1，其纵向钢筋有两种规格，因此将纵筋的标注分为角筋和中间筋分别标注。集中标注中的 4Φ22，指柱四角的角筋配筋；截面宽度方向标注的 5Φ22 和截面高度方向标注的 4Φ22，表明了截面中间配筋情况。另一种情况是，其纵向钢筋只有一种规格，如 KZ2 和 KZ3，在集中标注中直接给出了所有纵筋的数量和直径，如 KZ2 的 22Φ22，对应配筋图中纵向钢筋的布置图，可以很明确地确定 22Φ22 的放置位置。箍筋的形式和数量可直观地通过截面图表达出来，如 KZ2 中的 ϕ10@100/200，如果仍不能很明确，则可以将其放大绘制详图。

2. 列表注写方式

列表注写方式是在柱平面布置图上，分别在同一编号的柱中选择一个（有时需要选择几个）截面标注几何参数代号；在柱表中注写柱的编号、柱段起止标高、几何尺寸（含柱截面对轴线的偏心情况）与配筋的具体数值，并配以各种柱截面形状及其箍筋类型图的方式，来表达柱平法施工图。以图 4.4-2 为例说明图示内容与表达方法。

（1）图上注写内容

1）图上注写柱编号，如 KZ1，表示该柱类型为框架柱，序号为 1；

2）注写柱的截面几何参数代号，如 b_1、b_2 和 h_1、h_2。

（2）柱表中注写内容

1）柱编号。如 KZ1、XZ1 等。

2）柱表中各段柱的起止标高。自柱根部往上以变截面位置或截面未变但配筋改变处为界分段注写。框架柱或框支柱的根部标高是指基础顶面标高；芯柱的根部标高是指根据结构实际需要而定的起始位置标高；梁上柱的根部标高是指梁顶面标高；剪力墙上柱的根部标高为墙顶面标高。如表中 KZ1 柱，在三段标高处变截面，分别为 $-0.030\sim19.470$m、$19.470\sim37.470$m、$37.470\sim59.070$m。

3）截面尺寸。对于矩形柱，注写柱截面尺寸 $b\times h$ 及与轴线关系的几何参数代号和具体数值，需对应于各段柱分别注写。其中 $b=b_1+b_2$，$h=h_1+h_2$。当截面的某一边收缩变化至与轴线重合或偏到轴线的另一侧时，b_1、b_2、h_1、h_2 中的某项为零或为负值。对于圆柱，表中 $b\times h$ 一栏改为在圆柱直径数字前加 d 表示。为表达简单，圆柱截面与轴线的关系也用 b_1、b_2 和 h_1、h_2 表示，并使 $d=b_1+b_2=h_1+h_2$。如 KZ1 标高在 $37.470\sim59.070$m 段，表中注写的柱截面尺寸为 $b_1=275$mm、$b_2=275$mm、$h_1=150$mm、$h_2=350$mm。

4）柱纵筋。当柱纵筋直径相同，各边根数也相同时，将纵筋注写在"全部纵筋"一栏中。例如 KZ1 标高在 $-0.030\sim19.470$m 段，将纵筋注写在"全部纵筋"一栏中，此处柱纵筋为 24Φ25。此外，可以将柱纵筋分角筋、截面 b 边中部筋和 h 边中部筋三项分别注写。如 KZ1 标高在 $19.470\sim59.070$m 段，柱纵筋的角筋为 4Φ22，截面 b 边中部筋为 5Φ22 和 h 边中部筋为 4Φ20。

5）箍筋类型及箍筋肢数。具体工程所设计的各种箍筋类型图以及箍筋组合的具体方式，需画在表的上部或图中的适当位置，并在其上标注与表中相对应的 b、h 和符号。如图中所示，箍筋类型 1（5×4），箍筋肢数可以有多种组合，5×4 的组合图中已示出。

6）柱箍筋，包括钢筋级别、直径与间距。当为抗震设计时，用斜线"/"区分柱端箍筋加密区与柱身非加密区长度范围内箍筋的不同间距。施工人员需根据标准构造详图的规定，

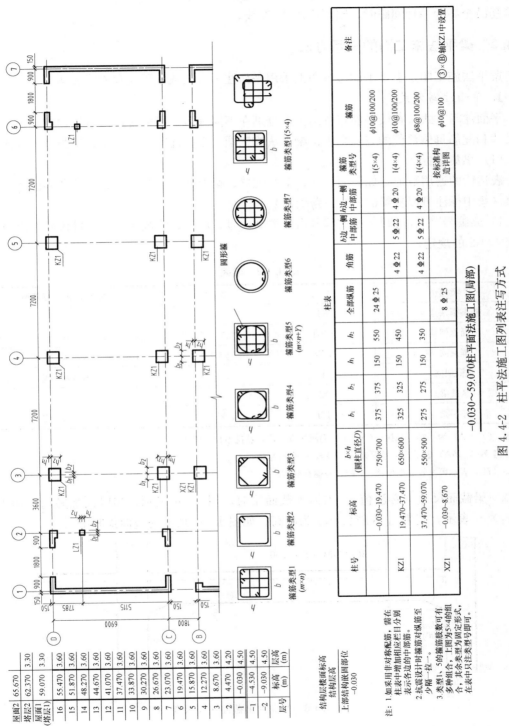

图 4.4-2　柱平法施工图列表注写方式

在规定的几种长度值中取其为最大者作为加密区长度。例如表中 $\phi 10@100/200$，表示采用螺旋箍筋，HPB300 级钢筋，直径为 10mm，加密区间为 100mm，非加密区间距为 200mm。当箍筋沿全高为一种间距时，则不使用"/"线。

4.4.2　梁平法施工图的表示方法

梁平法施工图是在梁平面布置图上采用平面注写方式或截面注写方式表达。

1. 平面注写方式

平面注写方式是在梁平面布置图上，分别在不同编号的梁中各选一根梁，在其上注写截面尺寸和配筋具体数值的方式来表达梁平法施工图。平面注写包括集中标注与原位标注。

（1）梁集中标注

表达梁的通用数值，如截面尺寸、箍筋配置、梁上部贯通筋等。有五项必注值及一项选注值（集中标注可以从梁的任意一跨引出）。

1）梁编号（必注值）。梁的编号由梁类型代号、序号、跨数及有无悬挑代号组成，应符合表 4.4-2 的规定。

表 4.4-2　梁编号

梁 类 型	代 号	序 号	跨数及是否带有悬挑
楼层框架梁	KL	××	(××)、(××A) 或 (××B)
屋面框架梁	WKL	××	(××)、(××A) 或 (××B)
框支梁	KZL	××	(××)、(××A) 或 (××B)
非框架梁	L	××	(××)、(××A) 或 (××B)
悬挑梁	XL	××	
井字梁	JZL	××	(××)、(××A) 或 (××B)

注：(××A) 为一端有悬挑，(××B) 为两端有悬挑，悬挑不计入跨数。

【例】KL7 (5A) 表示第 7 号框架梁，5 跨，一端有悬挑；

L9 (7B) 表示第 9 号非框架梁，7 跨，两端有悬挑。

2）梁截面尺寸（必注值）。当为等截面梁时，用 $b \times h$ 表示；当竖向加腋时，用 $b \times h$ GY $c_1 \times c_2$ 表示，其中 c_1 为腋长，c_2 为腋高。如图 4.4-3 所示为竖向加腋梁。

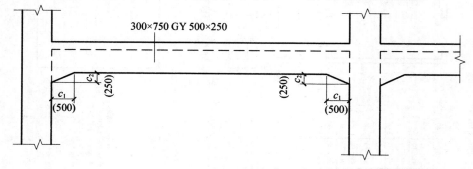

图 4.4-3　竖向加腋截面注写示意

当为水平加腋时，一侧加腋时用 $b \times h$ PY $c_1 \times c_2$ 表示，其中 c_1 为腋长，c_2 为腋宽，加腋部位应在平面图中绘制（图 4.4-4）；

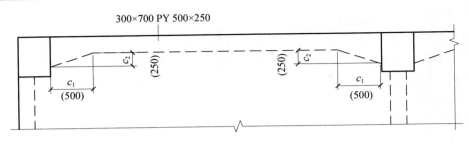

图 4.4-4　水平加腋截面注写示意

当有悬挑梁且根部和端部的高度不同时，用斜线分隔根部与端部的高度值，$b \times h_1/h_2$（图 4.4-5）。

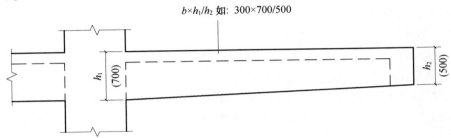

图 4.4-5　悬挑梁不等高截面注写示意

3）梁箍筋（必注值）。包括钢筋级别、直径、加密区与非加密区间距及肢数。箍筋加密区与非加密区的不同间距及肢数需用斜线"/"分隔；当梁箍筋为同一种间距及肢数时，则不需用斜线；当加密区与非加密区的箍筋肢数相同时，则将肢数注写一次；箍筋肢数应写在括号内。加密区范围见相应抗震等级的标准构造详图。

4）梁上部通长筋或架立筋配置（必注值）。所注规格与根数应根据结构受力要求及箍筋肢数等构造要求而定。当同排纵筋中既有通长筋又有架立筋时，应用加号"＋"将通长筋和架立筋相连。注写时需将角部纵筋写在加号的前面，架立筋写在加号后面的括号内，以示不同直径及与通长筋的区别。当全部采用架立筋时，则将其写入括号内。

当梁的上部纵筋和下部纵筋为全跨相同，且多数跨配筋相同时，此时可加注下部纵筋的配筋值，用分号"；"将上部与下部纵筋的配筋值分隔开来。

5）梁侧面纵向构造钢筋或受扭钢筋配置（必注值）。当梁腹板高度 $h_w \geqslant 450\text{mm}$ 时，需配置纵向构造钢筋，所注规格与根数应符合规范规定。此项注写值以大写字母 G 打头，接续注写设置在梁两个侧面的总配筋值，且对称配置。

当梁侧面需配置受扭纵向钢筋时，此项注写值以大写字母 N 打头，接续注写配置在梁两个侧面的总配筋值，且对称配置。

6）梁顶面标高高差（选注值）。

梁顶面标高高差，是指相对于结构层楼面标高的高差值，对于位于结构夹层的梁，则指相对于结构夹层楼面标高的高差。有高差时，需将其写入括号内，无高差时不注。当某梁的顶面高于所在结构层的楼面标高时，其标高高差为正值，反之为负值。

（2）梁原位标注

当集中标注中的某项数值不适用于梁的某部位时，则将该项数值原位标注。原位标注表达梁的特殊数值，如梁在某一跨改变的截面尺寸、该处的梁底配筋或增设的钢筋等。施工时，原位标注取值优先。原位标注表达以下内容：

1）梁支座上部纵筋

该部位含通长筋在内的所有纵筋。当上部纵筋多于一排时，用斜线"/"将各排纵筋自上而下分开。

当同排纵筋有两种直径时，用加号"＋"将两种直径的纵筋相连，注写时将角部纵筋写在前面。

当梁中间支座两边的上部纵筋不同时，须在支座两边分别标注；当梁中间两边的上部纵筋相同时，可仅在支座的一边标注配筋值，另一边省去不注。

2）梁下部纵筋

当下部纵筋多于一排时，用斜线"/"将各排纵筋自上而下分开。

当同排纵筋有两种直径时，用加号"＋"将两种直径的纵筋相连，注写时角筋写在前面。

当梁下部纵筋不全部伸入支座时，将梁支座下部纵筋减少的数量写在括号内。

当梁的集中标注中已注写了梁上部和下部均为通长的纵筋值时，则不需要在梁下部重复做原位标注。

3）附加箍筋或吊筋

将其直接画在平面图中的主梁上，用线引注总配筋值（附加箍筋的肢数注在括号内），如图 4.4-6 所示。当多数附加箍筋或吊筋相同时，可在梁平法施工图上统一注明，少数与统一注明值不同时，再原位引注。

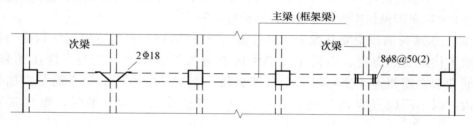

图 4.4-6　附加箍筋和吊筋画法示例

4）当在梁上集中标注的内容（即梁截面尺寸、箍筋、上部通常筋或架立筋，梁侧面纵向构造钢筋或受扭纵向钢筋，以及梁顶面标高高差中的某一项数值）不适用于某跨或悬挑部分时，则将其不同数值原位标注在该跨或该悬挑部位，施工时应按原位标注数值取用。

（3）梁平法施工图识读

图 4.4-7 为采用平面注写方式表达的梁平法施工图。

1）图名以 15.870～26.670 梁平法施工图命名。

2）图 4.4-7 左侧表格为结构层楼面标高、结构层高，这是一个 16 层框架剪力墙结构。表中水平方向的四根粗实线指向结构层楼面标高范围在 15.870～26.670m，本图表示第 5～8 层梁的配筋情况。

3）图中反映定位轴线及其编号、间距和尺寸。纵向定位轴向编号为①～⑦，横方向为

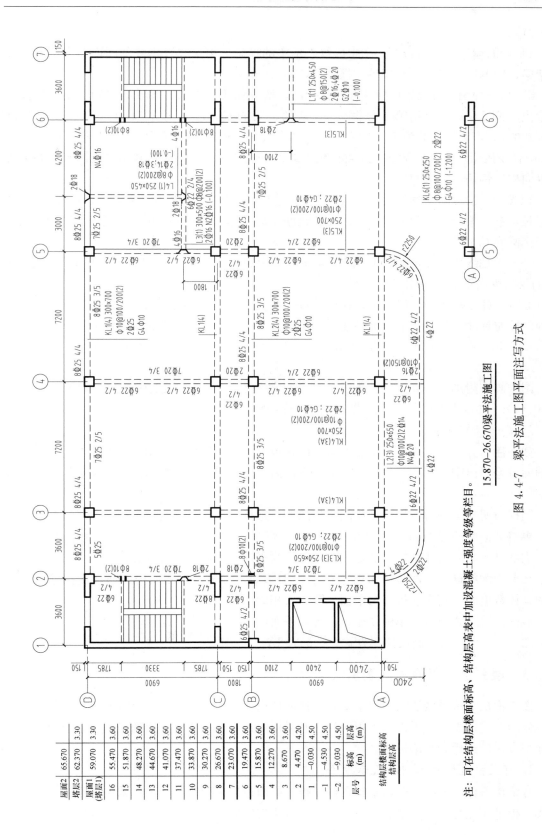

图 4.4-7　梁平法施工图平面注写方式

注：可在结构层楼面标高、结构层高表中加设混凝土强度等级等栏目。

Ⓐ～Ⓓ。

4) 梁的编号及平面布置。图中虚线表示梁的投影，粗实线表示柱的断面。本例有五种框架梁，即 KL1～KL5，有四种非框架梁，即 L1～L4。

5) 每一种编号梁的集中标注和原位标注。从①轴线上与④～⑤轴线之间的集中标注可以看出，KL1（4），表示第 1 号框架梁，4 跨；梁的截面尺寸为 300mm×700mm。ϕ10@100/200（2），表示箍筋为 HPB300 钢筋，直径 ϕ10，加密区间距为 100，非加密区间距为 200mm，两肢箍；2Φ25 表示梁上部配置 2Φ25 的通长钢筋。G4ϕ10 表示梁的两侧面共配置的纵向构造钢筋，每侧配置 2ϕ10。

轴线⑥～⑦之间非框架梁 L1（1）集中标注中的 2Φ16、4Φ20，表示梁上部配置 2Φ16 的通长钢筋，梁的下部配置 4Φ20 的通长钢筋；集中标注中（－0.100），则表示该梁顶面比楼面标高底 0.100m。

③～④轴线之间非框架梁 L2（3）集中标注中的 N4Φ20，表示梁的两个侧面共配置 4Φ20 的受扭纵向钢筋，每侧配置 2Φ22。

原位标注：从图中可以看出，在梁的每一跨上标有原位标注。如①轴线与③～④轴线相交处的原位标注，梁支座上部纵筋注写为 8Φ25 4/4，表示上一排纵筋为 4Φ25，下一排纵筋为 4Φ25。梁下部纵筋注写为 7Φ25 2/5，则表示上一排纵筋为 2Φ25，下一排纵筋为 5Φ25。

图中画有附加箍筋和吊筋。如Ⓑ轴线与②轴线相交处的主梁上画有附加箍筋，标注为 8ϕ10（2）。在①轴线与⑤、⑥轴线之间标注的 2Φ18 为附加吊筋。

2. 截面注写方式

截面注写方式是在标准层绘制的梁平面布置图上，分别在不同编号的梁中各选择一根梁用剖面符号引出配筋图，并采用在其上注写截面尺寸和配筋具体数值的方式来表达梁平法施工图。

同样对所有梁进行编号，从相同编号的梁中选择一根梁，先将"单边截面号"画在该梁上，再将截面配筋详图画在本图或其他图上。当某梁的顶面标高与结构层的楼面标高不同时，则在其梁编号后注写梁顶面标高高差（注写规定与平面注写方式相同）。

在截面配筋详图上注写截面尺寸 $b×h$、上部筋、下部筋、侧面构造筋或受扭筋以及箍筋的具体数值时，其表达形式与平面注写方式相同。

截面注写方式既可以单独使用，也可与平面注写方式结合使用。

图 4.4-8 为采用截面法注写方式表达的梁平法施工图。

4.4.3　楼盖板的平面整体表示法

楼盖板是在房屋楼层间用以承受各种楼面作用的楼板、次梁和主梁等所组成的部件的总称。分为有梁楼盖板和无梁楼盖板两种。有梁楼盖板是指以梁为支座的楼面与屋面板。本节只介绍有梁楼盖板的平法标注。

1. 有梁楼盖板施工图的表示方法

有梁楼盖板平法施工图，是指在楼面板和屋面板的平面布置图上，采用平面注写的表达方式。板平面注写主要包括板块集中标注和板块支座原位标注。

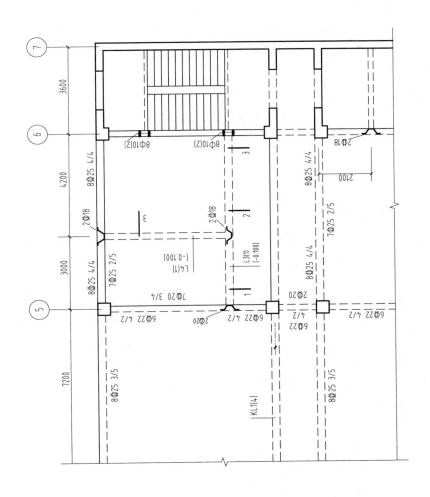

15.870~26.670梁平法施工图（局部）

梁平法施工图截面法注写方式

图 4.4-8

为方便设计表达和施工识图，规定结构平面的坐标的方向为：当两项轴网正交布置时，图面从左至右为 X 方向，从下至上为 Y 方向；当轴网转折时，局部坐标方向顺轴网转折角做相应转折；当轴网向心布置时，切线为 X 方向，径向为 Y 方向。

(1) 板块集中标注的内容

1) 板块编号按表 4.4-3 的规定编写。

表 4.4-3　板块编号

板类型	代号	序号
楼面板	LB	××
屋面板	WB	××
悬挑板	XB	××

2) 板厚注写为：$h=\times\times\times$（垂直与板面的厚度），当悬挑梁的端部改变厚度时，用斜线分隔根部与端部的高度值，注写为 $h=\times\times\times/\times\times\times$；当设计已在图中统一注明板厚时，此项可省略。

3) 贯通纵筋按板块上部和下部（当上部没有贯通纵筋时则不注）分别注写，以 B 表示下部，以 T 表示上部，B & T 代表下部与上部；X 向贯通纵筋以 X 打头，Y 向贯通纵筋以 Y 打头，两向贯通纵筋配置相同时则以 X & Y 打头；当在板内（如延伸悬挑板 YXB、纯悬挑板 XB）配置有构造钢筋时，则 X 向以 Xc 打头，Y 向以 Yc 打头注写。

4) 板面标高不同时的标高高差，是指相对于结构层楼面标高的高差，应将其注在括号内，且有高差则注，无高差不注。

(2) 板支座原位标注的内容

1) 板支座上部非贯通纵筋和纯悬挑梁上部受力钢筋。且标注的钢筋应在配置相同跨的第一跨表达。在配置相同跨的第一跨（或梁悬挑部分），垂直于板支座（梁或墙）绘制一段适宜长度的中粗实线（当该筋通长设置在悬挑板或短跨板上部时，实线段应画至对边或贯通短跨），以该线段代表支座上部非贯通筋，并在线段上方注写钢筋编号、配筋值、横向连续布置的跨数（注写在括号内，且当为一跨时可不注写），以及是否横向布置到梁的悬挑端。板支座上部非贯通筋自支座中线向跨内的延伸长度，注写在线段的下方位置。

2) 当中间支座上部非贯通纵筋向支座两侧对称延伸时，可仅在支座一侧下方标注延伸长度，另一侧不注。

3) 对线段画至对边贯通全跨或贯通全悬挑长度的上部通长纵筋，贯通全跨或延伸至全悬挑一侧的长度值不注，只注明非贯通另一侧的延伸长度值。如图 4.4-9 所示。

2. 有梁楼盖板施工图的阅读

图 4.4-9 为采用平面注写方式表达的板平法施工图。

1) 图名以 15.870～26.670m 板平法施工图命名。

2) 图 4.4-9 左侧表格为结构层楼面标高和结构层高。表中水平方向的四根粗实线表示结构层楼面标高范围在 15.870～26.670m，本图表示第 5～8 层楼板的配筋情况。

3) 图中反映了定位轴线及其编号、间距和尺寸。

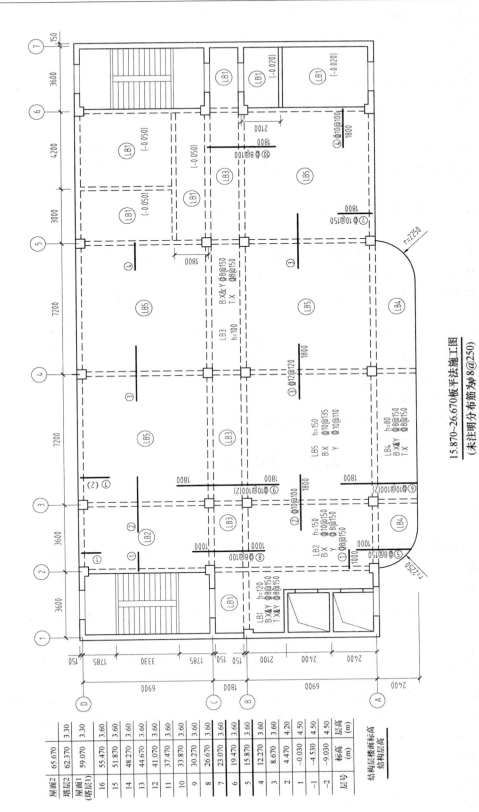

15.870~26.670板平法施工图
(未注明分布筋为φ8@250)

板平法施工图平面注写方式

图 4.4-9

层号	标高 (m)	层高 (m)
屋面2	65.670	3.30
塔层2	62.370	3.30
屋面1 (塔层1)	59.070	3.60
16	55.470	3.60
15	51.870	3.60
14	48.270	3.60
13	44.670	3.60
12	41.070	3.60
11	37.470	3.60
10	33.870	3.60
9	30.270	3.60
8	26.670	3.60
7	23.070	3.60
6	19.470	3.60
5	15.870	3.60
4	12.270	3.60
3	8.670	3.60
2	4.470	4.20
1	-0.030	4.50
-1	-4.530	4.50
-2	-9.030	4.50
	标高 (m)	层高 (m)

结构层楼面标高
结构层高

4）板块集中标注

板块编号：在图 4.4-9 中，楼板的类型有 5 种，分别以 LB1、LB2 等表示，对于每一种类型板只选择其一进行集中标注。

例如，楼面板块注写为：LB1　$h=120$；B：X&Y⊕8@150；T：X&Y⊕8@150。表示 1 号楼面板，板厚 120mm，板上部和下部的 X 和 Y 方向贯通纵筋配置相同，均为⊕8@150。

又如，楼面板块注写为 LB2：$h=150$；B：X⊕10@150；Y⊕8@150。表示 2 号楼面板，板厚 150mm，板下部配置的贯通纵筋 X 方向为⊕10@150，Y 方向为⊕8@150；板上部未配置贯通钢筋。

图上的其他相同编号的板块仅注写置于圆圈内的板的编号。

5）板支座原位标注

图 4.4-9 中，对轴线Ⓑ～Ⓒ之间的走道，轴线②～③之间的板上部非贯通纵筋⑧号钢筋向支座两侧对称延伸 1000mm，采用⊕8@100；轴线③～④之间的板上部非贯通纵筋⑨号钢筋向支座两侧对称延伸 1800mm，采用⊕10@100（2），横向连续布置 2 跨。

轴线④与Ⓐ～Ⓑ之间中间支座上部配置③号非贯通纵筋⊕12@120，两边延伸长度为 1800mm；因中间支座上部非贯通钢筋向支座两侧对称延伸，所以，只标注一侧长度 1800mm，另一侧没有标注。

图 4.4-9 中注有板面标高高差，如轴线Ⓐ～Ⓑ与⑥～⑦之间，LB1：（－0.020），指相对于结构层楼面标高的高差为－0.020m。

楼板其他位置上部非贯通纵筋配置情况详见图 4.4-9 所示。

4.5　基础图

4.5.1　概述

基础是房屋埋在地面以下的部分。基础的作用是把房屋的总荷载（自重和外加荷载）传给它下面的地基。

基础的形式一般取决于上部承重结构的形式及地基的情况。基础构造形式多种多样，一般性民用房屋的基础，常用的形式有墙下条形基础和柱下独立基础两种，如图 4.5-1 所示。

基础图是表示建筑物室内地面以下基础部分的平面布置图和详细构造图。它是施工放线、开挖机槽和砌筑基础等的依据。

基础图一般包括基础平面图和基础详图。基础平面图是假想用一个水平面沿着地面剖切整栋房屋，移去剖切平面以上部分的房屋和基础上的泥土，得到的水平剖面图称为基础平面图。它主要反映基础的平面布置以及墙、柱与轴线的关系。

基础详图是采用垂直剖切平面切开基础所得到的断面图。它反映构件的形状、材料、尺寸、构造及埋置深度等。

现以条形基础、独立基础为例说明图示内容和方法。

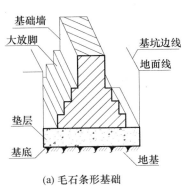

(a) 毛石条形基础

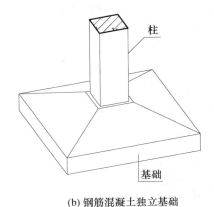

(b) 钢筋混凝土独立基础

图 4.5-1　常用的基础形式

1. 基础平面图

1）采用与平面图相同的比例、相一致的定位轴线与编号。

2）表达基础的平面布置。只画基础墙（或柱）、基础梁及基础底面的轮廓线，一些次要的图线，如基础大放脚的台阶等细部可见轮廓线，一律省略不画出。

3）标注基础的编号、基础详图的剖切位置和编号。

4）不同类型的基础、柱分别用代号 J1、J2……，Z1、Z2……表示。

5）不同形式的基础梁或地梁分别用代号 JL1、JL2……或 DL1、DL2……表示。基础梁或地梁可用细实线画出其轮廓线，或用粗短线表示出中心位置线。

6）标注轴线尺寸、基础墙宽度、柱断面、基础底面与轴线的关系。

7）由于其他专业的需要而设置的穿墙孔洞、管沟等的布置及尺寸、标高等。

2. 基础详图

1）图名（或基础代号）与比例。

2）与平面图相对应的轴线及编号。

3）表达基础的详细构造的做法（如垫层、断面形状、材料、配筋、防潮层等）。

4）标注基础与轴线的关系尺寸（定位尺寸）以及基础各台阶的宽、高尺寸（细部定形尺寸）、室内外地坪标高和基础底面标高。

5）表达基础和墙（柱）的材料符号。

4.5.2　基础图的阅读

1. 条形基础

（1）条形基础平面图

图 4.5-2 为某学生宿舍基础平面图，比例 1：100。该宿舍为砖混结构，采用条形基础，其中②轴与①/A轴的交点处的柱是雨篷支柱，非房屋承重结构系统中柱。

纵横定位轴线两侧的粗实线是内外墙体的厚度，细线为条形基础底部的宽度（不画台阶）。

以①轴线为例，识读基础墙、基础底面与轴线之间的定位关系。图中注出基础底宽度尺寸 900mm，墙厚 240mm，左右墙边到轴线的定位尺寸 120mm，基底左右边线到轴线的定位

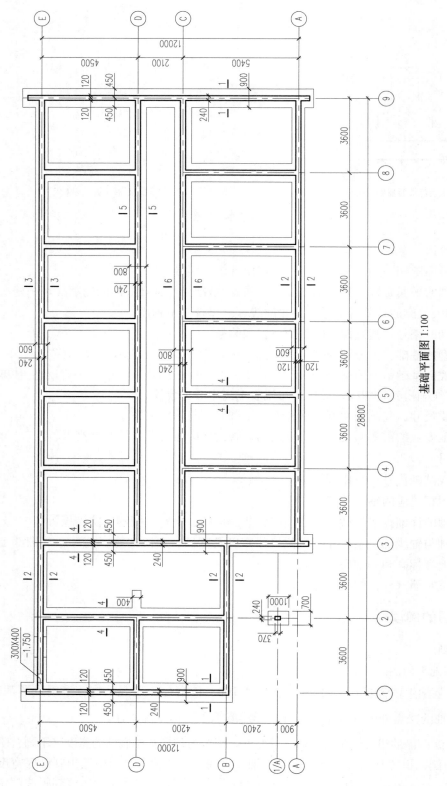

基础平面图 1:100

图 4.5-2　条形基础平面图

尺寸 450mm。

　　Ⓔ轴线与①轴线相交的屋角处有管洞通过基础，用虚线画出预留洞口的位置，并注明洞口宽与高尺寸为 300mm×400mm，洞底标高为—1.750m。

　　图中有 1～6 种不同断面的条形基础，在基础平面图上用 1-1、2-2……等剖切符号表明了该断面的位置。

　　（2）条形基础详图

　　图 4.5-3 所示是条形基础 1-1 断面详图，比例是 1：20。1-1 断面图是根据基坑填土后画出的，基础的垫层用混凝土做成，高 300mm，宽 900mm。基础上面是两层大放脚，每层高 120mm，底层宽 500mm，墙厚 240mm，图中注出基础底面标高—1.500m，室外地坪标高为—0.600m，室内地坪标高为±0.000（标高单位均为m）。此外还注出防潮层离室内地面 60mm，轴线到基坑边线的距离 450mm 和轴线到墙边的距离 120 等。

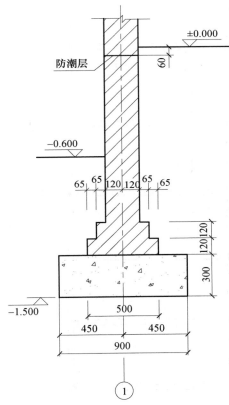

图 4.5-3　1-1 断面详图

　　2. 独立基础

　　（1）独立基础平面图

　　图 4.5-4 所示是某学校实验楼的框架结构柱下独立基础平面图，图中在 A 轴线外，附有一圆弧形条形基础，它是非主要结构系统的基础。

　　定位轴线两侧的粗实线是基础梁的宽度，各有编号 JL1、JL2……，纵横轴线网交点的

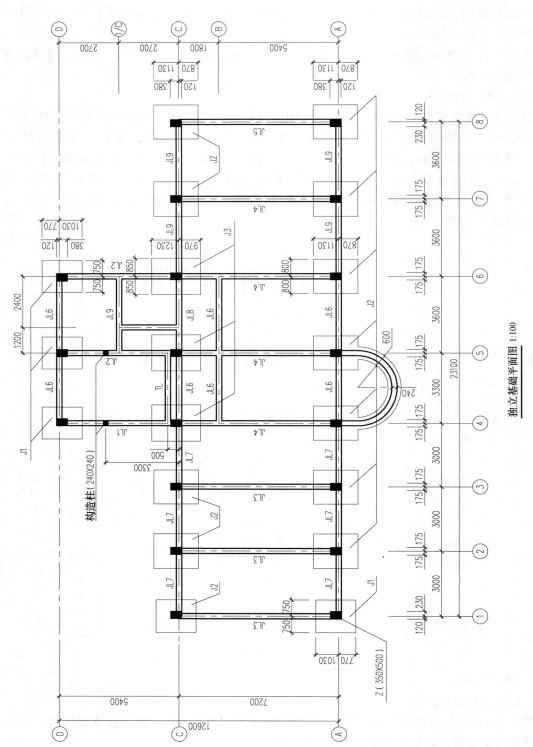

独立基础平面图 1:100

图 4.5-4 独立基础平面图

黑色方形为上部框架柱的断面，外围的细线方形为独立基础，并且各柱都加编号 J1、J2……。④轴线与⑤轴线的基础梁 JL1、JL2 上各有一（240mm×240mm）构造柱，其非承重结构系统的受力构件。

　　各个钢筋混凝土基础的形状、尺寸、配筋、埋深等各有详图表达。如图 4.5-5 所示独立基础详图为编号 J2 基础的详图。

　　（2）独立基础详图

　　图 4.5-5 所示是图 4.5-4 所示基础平面图中的独立基础 J2 的详图，从平面图中可知，基础 J2 共有 11 个，其详图是通用的，详图中的轴线号可以不一一注出。

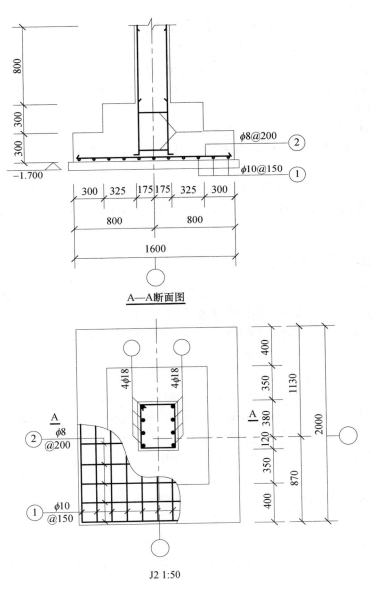

图 4.5-5　独立基础详图

本详图由一个平面详图和 A-A 断面图组成。图中用细实线画基础的轮廓，粗实线表示钢筋。基础是由高均为 300mm 的两层台阶组成，混凝土基础的底面配置了纵横两层钢筋①ϕ10@150和②ϕ8@200，为了与上部柱子的钢筋搭接，在这个柱基础中还预留了 8 根 ϕ18带有直弯钩的插筋，并用两个 ϕ8 的钢筋固定之。基础最下面是 100mm 厚设有配筋的素混凝土垫层，因此用图例表示。立面图和平面图上分别画出定位轴线及基础的细部尺寸。为了使柱的一面与纵墙的一面重合，采取了"偏心"处理，即柱的一面距纵向定位轴线为半墙的厚度 120mm。为满足与柱子的钢筋的搭接长度要求，插筋露出基础顶面 800mm。基础底面标注标高为－1.700m。

4.6　楼层结构布置图

楼层结构布置图是表示建筑物楼层结构的梁、板、柱等结构件的组合布置及构造等情况的施工图纸。主要是以楼层结构平面图为主并辅以局部详图所组成。它是施工时布置或安放各层承重构件的依据。

大量的民用房屋的楼层一般都采用钢筋混凝土结构。钢筋混凝土楼层按施工方法可以分为装配式（预制）和整体式（现浇）两大类。这里仅介绍装配式（预制）楼层结构布置图。

装配式楼层结构布置图主要表示预制梁、板及其他构件的位置、数量和连接构件。其图示内容一般包括楼层结构平面图、安装节点详图、构件统计表和必要的文字说明等。

4.6.1　楼层结构平面布置图

楼层结构平面布置图是采用直接正投影法绘制，即设想用水平剖切平面沿着楼板上表面将房屋水平剖切后所作的楼层结构的水平投影图（特殊情况也可采用仰视投影绘制）。用以表达该层楼板、梁及下层楼盖以上的墙、门窗过梁和雨篷等构件的布置情况，以及它们之间的结构关系。

1. 楼层结构平面图的主要内容

（1）与建筑图相同的轴线网及墙、柱、梁等构件的位置和编号。

（2）注明预制板的代号、型号或编号、数量、铺设的跨度方向和预留间的大小及位置。

（3）注明圈梁或门窗洞过梁的代号与编号。

（4）注明各种梁、板的底面结构标高和各定位轴线间的距离尺寸。还可在梁的代号旁标注出该梁的断面尺寸。

（5）在适当的位置画出局部重合断面，说明板与梁、墙、其他板之间的位置关系及标高。

（6）注出有关剖切符号、详图索引符号和其他标注代号。

（7）必要的说明。如设计说明未详的或本楼层要集中说明的特殊的材科、尺寸和构造措施等。

2. 楼层结构平面图的表达方法

（1）在多层建筑中，结构平面布置图一般应分层绘制，但当各层构件的类型、大小、数量、布置情况均相同时，可只画一个标准层的楼层结构布置平面图。

（2）在结构平面图中，构件一般应画出其轮廓线，如能表示清楚时，也可用单线表示。如梁、屋架、支撑等可用粗点画线表示其中心位置。当平面对称时，可采用对称符号只画半个平面图。可以将两层的平面图各画一半拼成一个图，也可以单独成图。楼梯间或电梯因另有详图，可只在平面图上用一斜线表示其范围。

（3）结构构件的表示

① 预制楼板的图示方法

当铺设预制楼板时，在每个不同的结构单元用细实线分块画出预制板的铺设方向，并标注预制板的数量、代号和编号（图 4.6-1）。

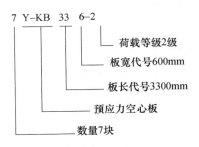

图 4.6-1　预制空心板的标记

当若干部分相同时，可只绘制一部分，并用大写的拉丁字母Ⓐ、Ⓑ、Ⓒ表示相同部分的分类符号，分类符号圆圈直径为 8mm 或 10mm。其他相同部分仅标注分类符号，不一一画出楼板的布置。

② 现浇钢筋混凝土板的图示方法

当现浇板配筋简单时，直接在结构平面图中表明钢筋的配置情况，注明编号、规格、直径、间距，其表示方法同本章图 4.3-7 中板的配筋图。

当平面图的比例较小或配筋复杂时，用一对角线表示现浇板的范围。同时注出板厚、板顶标高，将配筋图另画详图。

③ 预制钢筋混凝土梁的图示方法

在平面图中，规定圈梁和其他过梁用粗虚线（单线）表示其位置，并将构件代号和编号标注在梁的旁侧，如 GL 为窗上过梁。

3. **楼层结构平面图的阅读**

图 4.6-2 为某学生宿舍的二层楼层结构布置平面图。先看图名与比例。从图名可以看出是哪一层的结构布置图，比例与建筑平面图一样，一般采用 1∶100。图中除了①～③轴线为现浇部分楼盖及楼梯间外，其他均为预制装配式楼盖。图中的中实线表示剖切到的或看到的墙的轮廓线，中虚线表示在楼板下的不可见墙的轮廓线。可见该房屋为一幢砖墙承重、钢筋混凝土梁板的砖混结构。

预制楼板的画法见⑧～⑨轴线之间，因预制板是分块制作和安装的，故在每个不同的结构单元内用细实线分块画出板的铺设方向（板的数量太多时，可只画几块表示，如走廊的平板），并用一标注线表示铺板的范围，在标注线上写出预制板的数量、代号和编号。因为南北各宿舍的结构单元各自相同，可简化在其上面写上相同的编号，如Ⓐ、Ⓑ。预制板的编号

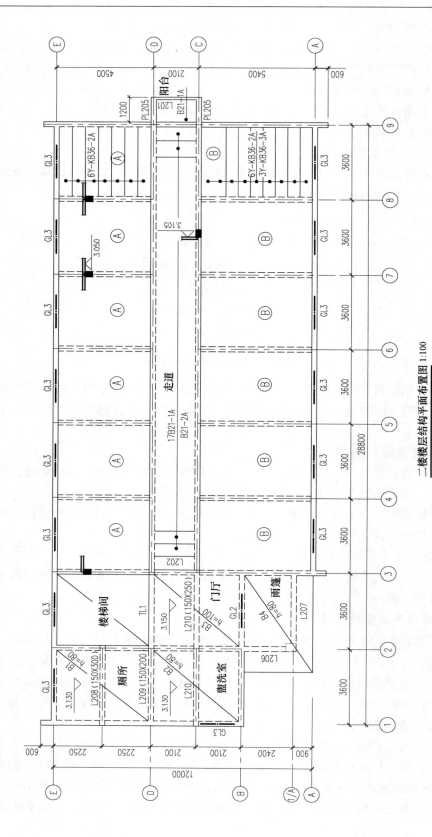

二楼楼层结构平面布置图 1:100

图 4.6-2　二楼楼层结构平面布置图

全国没有统一的规定，各地区或省市有自己的标准图集，各自规定了板的跨度、宽度和所能承受的荷载级别。如Ⓐ单元的 6Y－KB36－2A 表示 6 块预应力空心板，跨度（板长）为 3600mm，板宽代号为 2（600mm 宽）活荷载代号为 A（即 150kN/m²）。⑨轴外的阳台处有两根 PL205 悬臂梁和一根 L201 边梁，上面铺一块预制实心平板 B21－2lA，其跨度 2100mm、板宽 1200mm、承载力 150kN/m²。走廊上铺 17 块上述规格的平板和 1 块板宽为 600mm 的其他规格相同的预制平板。全楼层有 15 根编号为 GL3 的窗过梁，还有几根现浇梁。现浇梁板部分的施工方法不同，所以图示方法也有所不同（图 4.3-7）。预制板的规格共采用了四种，这些板均直接铺设在墙上，没有采用楼层预制梁，因为楼层下面是宿舍（小房间）。当楼层下面是较大房间，没有墙承重时要采用梁来承重，见图 4.2-1（a）的第三根横向定位轴线处，空心板便是搁在 L-1（250×500）的梁上。图 4.2-1 与图 4.6-2 一样，都采用了局部重合断面图表示预制板与墙或梁的搁置关系。用粗线画板、墙、梁的断面轮廓线，梁的断面是涂黑表示。为吊装预制板定位方便起见，一般都在断面图上梁底和板底处注明标高。

关于门窗过梁，图 4.6-2 中是用粗点画线表示其中心位置并在一侧标注该过梁的代号。也可用粗虚线表示过梁。若用粗线表示过梁，一般可不画出门窗。也可不用粗线表示过梁，这时要用中虚线画出门窗洞位置并在洞口一侧直接标注过梁的代号。当在楼层下有设置圈梁时，通常圈梁的位置在门窗洞上方可兼作过梁使用，在平面图上应标注圈梁的代号。

圈梁是在砖墙承重的混合结构墙体中同一水平面上闭合的梁。为了加强墙身稳定性，保证房屋的整体刚度，防止由于地基不均匀沉降或地震的作用而产生过大的不利影响，混合结构房屋应按规定设置钢筋混凝土圈梁或钢筋砖圈梁。通常圈梁不一定沿所有的墙体设置，而只布置在外墙和部分内墙内。为了清楚图示，圈梁布置常用粗实线以较小的比例单独画出其平面图，并在适当的位置标注断面图剖切符号，在平面图旁画出相应的断面详图，如图 4.6-3 所示。

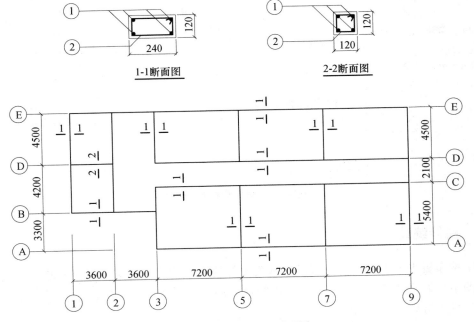

图 4.6-3　圈梁布置平面图

4.6.2　安装节点详图

在预制装配式钢筋混凝土楼层中，板与板、板与梁（或墙）、梁与墙的连接，一般只要有足够的支承长度、坐浆和灌缝，就能满足要求，不必另画安装节点详图。而对于一些有特别要求的连接构造，则应画出安装节点详图以指导施工。图 4.6-4 是几种安装节点详图的例子。

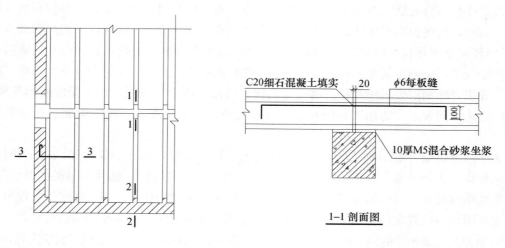

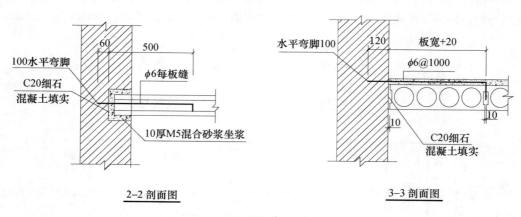

图 4.6-4　构件安装节点详图

4.6.3　构件统计表

在结构布置平面图中，应分层统计各类构件的数量并注明详图所在图纸的编号或选自何种标准图集、通用图集。表 4.6-1 是构件统计表的一种示例。有了构件统计表，使读图、备料、施工更为方便。

表 4.6-1　构件统计表

构件名称	构件代号	数量						详图图号	备注
		一层	二层	三层	四层	……	总计		
梁									
空心板									
⋮									

4.7　钢结构图

4.7.1　钢结构图的基本知识

钢结构是由（钢板、角钢、槽钢、钢管和圆钢等热轧钢材或冷加工成型的薄壁型钢）钢材制作而成的结构。钢结构具有材料强度高、重量轻、安全可靠、制作简便等优点。在房屋建筑中，主要用于厂房、高层建筑和大跨度建筑。常见的钢结构构件有屋架、梁、柱及其支撑连接系统等。

1. 型钢及其连接

（1）常用型钢的代号及标注方法

钢结构用的钢材，是按国家标准轧制的型钢。表 4.7-1 列出了常用建筑型钢的种类及标注方法。本节使用《建筑结构制图标准》（GB/T 50105—2010）。

表 4.7-1　常用型钢的标注方法

序号	名称	截面	标注	说明
1	等边角钢	∟	∟ $b×t$	b 为肢宽 t 为肢厚
2	不等边角钢	B ∟	∟ $B×b×t$	B 为长肢宽 b 为短肢宽 t 为肢厚
3	工字钢	I	IN　　Q I1	轻型工字钢加注 Q 字
4	槽钢	[	[N　　Q[N	轻型槽钢加注 Q 字

序号	名称	截面	标注	说明
5	方钢		$\square\,b$	—
6	扁钢		$-b\times t$	—
7	钢板		$\dfrac{-b\times t}{L}$	宽×厚 板长
8	圆钢		ϕd	—
9	钢管		$-\phi d\times t$	d 为外径 t 为壁厚
10	薄壁方钢管		$B\,\square\,b\times t$	
11	薄壁等肢角钢		$B\,\llcorner\,b\times t$	
12	薄壁等肢卷边角钢		$B\,b\times a\times t$	薄壁型钢加注 B 字 t 为壁厚
13	薄壁槽钢		$B\,h\times b\times t$	
14	薄壁卷边槽钢		$B\,h\times b\times a\times t$	
15	薄壁卷边 Z 型钢		$B\,h\times b\times a\times t$	
16	T 型钢		TW×× TM×× TN××	TW　为宽翼缘 T 型钢 TM　为中翼缘 T 型钢 TN　为窄翼缘 T 型钢
17	H 型钢		HW×× HM×× HN××	HW　为宽翼缘 H 型钢 HM　为中翼缘 H 型钢 HN　为窄翼缘 H 型钢
18	起重机钢轨		$\perp$ QU××	详细说明 产品规格型号
19	轻轨及钢轨		$\perp$ ××kg/m **钢轨**	

（2）焊缝代号及标注方法

钢结构的构件通常采用焊接、螺栓和铆钉连接。其中最常用的是焊接（图 4.7-1），它的优点是不削弱杆件断面，构造简单施工方便。

焊接接头型式分为：对接接头、T 形接头、角接接头和搭接接头（图 4.7-2）。型钢熔接

处称为焊缝。按焊缝结合型式分为对接焊缝、角焊缝和点焊缝三种（图 4.7-2）。在焊接的钢
结构图纸上，必须把焊缝的位置、型式和尺寸标注清楚。焊缝要按"国标"的规定，采用
"焊缝代号"标注。焊缝代号主要由基本符号、补充符号和指引线等部分组成。其中基本符
号表示焊缝断面的基本型式，补充符号表示焊缝某些特征的辅助要求，指引线则表示焊缝的
位置。

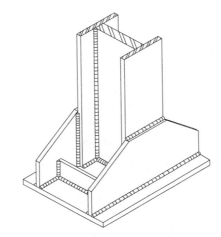

图 4.7-1　焊接连接示意图

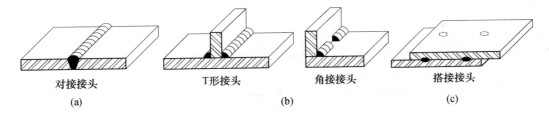

对接接头　　　　　　T形接头　　　　　　角接接头　　　　　　搭接接头

(a)　　　　　　　　　　(b)　　　　　　　　　　(c)

图 4.7-2　焊接接头及焊缝型式

常用焊缝符号及标注和焊缝补充符号及标注分别如表 4.7-2 所示。

表 4.7-2　建筑钢结构常用焊缝符号及符号尺寸

焊缝名称	形式	标注法	符号尺寸（mm）
V 形焊缝			
单边 V 形焊缝		注：箭头指向剖口	

焊缝名称	形式	标注法	符号尺寸（mm）
带钝边单边 V形焊缝	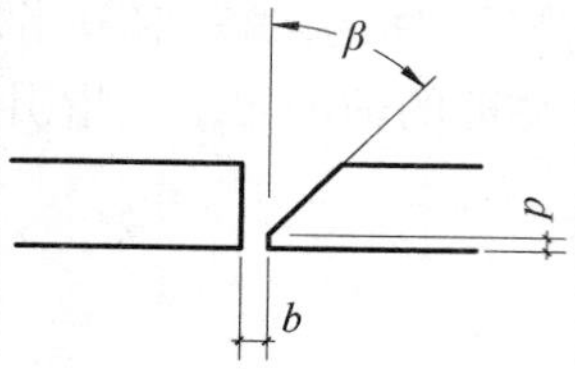	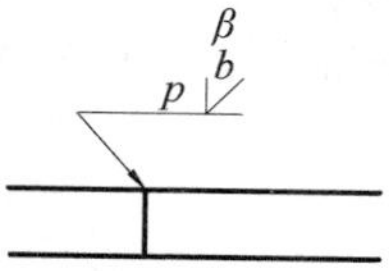	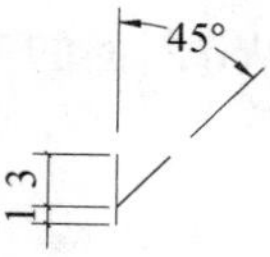
带垫板带钝边 单边V形焊缝	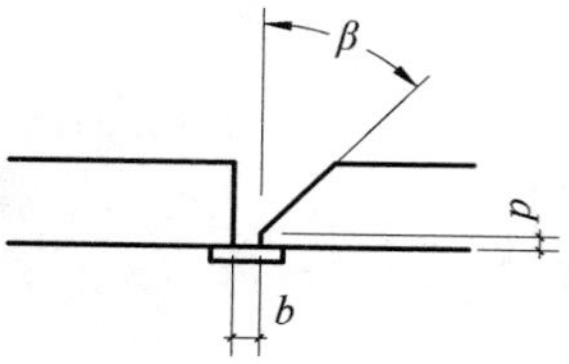	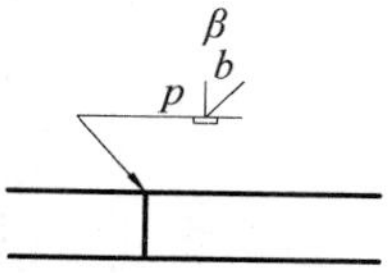 注：箭头指向剖口	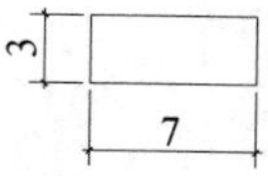
带垫板V形焊缝	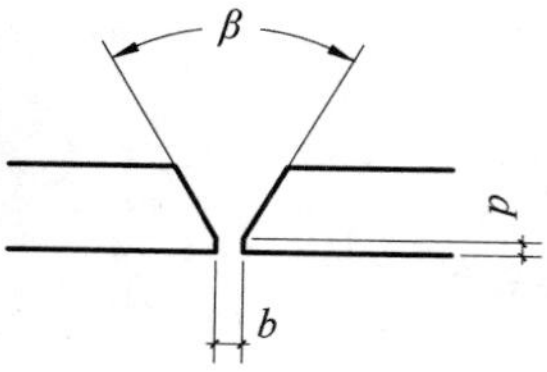	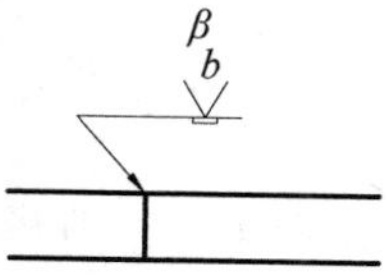	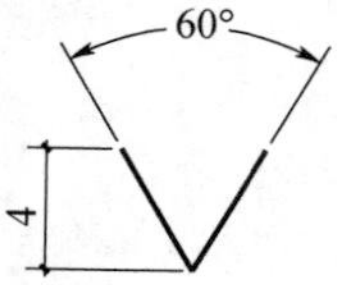
Y形焊缝	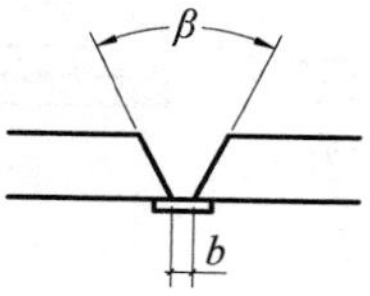	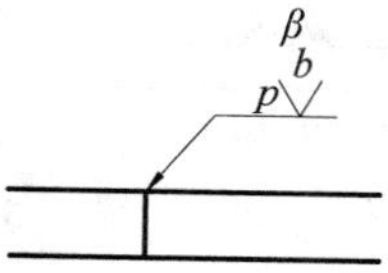	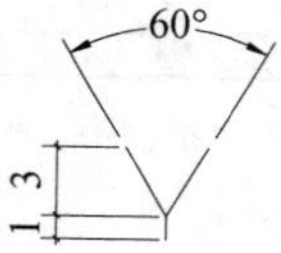
带垫板 Y形焊缝	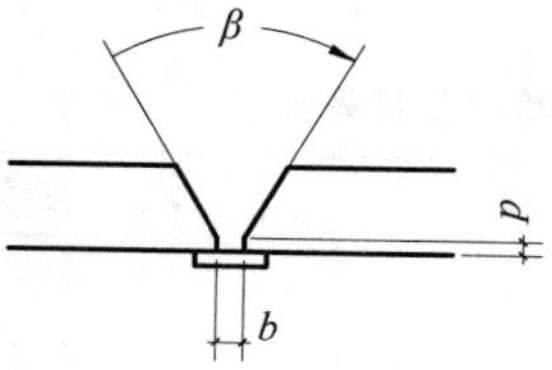	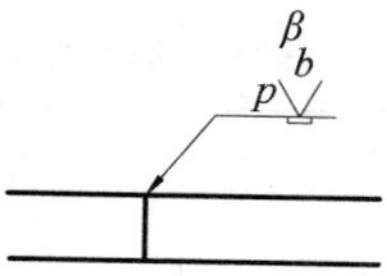	—
双单边 V形焊缝	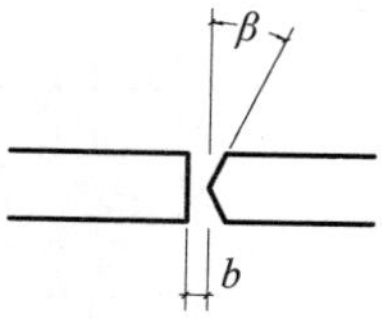	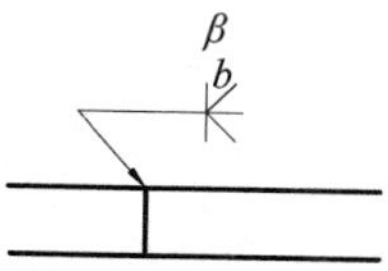	—

续表

焊缝名称	形式	标注法	符号尺寸（mm）
双 V 形焊缝	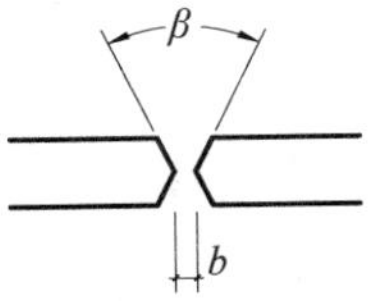	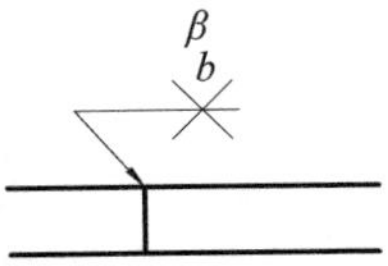	—
带钝边 U 形焊缝	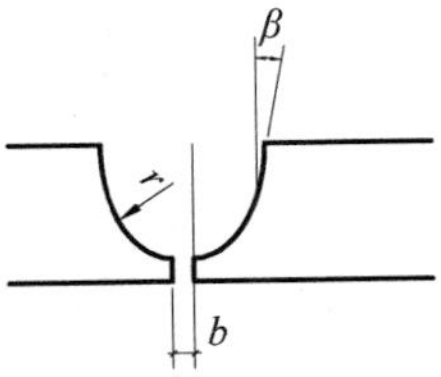	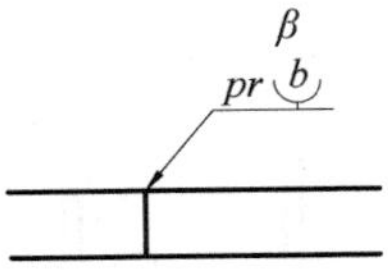	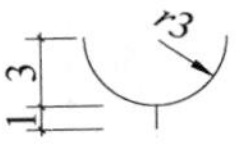
带钝边双 U 形焊缝	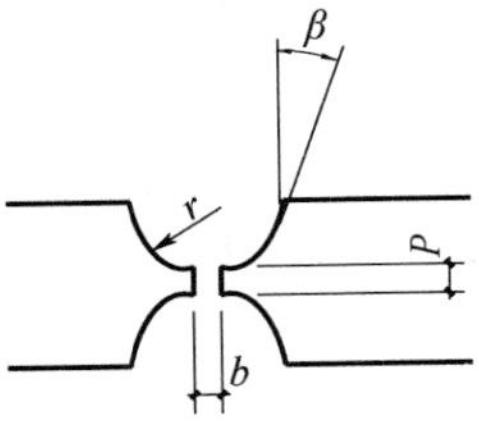	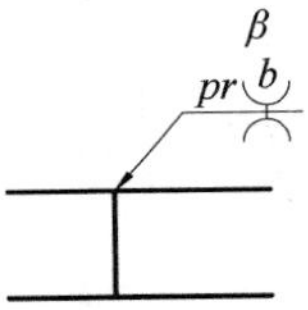	—
带钝边 J 形焊缝	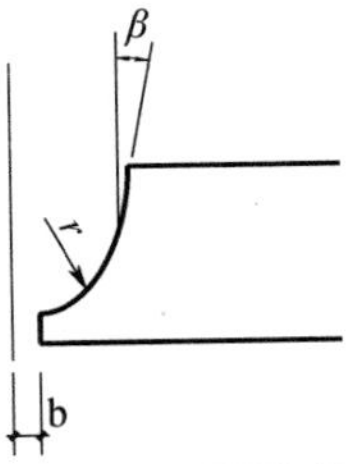	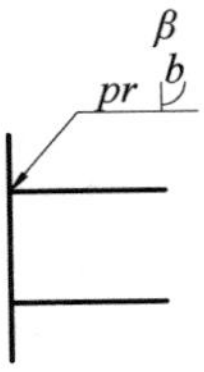	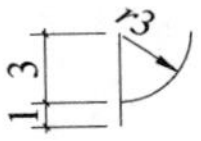
带钝边双 J 形焊缝	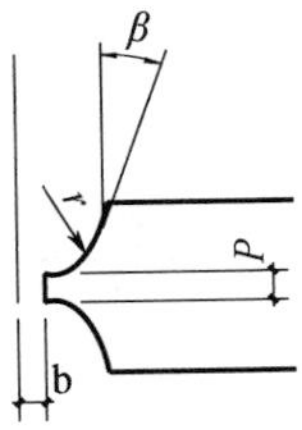	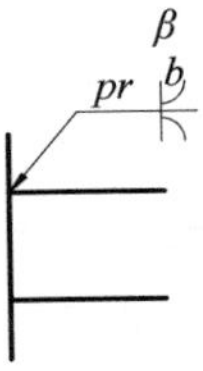	—
角焊缝	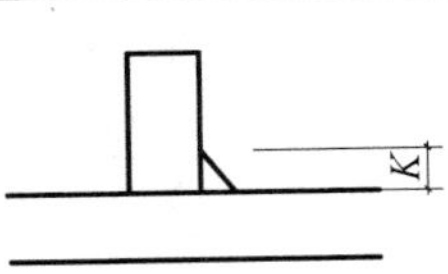	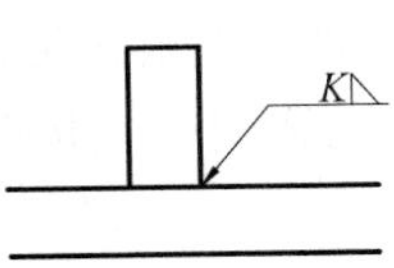	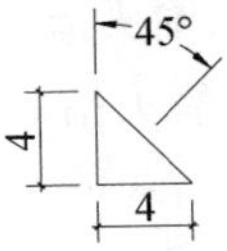
双面角焊缝	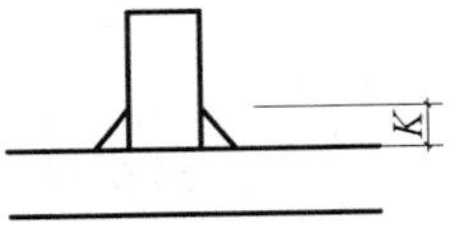	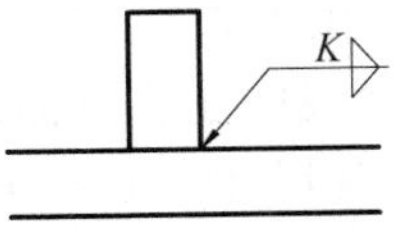	—

焊缝名称	形式	标注法	符号尺寸（mm）
剖口角焊缝	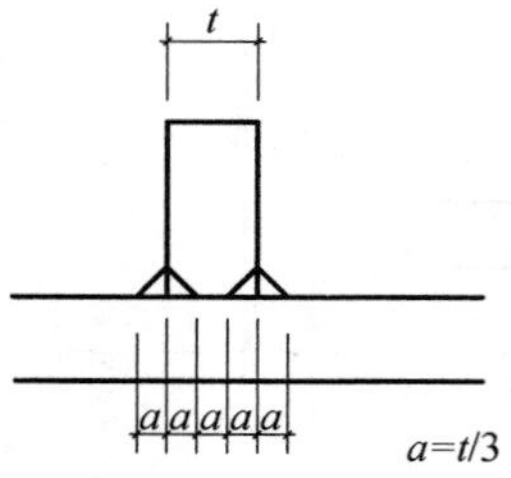 $a=t/3$	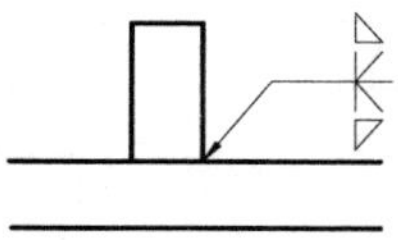	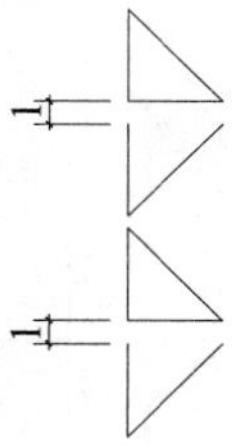
喇叭形焊缝	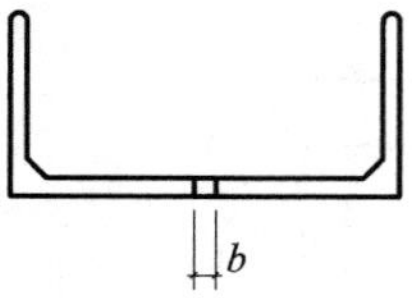	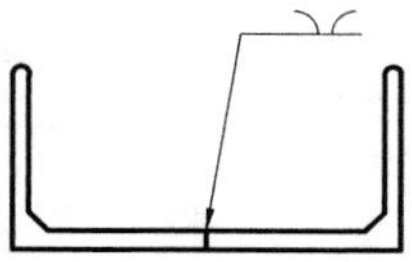	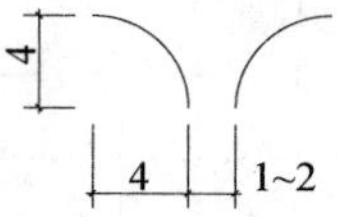
塞焊	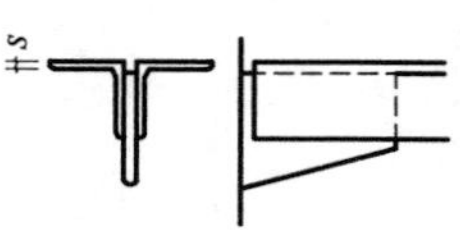	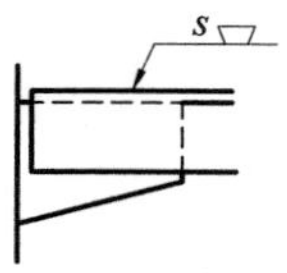	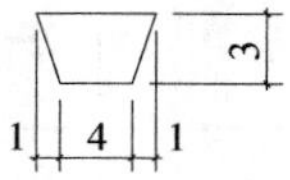
三面焊缝	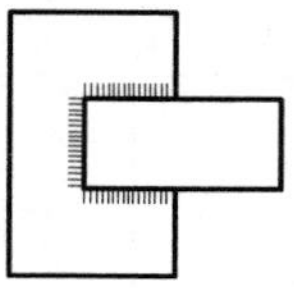	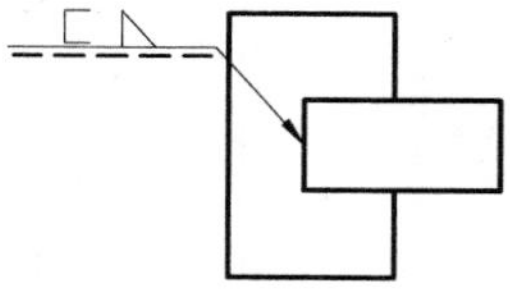	说明：工件三面施焊，开口方向与实际方向一致

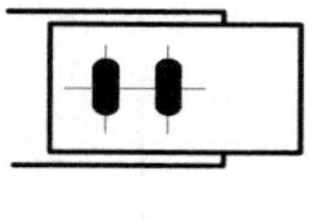

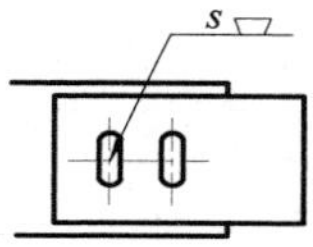

焊接钢结构的焊缝还应符合以下规定：

1）单面焊缝的标注方法

① 当箭头指向焊缝所在的一面时，应将图形符号和尺寸标注在横线的上方，如图 4.7-3（a）所示；当箭头指向焊缝所在的另一面时，应按图 4.7-3（b）的规定执行，将图形符号和尺寸标注在横线的下方。

② 表示环绕工作件周围的焊缝时，应按图 4.7-3（c）的规定执行，其焊缝符号为圆圈，绘在引出线的转折处，并标注焊角尺寸 K。

2）双面焊缝的标注，应在横线的上、下都标注符号和尺寸。上方表示箭头一面的符号和尺寸，下方表示另一面的符号和尺寸，如图 4.7-4（a）所示；当两面的焊缝尺寸相同时，只需在横线上方标注焊缝的符号和尺寸［图 4.7-4（b）、（c）、（d）］。

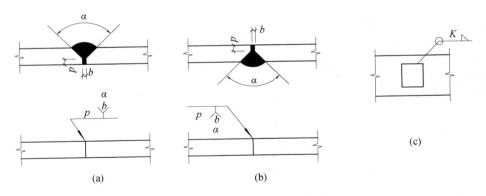

图 4.7-3　单面焊缝的标注方法

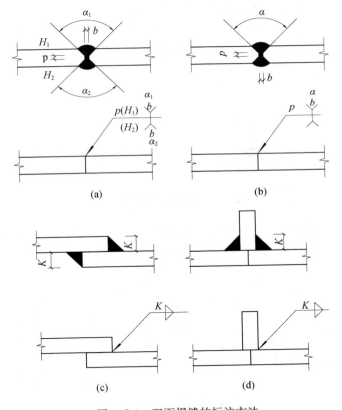

图 4.7-4　双面焊缝的标注方法

3）3 个和 3 个以上的焊件相互焊接的焊缝，不得作双面焊缝标注。其焊缝符号和尺寸应分别标注（图 4.7-5）。

4）相互焊接的两个焊件中，当只有一个焊件带坡口时，引出线箭头必须指向带坡口的焊件（图 4.7-6）。

5）相互焊接的 2 个焊件中，当为单面带双边不对称坡口焊缝时，应按图 4.7-7 的规定，引出线箭头指向较大坡口的焊件。

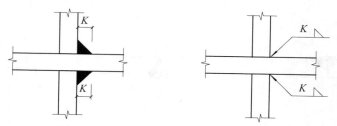

图 4.7-5　3 个以上的焊件的焊缝标注方法

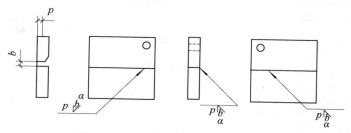

图 4.7-6　一个焊件带坡口的焊缝标注方法

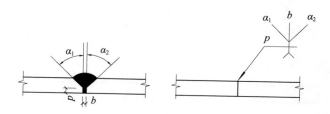

图 4.7-7　不对称坡口焊缝标注方法

6）当焊缝分布不规则时，在标注焊缝符号的同时，可按图 4.7-8 的规定，宜在焊缝处加中实线（表示可见焊缝），或加细栅线（表示不可见焊缝）。

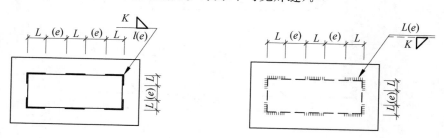

图 4.7-8　不规则焊缝的标注方法

7）相同焊缝符合应按下列方法表示：

① 在同一图形上，当焊缝形式、断面尺寸和辅助要求均相同时，应按图 4.7-9（a）的规定，可只选择一处标准焊缝的符号和尺寸，并加注"相同焊缝符号"，相同焊缝符号为3/4圆弧，绘在引出线的转折处。

② 在同一图形上，当有数种相同的焊缝时，宜按图 4.7-9（b）的规定，可将焊缝分类编号标注。在同一焊缝中可选择一处标注焊缝符号和尺寸。分类编号采用大写的拉丁字母A、B、C。

(a)　　　　　　　　　　　　　　　(b)

图 4.7-9　相同焊缝的标注方法

8）需要在施工现场进行焊接的焊件焊缝，应按图 4.7-10 的规定标注"现场焊缝"符号。现场焊缝符号为涂黑的三角形旗号，绘在引出线的转折处。

或

图 4.7-10　现场焊接的标注方法

2. 螺栓、孔、电焊铆钉图例及标注

钢结构构件图中的螺栓、孔、电焊铆钉，应按表 4.7-3 规定的图例绘制。

表 4.7-3　螺栓、孔、电焊铆钉图例及标注

序号	名称	图例	说明
1	永久螺栓	$\frac{M}{\phi}$	
2	高强螺栓	$\frac{M}{\phi}$	
3	安装螺栓	$\frac{M}{\phi}$	1. 细"＋"线表示定位线； 2. M 表示螺栓型号； 3. ϕ 表示螺栓孔直径； 4. d 表示膨胀螺栓、电焊铆钉直径； 5. 采用引出线标注螺栓时，横线上标注螺栓规格，横线下标注螺栓孔直径。
4	膨胀螺栓	d	
5	圆形螺栓孔	ϕ	
6	长圆形螺栓孔	ϕ b	
7	电焊铆钉	d	

4.7.2　钢结构图的尺寸标注

钢结构杆件的加工和连接安装要求较高。因此，标注尺寸时，除遵守尺寸标注的一般规定外，还应遵守 GBJ/T 50105—2010 的以下规定。

（1）两构件的两条很近的重心线，应在交汇处将其各自向外错开（图 4.7-11）。

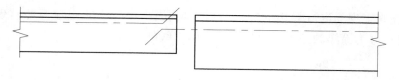

图 4.7-11　两构件重心不重合的表示方法

（2）弯曲构件的尺寸，应沿其弧度的曲线标注弧的轴线长度（图 4.7-12）。

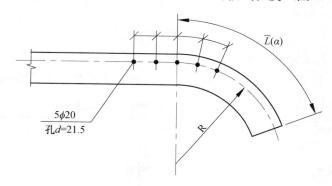

图 4.7-12　弯曲构件尺寸的标注方法

（3）切割的板材，应标明各线段的长度和位置（图 4.7-13）。

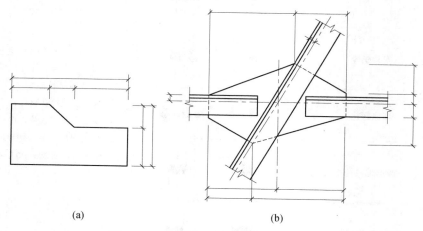

图 4.7-13　切割的板材尺寸的标注方法

（4）不等边角钢的构件，必须注出角钢一肢的尺寸（图 4.7-14）。

（5）节点尺寸，应按图 4.7-14、图 4.7-15 的规定，注明各节点板的尺寸和各杆件螺栓孔中心或中心距，以及杆件端部至几何中心线交点的距离。

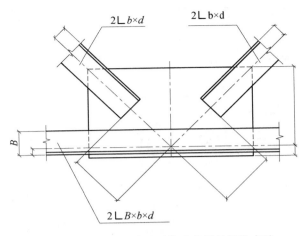

图 4.7-14　节点尺寸及不等边角钢的标注方法

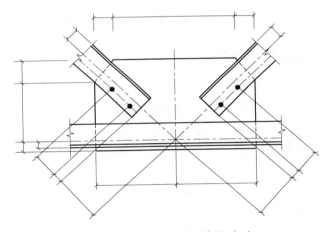

图 4.7-15　节点尺寸的标注方法

（6）双型钢组合断面的构件，应注明缀板的数量及尺寸。引出线上方标注缀板的数量及缀板的宽度、厚度，引出线下方标注缀板的长度尺寸（图 4.7-16）。

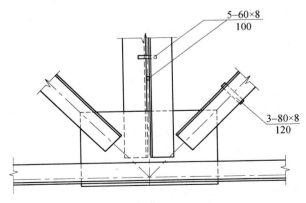

图 4.7-16　缀板的标注方法

（7）非焊接的节点板，应注明节点板尺寸和螺栓孔中心与几何中心线交点的距离（图4.7-17）。

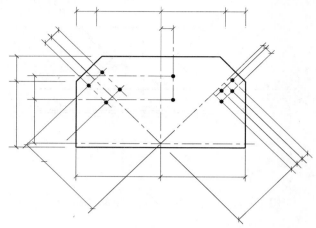

图 4.7-17　非焊接的节点板尺寸的标注方法

4.7.3　钢屋架结构施工图的阅读

1. 钢屋架的结构型式及其杆件

钢屋架是在较大跨度建筑的屋盖中常用的结构型式。常用的钢屋架有三角形屋架和梯形屋架。图 4.7-18 所示为梯形屋架的简图，屋架由杆件组合连接而成。屋架的上面斜杆称为上弦杆；下面水平杆件称为下弦杆；中间杆件统称为腹杆（有竖杆和斜杆之分）各杆件交接的部位称为节点，如支座节点、跨中节点等。

钢屋架结构施工图的内容包括：屋架简图、屋架详图（立面图、上、下弦杆的平面图、节点图）、杆件详图以及钢材用量表等。

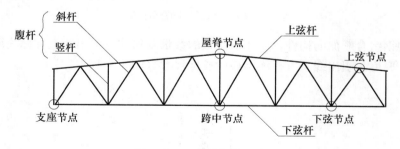

图 4.7-18　钢屋架的组成

2. 钢屋架结构施工图的阅读

现以某厂房钢屋架结构施工图为例，说明其图示特点和阅读方法。

图 4.7-19 是跨度为 18m 的梯形钢屋架结构施工图，它由屋架简图、屋架详图和材料表组成。

（1）钢屋架简图

图 4.7-19 左上角绘一钢屋架简图，该图也叫屋架杆件几何尺寸图，是用以表达屋架的结构型式、跨度、高度和各杆件的几何轴线长度，是屋架设计时杆件内力分析和制作时放样的依据。在简图中，屋架杆件用单线图表示，杆件的轴线长度尺寸应标注在构件的一侧。如

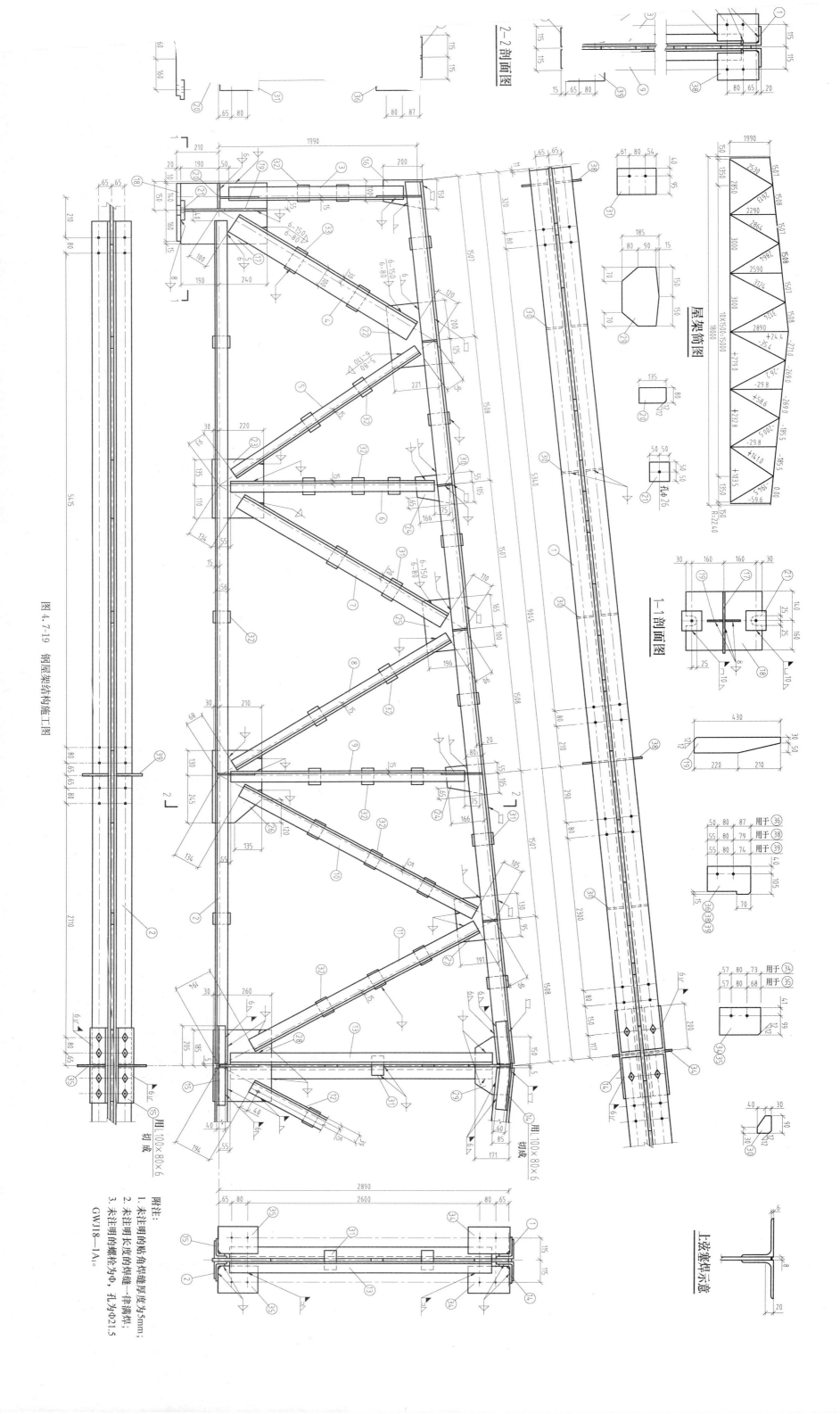

图 4.7-19　钢屋架结构施工图

需要时，可在屋架的左半边注写尺寸（以 mm 为单位），右边注写内力（以 kN 为单位），比例常用 1：100 或 1：200。

（2）钢屋架详图

钢屋架详图主要表明各杆件（型钢）规格和组成、连接方式、节点构造以及详细尺寸等。由于该屋架对称，故可采用对称画法。为了表明屋脊节点和跨中节点的连接和拼接情况，图 4.7-19 中画出了半榀屋架。钢屋架详图以立面图为主，分别画出了上、下弦杆的平面图，屋架端部和屋架跨中的侧面图。此外，还画有节点板、垫板等的形状和大小。

现以钢屋架立面图为例（图 4.7-19），介绍钢屋架立面图的图示特点及阅读方法。

表 4.7-4　材料表

零件号	断面	长度（mm）	数量		重量（kg）			备注
			正	反	每个	共计	合计	
1	∟ 100×80×6	9030	2	2	75.4	302		
2	∟ 90×56×6	8810	2	2	59.2	237		
3	∟ 63×5	1865	4		9.0	36		
4	∟ 100×63×6	2300	4		17.4	70		
5	∟ 50×5	2425	4		9.2	37		
6	∟ 50×5	2160	4		8.1	32		
7	∟ 75×5	2620	4		15.2	61		
8	∟ 50×5	2685	4		10.1	40		
9	∟ 50×5	2460	4		9.3	37		
10	∟ 63×5	2885	4		13.9	56		
11	∟ 63×5	2810	2		13.9	27		
12	∟ 63×5	2840	2		13.7	27		
13	∟ 63×5	2750	2		13.3	27		
14	∟ 100×50×6	400	2		3.3	27		
15	∟ 90×56×6	410	2		2.7	5		
16	−200×9	150	2		1.9	4		
17	−315×10	430	2		10.5	21		
18	−300×20	380	2		17.9	36	1209	
19	−80×8	430	4		2.1	8		
20	−80×8	135	4		0.7	3		
21	−100×20	100	4		1.6	6		
22	−235×8	325	2		4.8	10		
23	−250×8	305	2		4.8	10		
24	−160×8	180	4		1.8	7		
25	−210×8	265	2		3.5	7		
26	−240×8	275	2		5.6	11		
27	−205×8	225	2		2.9	6		
28	−290×8	370	1		6.7	7		
29	−185×8	300	1		3.5	4		
30	−70×8	90	16		0.4	4		
31	−60×8	100	19		0.4	8		
32	−60×8	80	42		0.3	13		

零件号	断面	长度（mm）	数量		重量（kg）			备注
			正	反	每个	共计	合计	
33	−60×8	120	4		0.5	2		
34	−140×8	210	2		1.9	4		
35	−140×8	205	2		1.8	4		
36	−145×8	225	4		2.1	8		
37	−135×8	195	4		1.7	7		
38	−145×8	215	4		2.0	8		
39	−145×8	210	4		1.9	8		

1）屋架立面图的比例

在同一屋架立面图中，因杆件长度与断面尺寸相差较大，为把细部表示清楚，故经常采用两种比例。屋架轴线长度采用较小的比例（本例用1∶20的比例），杆件的断面用较大的比例（本例用1∶10的比例）。

2）各杆件断面及尺寸

屋架由上弦杆、下弦杆和腹杆三部分组成，其中腹杆包括斜杆和竖杆。各杆件均为双角钢制成。上（下）弦杆断面采用两根不等边角钢，以短边拼合的T形断面或倒T形断面［图4.7-20（a）、（b）］。腹杆断面采用两根等边角钢，拼合成T形断面。屋架跨中的竖杆，拼合成十字形断面［图4.7-20（c）］。

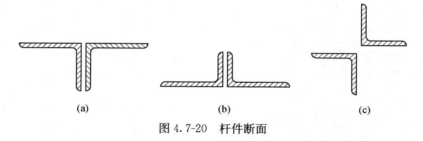

（a）　　　　　　　　　　（b）　　　　　　　　　（c）

图4.7-20　杆件断面

图中对每种不同形状、不同尺寸的杆件和零件进行了编号，编号位置在直径为6mm细实线的圆圈内，并用引出线指向杆件。

杆①为上弦杆，由两根不等边角钢（L 100×80×6）以短边拼合组成的T形断面，由材料表4.7-4查得长度为9030mm。

杆②为下弦杆，由两根不等边角钢（L 90×56×6）以短边拼合组成的倒T形断面，长度为8810mm。

由于屋架较长，考虑到运输方便，一般在工厂加工时将屋架做成左、右两个半榀屋架，运到现场后，再就地拼接安装。所以在表4.7-4中，上、下弦杆角钢的数量各有4根。

竖杆③、斜杆⑩⑪⑫，由两根等边角钢（L 63×5）拼合组成的T形断面，长度查材料表（表4.7-4）。

杆④为斜杆，由两根不等边角钢（L 100×63×6）以长边拼合组成T形断面，长度查材料表（表4.7-4）。

斜杆⑤、⑧，竖杆⑥、⑨，是由两根等边角钢（L 50×5）拼合组成的T形断面，长度查材料表（表 4.7-4）。

杆⑦为斜杆，由两根等边角钢（∟75×5）拼合组成 T 形断面，长度查材料表（表 4.7-4）。

杆⑬为竖杆，是由两根等边角钢（∟63×5）组成的十字形断面，长度查材料表（表 4.7-4）。

㉛、㉜和㉝为杆件中的缀板，尺寸查材料表（表 4.7-4）。

㉚为加劲板，尺寸见材料表（表 4.7-4）。

⑯、⑰、㉒、㉓、㉔、㉕、㉖、㉗、㉘、㉙为节点板，尺寸见材料表（表 4.7-4），材料表中所列腹杆的角钢数量，是加工一跨屋架所需的数量。

3）杆件中的缀板

由于各杆件均由双角钢组成的组合断面，为了保证两根角钢能共同工作，必须每隔一定距离在两根角钢间加设缀板，缀板的宽度由构造要求决定，一般为 50～80mm。长度由角钢尺寸及组合断面的型式决定，T 形断面的缀板应伸出角钢肢背、肢尖各 10～15mm，如图 4.7-21 所示。十字形断面的缀板，则从肢尖缩进 10～15mm，以便焊接，且应一横一竖交替设置，如图 4.7-22 所示。缀板的厚度应与节点板的厚度一致。缀板的间距 L_d 与杆件的受拉或受压有关，通过计算决定。

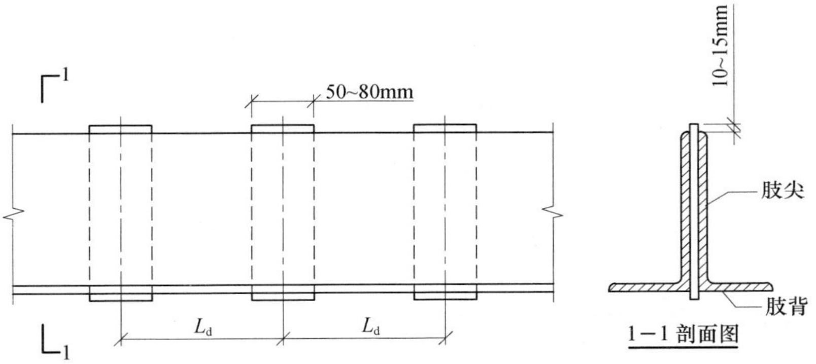

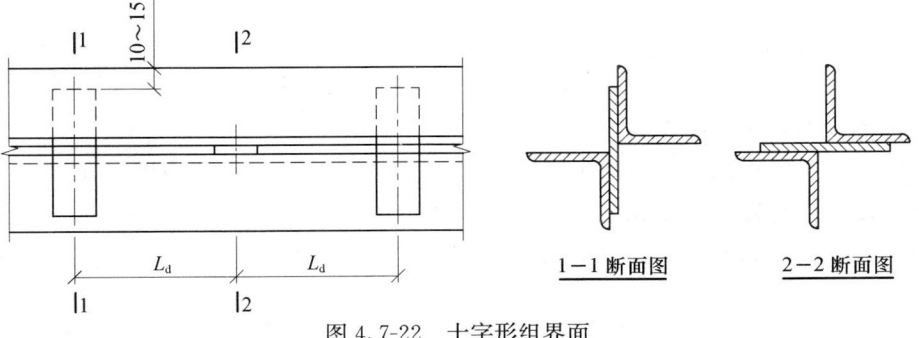

图 4.7-21　T 形组合截面

图 4.7-22　十字形组界面

4）屋架的节点

在钢屋架中，各汇交的杆件焊在节点板上，组成屋架的节点，各杆件的内力通过节点板上的焊缝互相传递。

a. 节点板的形状和厚度

节点板的形状为矩形、梯形或平行四边形。它的轮廓尺寸决定于腹杆和弦杆的宽度，斜杆的斜度以及腹杆的焊缝长度。

b. 支座节点

支座节点是下弦杆②、竖杆③和斜杆④的连接点，见图 4.7-23（a），用节点板⑰连接这些杆件，在它的下端连接一块底板⑱，底板⑱上有两个缺口，便于柱顶内的预埋螺栓穿过，然后把垫板㉑套在螺栓上拧以螺母。垫板是在安装后再与底板⑱焊接的，用现场安装焊缝表示，见图 4.7-23（b）的 1-1 剖面图。为了加强连接的刚度，在节点板⑰与底板⑱之间焊了两块劲板⑲、⑳和两块－135×8/195 劲板。各种板的尺寸可查材料表（表 4.7-4）。

卸去斜杆④后的支座节点示意图见 4.7-23（c）。

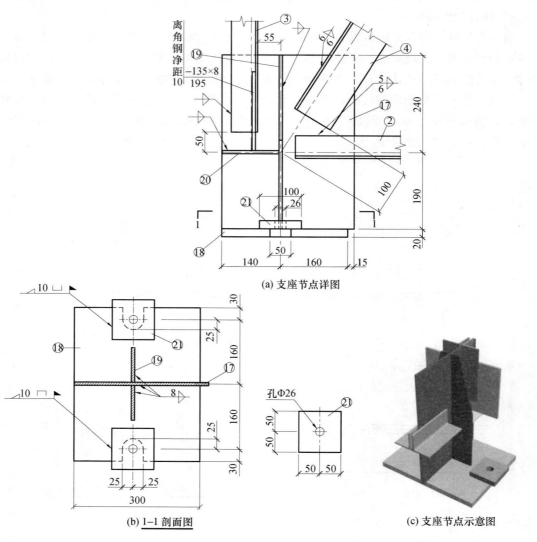

(a) 支座节点详图

(b) 1-1 剖面图　　　　　　　　　　(c) 支座节点示意图

图 4.7-23　支座节点

c. 下弦杆的跨中节点

跨中节点连接了下弦杆②、竖杆⑬和斜杆⑪、⑫，见图 4.7-24（a），用节点板㉘连接这些杆件，在跨中节点处，下弦杆②是断开的。为了保证下弦杆断开处的强度和刚度，在下弦杆②的外侧焊接拼接角钢⑮，它应与杆②的型号相同。拼接角钢的棱角须切去，以便与下弦杆角钢紧密贴合，见图 4.7-24 的 2-2 断面图。为了加强下弦杆与竖杆的刚度，焊接了两块钢板—140×8/200，见图 4.7-24 的 1-1 断面图。

　　跨中节点的局部示意图见图 4.7-24（b）。

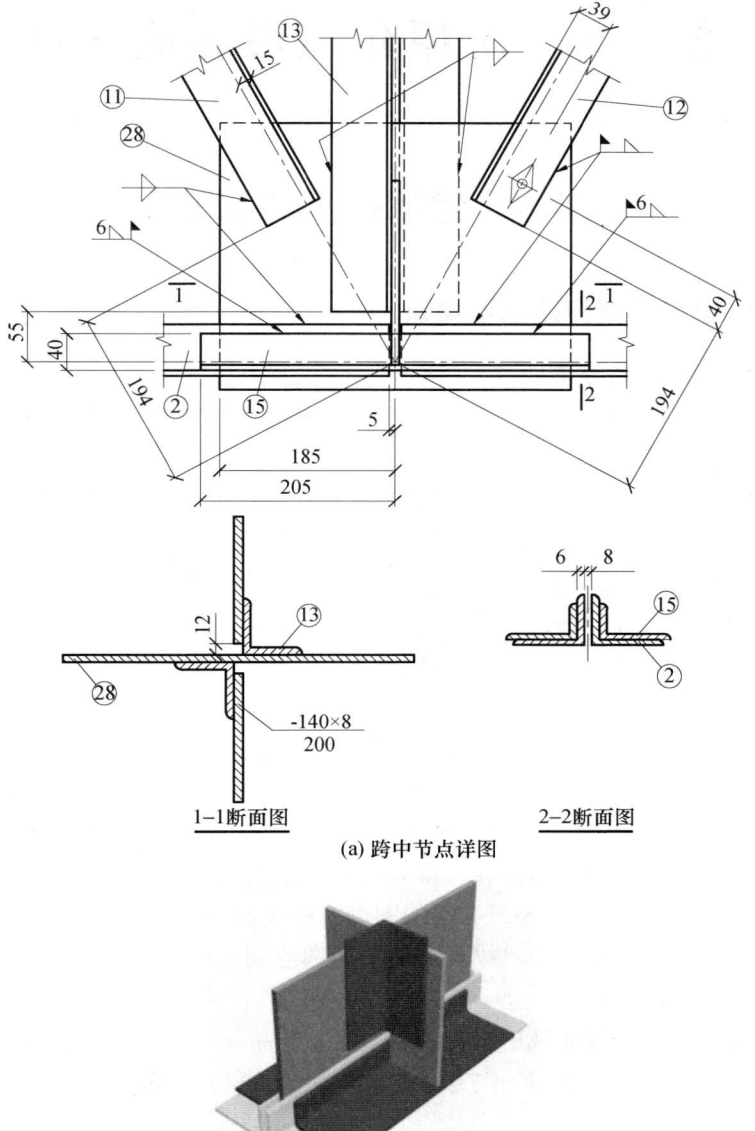

1-1断面图　　　　　　　　　　2-2断面图

(a) 跨中节点详图

(b) 跨中节点示意图

图 4.7-24　跨中节点

第5章 房屋建筑设备施工图

5.1 给水排水施工图

5.1.1 给水排水施工图阅读基本知识

1. 给水排水施工图的分类

给水排水施工图是建筑工程图的组成部分，按其内容和作用的不同分为室内给水排水施工图和室外给水排水施工图。

室内给水排水施工图是表示房屋内部给水排水管网的布置、用水设备以及附属配件的设置。室外给水排水施工图是表示某一区域或整个城市的给水排水管网的布置以及各种取水、贮水、净水结构和水处理的设置。其主要图纸包括：室内给水排水平面图；室内给水排水系统图；室外给水排水平面图及有关详图。

2. 给水排水施工图的表达特点及一般规定

（1）表达特点

1）给水排水施工图中的平面图、详图等图样均采用正投影法绘制。

2）给水排水系统图宜按45°正面斜轴测投影法绘制。管道系统图的布图方向应与平面图一致，并宜按比例绘制，当局部管道按比例不易表示清楚时，可不按比例绘制。

3）给水排水施工图中管道附件和设备等，一般采用统一图例表示。在绘制和阅读给水排水施工图前，应查阅和掌握与图纸有关的图例及所代表的内容。

4）给水及排水管道一般采用单线画法，以粗线绘制。而建筑、结构的图形及有关器材设备均采用中、细实线绘制。

5）有关管道的连接配件属规格统一的定型工业产品，在图中均不予画出。

6）给水排水施工图中，常用 J 作为给水系统和给水管的代号，用 P 作为排水系统和排水管的代号。

7）给水排水施工图中管道设备的安装应与土建施工图相互配合，尤其在留洞、预埋件、管沟等方面对土建的要求，须在图纸上注明。

（2）一般规定

1）图线

给水排水施工图，采用的各种线型应符合《给水排水制图标准》（GB/T 50106—2010）中的规定。见表 5.1-1。

表 5.1-1　给水排水施工图中采用的各种线型

名称	线型	线宽	一般用法
粗实线	——————	b	新设计的各种排水和其他重力流管线
粗虚线	— — — —	b	新设计的各种排水和其他重力流管线的不可见轮廓线
中粗实线	——————	0.7b	新设计的各种给水和其他压力流管线；原有的各种排水和其他重力流管线
中粗虚线	— — — —	0.7b	新设计的各种给水和其他压力流管线及原有的各种排水和其他重力流管线的不可见轮廓线
中实线	——————	0.5b	给水排水设备、零（附）件的可见轮廓线；总图中新建的建筑物和构筑物的可见轮廓线；原有的各种给水和其他压力流管线
中虚线	— — — —	0.5b	给水排水设备、零（附）件的不可见轮廓线；总图中新建的建筑物和构筑物的不可见轮廓线；原有的各种给水和其他压力流管线的不可见轮廓线
细实线	——————	0.25b	建筑的可见轮廓线；总图中原有的建筑物和构筑物的可见轮廓线；制图中的各种标注线
细虚线	— — — —	0.25b	建筑的不可见轮廓线；总图中原有的建筑物和构筑物的不可见轮廓线
单点长画线	—— · —— ·	0.25b	中心线、定位轴线
折断线	——／\———	0.25b	断开界线
波浪线	～～～～	0.25b	平面图中水面线；局部构造层次范围线；保温范围示意线

2）比例

给水排水施工图常用的比例，宜符合表 5.1-2 的规定。

表 5.1-2　给水排水施工图中选用的比例

名称	比例	备注
区域规划图 区域位置图	1：50000、1：25000、1：10000、1：5000、1：2000	宜与总图专业一致
总平面图	1：1000、1：500、1：300	宜与总图专业一致
管道纵断面图	竖向 1：200、1：100、1：50 纵向 1：1000、1：500、1：300	—
水处理厂（站）平面图	1：500、1：200、1：100	—
水处理构筑物、设备间、卫生间，泵房平、剖面图	1：100、1：50、1：40、1：30	—
建筑给水排水平面图	1：200、1：150、1：100	宜与建筑专业一致
建筑给水排水轴测图	1：150、1：100、1：50	宜与相应图纸一致
详图	1：50、1：30、1：20、1：10、1：5、1：2、1：1、2：1	—

3）标高

① 标高符号及一般标注方法应符合现行国家标准《房屋建筑制图统一标准》（GB/T 5001—2010）中的规定。标高应以 m（米）为单位，一般注写到小数点后第三位。在总平面图及相应的厂区（小区）给水排水施工图中可注写到小数点后第二位。

② 室内管道应标注相对标高；室外管道宜标注绝对标高，当无绝对标高资料时，可标注相对标高，但应与总图专业一致。

③ 压力管道应标注管中心标高；重力流管道和沟渠易标注管（沟）内底标高。建筑物内应标注起点、变径（尺寸）点、变坡点、穿外墙及剪力墙处的标高。

4）标注方法

① 平面图中，管道标高应按图 5.1-1 的方式标注。

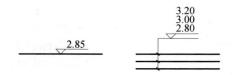

图 5.1-1　平面图中管道标高标注法

② 剖面图中，管道及水位的标高应按图 5.1-2 的方式标注。

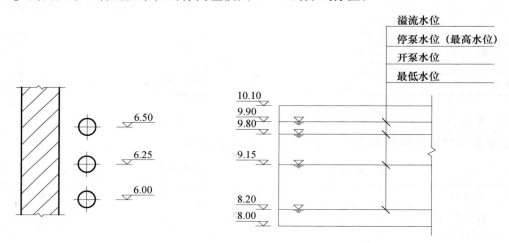

图 5.1-2　剖面图中管道及水位标高标注法

③ 轴测图中，管道标高应按图 5.1-3 所示的方式标注。

5）管径

① 管径尺寸应以 mm（毫米）为单位。

② 管径表示方法应符合下列规定：

a. 水煤气输送钢管（镀锌或非镀锌）、铸铁管等管材，管径宜以公称直径 DN 表示（如 $DN15$、$DN50$ 等）；

b. 无缝钢管、焊接钢管（直缝或螺旋缝）等管材，管径宜以外径 $D \times$ 壁厚表示；

c. 铜管、薄壁不锈钢管等管材，管径宜以公称外径 Dw 表示；

d. 建筑给水排水塑料管材，管径宜以公称外径 dn 表示；

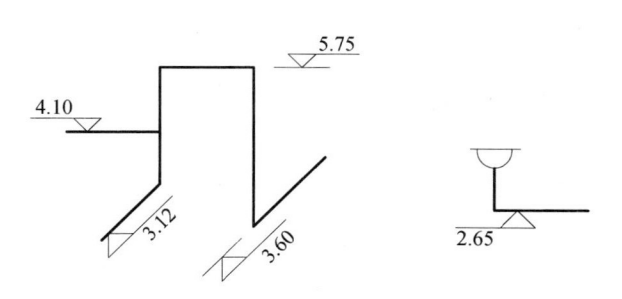

图 5.1-3　轴测图中管道标高标注法

e. 钢筋混凝土（或混凝土）管，管径宜以 d 表示；

f. 复合管、结构壁塑料管等管材，应按产品标准的方法表示；

g. 当设计中均采用公称直径 DN 表示管径时，应有公称直径 DN 与相应产品规格对照表。

③ 管径的标注方法

单管及多管管径应按图 5.1-4 的方式标注。

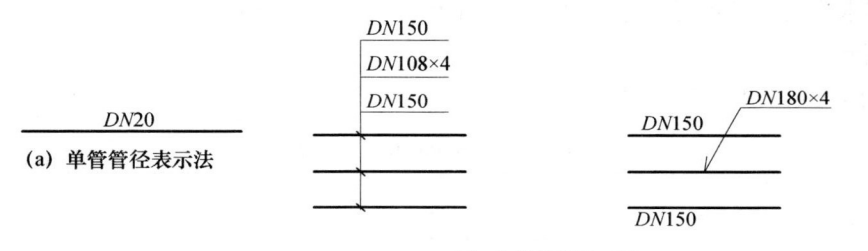

图 5.1-4　单管及多管管径标注

6）编号

① 当建筑物的给水引入管或排水排出管的数量超过一根时，应进行编号，编号宜按图 5.1-5 的方法表示，用细实线（$0.25b$）表示，圆圈直径为 $10\sim12mm$，圆内过圆心画一水平线，线的上方文字代表管道系统的类别，以汉语拼音的第一个字母表示，如"J"代表给水系统，"W"代表污水系统，P 代表排水系统，线的下方是阿拉伯数字，表示系统编号。

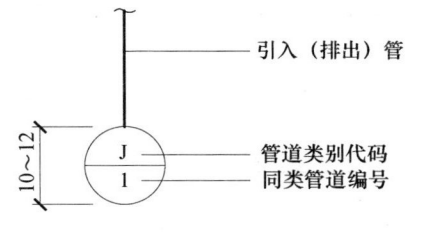

图 5.1-5　给水引入（排水排出）管编号表示法

② 建筑物内穿越楼层的立管，其数量超过一根时，宜用阿拉伯数字编号，编号宜按图 5.1-6 的方法表示。图中 WL-1 表示 1 号污水立管，其立管的平面图用细实线小圆圈表示。

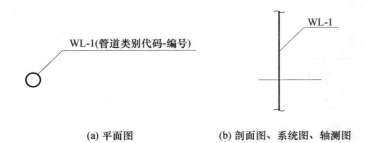

(a) 平面图　　　　　　(b) 剖面图、系统图、轴测图

图 5.1-6　立管编号表示法

③ 在总图中，给水排水附属构筑物（阀门井、检查井、水表井、化粪池等）多于一根时，应进行编号，并应符合下列规定：

a. 编号方法应采用构筑物代号加编号表示；

b. 给水构筑物的编号顺序宜从水源到干管，从干管到支管再到用户。

c. 排水构筑物的编号顺序宜从上游到下游，先干管后支管。

3. 图例

给水排水施工图常用图例见表 5.1-3。

表 5. 1-3　给水排水施工图常用图例

序号	名称	图例	说明
1	管道	——— J ——— ——— W ———	用汉语拼音字头表示管道类别
2	管道立管	XL-1 平面　XL-1 系统	X 为管道类别；L 为立管；1 为编号
3	管道交叉	低 / 高	在下面和后面的管道应断开
4	正三通		
5	正四通		
6	多孔管		
7	流向		
8	坡向		
9	弯折管	高 低　低 高	
10	S 形存水弯		

续表

序号	名称	图例	说明
11	立管检查口		
12	清扫口	 平面　　系统	
13	通气帽	成品　　蘑菇型	
14	雨水斗	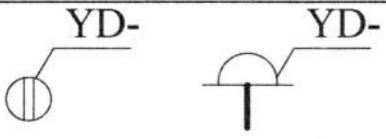 YD-　　　YD- 平面　　系统	
15	圆形地漏	 平面　　系统	通用；如无水封，地漏应加存水弯
16	截止阀		
17	止回阀		
18	水嘴	 平面　　系统	
19	室内消火栓	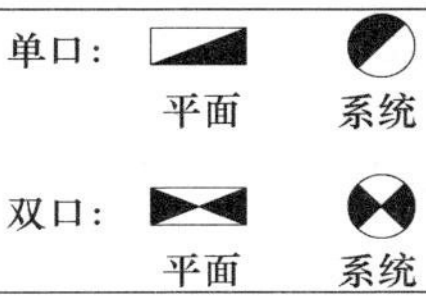 单口： 平面　　系统 双口： 平面　　系统	白色为开启面
20	室外消火栓	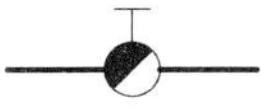	
21	立式洗脸盆	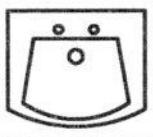	
22	浴盆	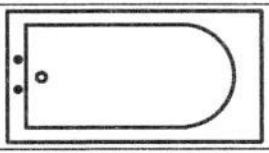	
23	化验盆、洗涤盆		
24	污水池		
25	小便器	 立式小便器　　壁挂式小便器	
26	大便器	 蹲式大便器　　坐式大便器	
27	淋浴喷头		
28	雨水口	 单算　　双算	

续表

序号	名称	图例	说明
29	矩形化粪池	HC	HC 为化粪池
30	阀门井、检查井	J-×× J-×× W-×× W-×× Y-×× Y-××	以代号区别管道
31	水表井		
32	卧式水泵	平面　　系统 或	
33	温度计		
34	压力表		
35	水封井		

5.1.2　室内给水排水施工图

1. 概述

（1）室内给水系统的分类及组成

1）室内给水系统的分类

室内给水系统按供水对象及其要求的不同，可分为以下几种类型。

① 生活给水系统：供生活饮用、洗涤等用水。

② 生产给水系统：供生产和冷却设备用水。

③ 消防给水系统：供扑灭火灾的消防装置用水。

在一般的房屋建筑中给水系统只设一个；对于某些有特殊要求的工厂和其他建筑可根据使用要求的水质、水压、水量等条件分设几个系统，或组成共用系统，如生活—生产—消防系统；生活—消防系统；生产—消防系统。

2）室内给水系统的组成

室内给水系统一般由下列各部分组成（图 5.1-7）。

① 引入管：自室外给水总管将水引至入室管网的管段。

② 水表节点：位于引入管段的中间，前后装有阀门、泄水口、水表等。

③ 给水管网：由水平干管、立管、支管等组成的管道系统。

④ 给水附件：如各种配水龙头、阀门、卫生设备等。

除上述基本部分外，根据房屋建筑的性质、要求、高度及室外管网的压力等不同情况，在室内给水系统中常附加一些其他设备，如水泵、水箱、消防设备等。

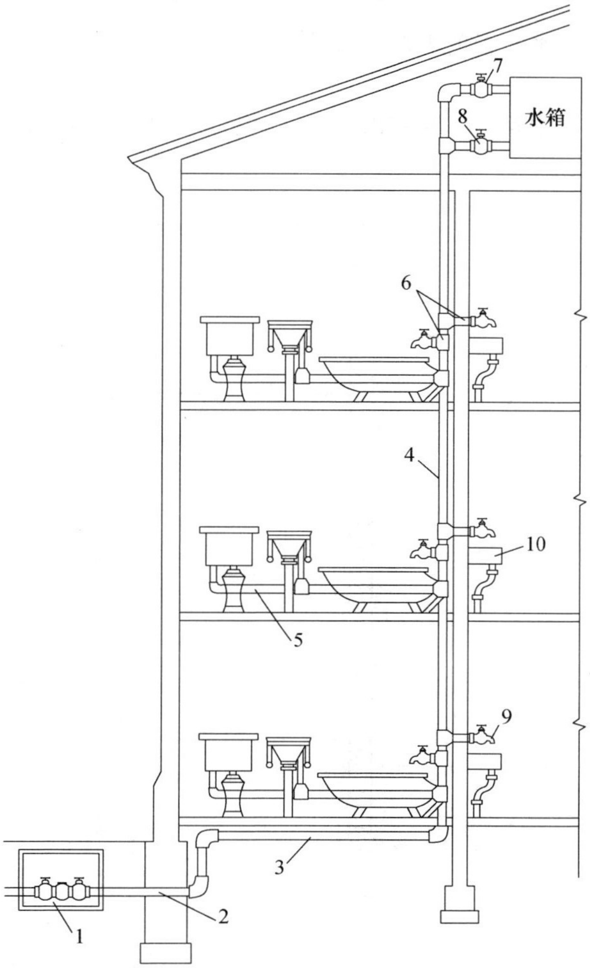

1—水表；2—引入管；3—水平干管；4—立管；5—支管；
6—配水支管；7—阀门；8—止回阀；9—水龙头；10—洗涤盆

图 5.1-7　室内给水系统的组成

（2）室内排水系统的分类及组成

1）室内排水系统的分类

建筑物排出的污、废水按其性质可分为以下几类。

① 生活污水排水系统：排除人们在生活中所产生的洗涤污水和粪便污水；

② 生产污（废）水排水系统：排除生产过程中所产生的污水和废水；

③ 雨水排水系统：排除屋面上的雨（雪）水。

2）室内排水系统的组成

一般建筑物内部排水系统由下面几部分组成（图 5.1-8）。

① 卫生设备或生产设备：它们是用来承受用水和将用后的废水、废物排泄到排水系统中的容器。

② 排水管系统：由器具排水管（连接卫生器具和横支管之间的一般短管，除坐式大便

器外，其间含有一个存水弯）、横支管、立管、排出管等组成。

③ 通气管系统：是在排水立管的上端延伸出屋面的部分，其作用是排出臭气及有害气体，使室内压力变化稳定。

④ 清扫设备：为疏通排水管道，在室内排水系统内，一般需设置检查口和清扫口设备。

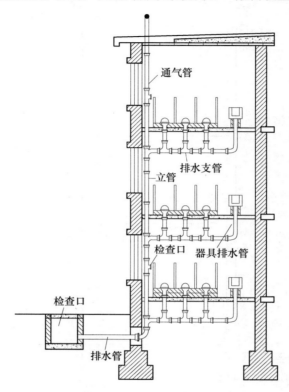

图 5.1-8　室内排水系统

2. 室内给水排水施工图的阅读

以一套八层住宅给水排水施工图为例，说明其阅读方法。

在阅读给水排水施工图时，应首先对照图纸目录，检查整套图纸是否完整，每张图纸的图名是否与图纸目录所列的图名相符，在确认无误后再正式阅读。读图的一般程序是：先看设计施工说明，再顺序阅读给水排水平面图、给水排水系统图、详图或标准图。

（1）设计施工说明

给水排水施工图设计说明，是整个给水排水工程施工中的指导性文件。主要阐述以下内容：给排水施工图尺寸单位的说明；给排水系统采用何种管材及其施工安装中的要求和注意事项；消防设备的选型、阀门符号、系统防腐、保温作法系统试压的要求以及其他未说明的各项施工要求等。

本例设计施工说明如下：

1）本设计图中尺寸单位：除标高以 m 计外，其他均以 mm 计，管径为公称直径，±0.000 相当于绝对标高值（见土建图纸）。

2）明设的生活给水系统采用 PPC 给水用塑料管材与管件，热熔连接（阀门与水龙头为螺纹连接），暗装、埋地部分的给水管材采用给水铸铁管，石棉水泥捻口。

3）管道系统需由经过专业培训的人员施工。具体要求详见《建筑给水，供热水，采暖用 PPC 管道设计与施工验收规程》。

4）消防系统采用镀锌钢管，丝扣及法兰连接。管道的公称直径 $DN \leqslant 100mm$ 为管件丝扣连接，$DN > 100mm$ 为焊接或法兰连接；除图中标注外，管道系统全部采用 WBLX 把手型对夹式蝶阀；室内消火栓箱采用钢制产品，暗装、箱内配 $DN65mm$ 单出口室内消火栓一个，QZ19 型直流水枪一支，$DN65mm$ 15m 长纶编衬胶水带一条；消火栓口距地面 1.10m。

5）施工时，管道中严禁带进杂物。系统使用前应反复冲洗，以出水中不含杂质、水质清澈为合格。给水系统安装完毕后，应进行 1.00MPa 的水压试验，以不渗不漏，10 分钟不降压为合格。

6）排水系统立管采用 UPVC 螺旋消音管材与中心导流型三通组装，横管采用 UPVC 普通管材，螺母挤压密封圈接头排水管件组装，排水横管坡度：

$DN = 150$　$i \geqslant 0.007$；$DN = 100$　$i \geqslant 0.012$；$DN = 70$　$i = \geqslant 0.015$；$DN = 50$　$i \geqslant 0.025$

7）防腐作法，暗设的镀锌钢管刷锌黄酚醛防锈漆两遍，明设管道再刷银粉两遍、埋地部分的管道刷石油热沥青两遍防腐。

8）管道穿楼面，屋面的作法见 96S341—13 页，其他未说明事项按《建筑排水用硬聚氯乙烯螺旋管管道工程设计，施工及验收规程》和《采暖与卫生工程施工及验收规程》中相关规定执行。

（2）室内给水施工图的阅读

1）室内给水平面图

① 室内给水平面图的主要内容

室内给水平面图是室内给水系统平面布置图的简称，主要表示房屋内部给水设备的配置和管道的布置情况。其主要内容包括：

a. 建筑平面图。

b. 用水设备的平面位置、类型。

c. 给水管网的各个干管、立管和支管的平面位置、走向、立管编号和管道安装方式（明装或暗装）。

d. 管道器材设备（阀门、消火栓、地漏等）的平面位置。

e. 管道及设备安装预留洞位置、预埋件、管沟等方面对土建的要求。

② 室内给水平面图的表达方法

a. 建筑平面图

室内给水平面图是在建筑平面图上，根据给水设备的配置和管道的布置情况绘出的，因此，建筑轮廓线应与建筑平面图一致，一般只抄绘房屋的墙、柱、门窗洞、楼梯等主要构配件（不画建筑材料图例），房屋的细部、门窗代号等均可省略。

建筑平面图的图线均采用细实线绘制。底层平面图中的室内管道需与户外管道相连，必须单独画出完整的平面图。其他各个楼层只须画出与用水设备和管道布置有关的房屋平面图，相邻房间可用折断线予以断开。若各楼层管道等的平面布置相同，则可只画出底层平面图和标准层平面图，但在图中须注明各楼层的层次和标高。

b. 卫生器具平面图

房屋卫生器具中的洗脸盆、大便器、小便器等都是工业产品，只须表示它们的类型和位置，按规定用图例画出；对盥洗台、便槽等土建设施，其详图由建筑设计人员绘制，在给水平面图中只须用细实线画出其主要轮廓。

c. 管道的平面布置

管道是室内管网平面布置图的主要内容。通常以单线条的粗实线表示水平管道（包括引入管和水平横管），并标注管径。以小圆圈表示立管，底层平面图中应画出给水引入管，并对其进行系统编号，一般给水管以每一引入管作为一个系统。

d. 图例及说明

为使施工人员便于阅读图纸，无论是否采用标准图例，最好都能附上各种管道及卫生设备的图例，并对施工要求和有关材料等用文字加以说明。

② 室内给水平面图的阅读

图 5.1-9 是一住宅楼的给水平面图。从图 5.1-9（a）一层给水平面图中可以看到：两个给水入口 $\frac{J}{1}$、$\frac{J}{2}$ 均从住户厨房北侧外墙引入。穿过北侧外墙的给水管沿外墙走一水平管段后，在洗涤池处立起，每户均从立管上接出一水平支管。在该水平支管上依次安装有乙止阀、水表及卫生器具用水龙头。在入口 $\frac{J}{2}$ 的给水系统上还接出一根消防立管，在消防立管上接出的水平支管与室内消火栓连接。

两根给水立管的编号分别以 JL-1、JL-2 表示，给水户线引入管的编号分别是 $\frac{J}{1}$、$\frac{J}{2}$，各户线引入管的管径分别为 $DN40mm$、$DN100mm$，消防立管的编号以 XL-1 表示，各户线引入管的平面位置也有清楚的标注。

在图 5.1-9（b）二～八层给水平面图中可以看到，各给水立管从一层引上后，直通八层，其他内容除去给水户线引入管等水平干管外，与一层给水平面图的内容基本相同。

2）室内给水系统图

给水系统图是给水系统轴测图的简称，主要表示给水管道的空间布置和连接情况。给水系统图和排水系统图应分别绘制。

① 给水系统图的形成

当投影方向与轴测投影面倾斜，坐标面 XOZ（即物体的正立面）与投影面平行时，所得平行投影为正面斜轴测投影。根据轴向变形系数的不同，正面斜轴测投影分为正面斜等测、正面斜二测、正面斜三测。管道系统的轴测图宜采用正面斜等测绘制，即 XOZ 坐标面平行于投影面，OY 轴与水平成 45°夹角。轴间角 $\angle XOY=135°$，$\angle YOZ=135°$，$\angle XOZ=90°$。三根轴的变形系数 $p=q=r=1$。

② 给水系统图的图示方法

a. 给水系统图与给水平面图采用相同的比例，如果配水设备较为密集和复杂时，也可将轴测图比例放大绘制，反之，可将比例缩小。

b. 按平面图上的编号，分别绘制管道图。

c. 轴向选择，通常将房屋的高度方向作为 OZ 轴，以房屋的横向作为 OX 轴，房屋的纵向作为 OY 轴。

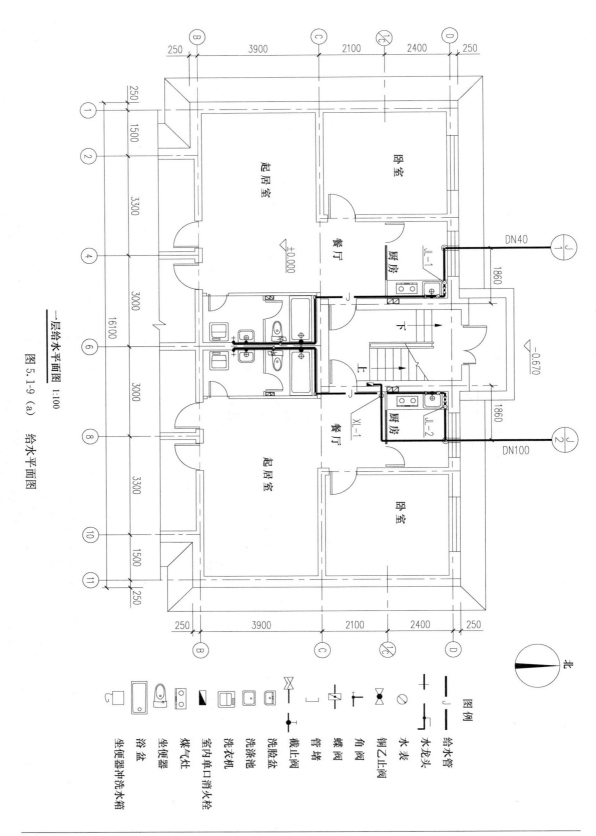

一层给水平面图 1:100

图 5.1-9 (a) 给水平面图

图例

给水管 —J—
水龙头
水表
铜乙止阀
角阀
蝶阀
管堵
截止阀
洗脸盆
洗涤池
洗衣机
室内单口消火栓
煤气灶
坐便器
浴盆
坐便器冲洗水箱

北

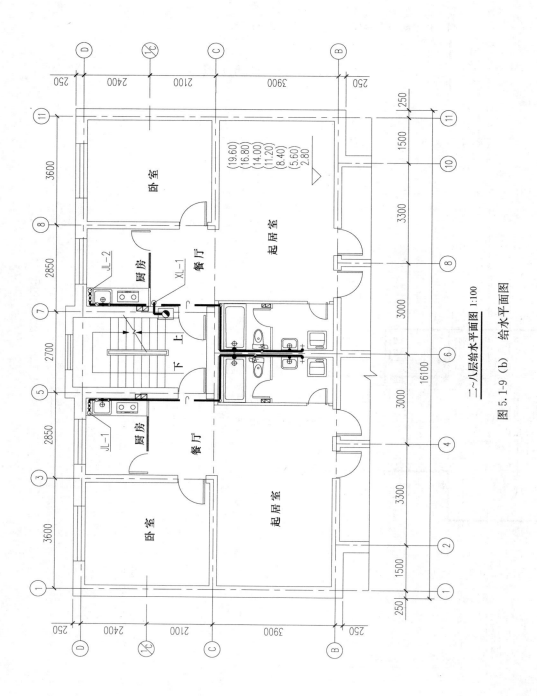

二~八层给水平面图 1:100

图 5.1-9 (b)　给水平面图

　　d. 系统图中水平方向的长度尺寸可直接在平面图中量取,高度方向的尺寸可根据建筑物的层高和卫生器具的安装高度确定。污水池的水龙头安装高度一般为 1.0m,大便器的高位水箱高度为 2.4m,其上球形阀高度一般为 2.4m。

　　e. 在给水系统图中,管道用粗实线表示。

　　f. 在给水系统图中出现管道交叉时,要判别可见性,将后面的管道线断开。为了使系统图表达清楚,当各层管网布置相同时,可只画一个有代表性楼层的所有管道,而其他楼层的管道可以省略不画。

　　③ 给水系统图中尺寸的标注

　　给水系统图中应标注下列尺寸:

　　a. 分段标注管道的管径,要标注“公称管径”,如 $DN40$,表示公称管径为 40mm。

　　b. 底层地面与各层楼面采用与建筑图相一致的相对标高。对于给水管道,通常标注引入管、各分支横管及水平管段、阀门及水表、卫生器具的放水龙头及连接支管等部位的标高。所注标高数字是指该给水段的中心高程。

　　④ 室内给水系统图的阅读

　　阅读室内给水系统图时,首先与一层给水平面图配合,从房屋引入管开始,沿水流方向,经干管、支管到用水设备。

　　图 5.1-10 是给水系统图。从图中可以看出,各给水水平干管均从 −1.87m 相对标高处由室外引入室内,然后上引到 −0.15m 标高处拐弯,水平敷设至洗涤池处立起。穿过一层顶板直到 20.60m 标高处拐弯,再沿墙水平敷设。在该水平支管上依次安装有乙止阀,水表及洗涤池给水龙头,支管过水龙头后接一个三通,三通的一端为淋浴器用水预留头,用丝堵封口。另一端向上接支立管。支立管在 22.10m 标高处拐弯沿墙水平敷设到卫生间。在卫生间内向下引到 20.60m 标高处拐弯水平敷设,并分别与浴盆水龙头、坐便器冲洗水箱、洗脸盆给水龙头及洗衣机给水龙头相接。为了图面清晰简洁,绘图时采用省略的手法,用引出线加文字来说明省略部分与五层相同。

　　入口 ②/J 的给水管由室外引入室内立起后,在 −0.60m 标高处接出水平消防干管与消防立管连接。在消防立管 0.50m 标高处设一蝶阀,供检修时使用。每层室内消火栓栓口到楼面的距离均为 1.10m。

　　从图中还可以看出,各给水系统入口处的水压分别是 0.37MPa 和 0.42MPa,设计秒流量分别是 1.061/s 和 6.061/s;室内外标高差为 0.67m,楼层高度均为 2.80m;从给水立管引出的水平支管管径均为 $DN15mm$,立管的管径为 $DN40$、$DN25mm$ 两种,消防立管的管径为 $DN100mm$,支管管径均为 $DN65mm$,各立管的编号分别与平面图中立管的编号相对应。

　　(3) 室内排水施工图的阅读

　　1) 室内排水平面图

　　① 室内排水平面图的主要内容

　　室内排水平面图主要表示房屋内部的排水设备的配置和管道的布置情况。其主要内容包括:

　　a. 建筑平面图。

　　b. 室内排水横管、排水立管、排出管、通气管的平面布置。

　　c. 卫生器具及管道器材设备的平面位置。

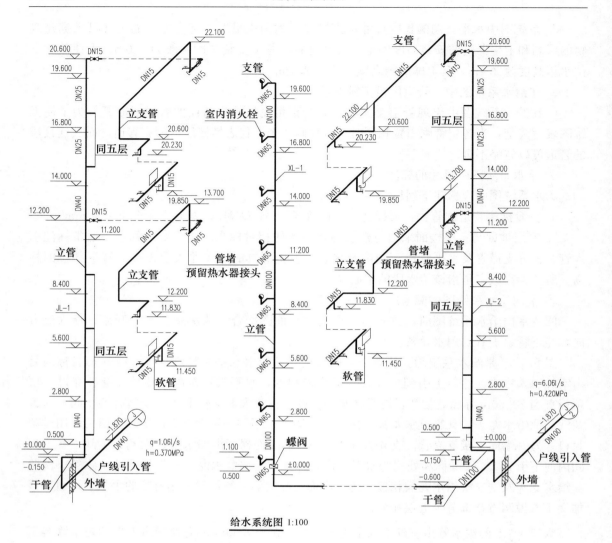

给水系统图 1:100

图 5.1-10　给水系统图

② 室内排水平面图的表达方法

a. 建筑平面图、卫生器具与配水设备平面图的表达方法，要求与给水管网平面布置图相同。

b. 排水管道一般用单线条粗虚线表示，以小圆圈表示排水立管。底层平面图中应画出室外第一个检查井、排出管、横干管、立管、支管及卫生器具、排水泄水口。

c. 按系统对各种管道分别予以标志和编号。排水管以第一个检查井承接的每一排出管为一系统。

d. 图例及说明与室内给水平面图相似。

③ 室内排水平面图的阅读

图 5.1-11 为住宅楼的室内排水平面图，从图 5.1-11（a）一层排水平面图中可以看到：排水系统的四根户线排出管均在北侧外墙引出，厨房洗涤池的污水直接接入排水立管，再经户线排出管排出室外。卫生间各卫生器具的污水先分别接入排水横支管，排水横支管又接入排水立管，再经户线排出管排出。

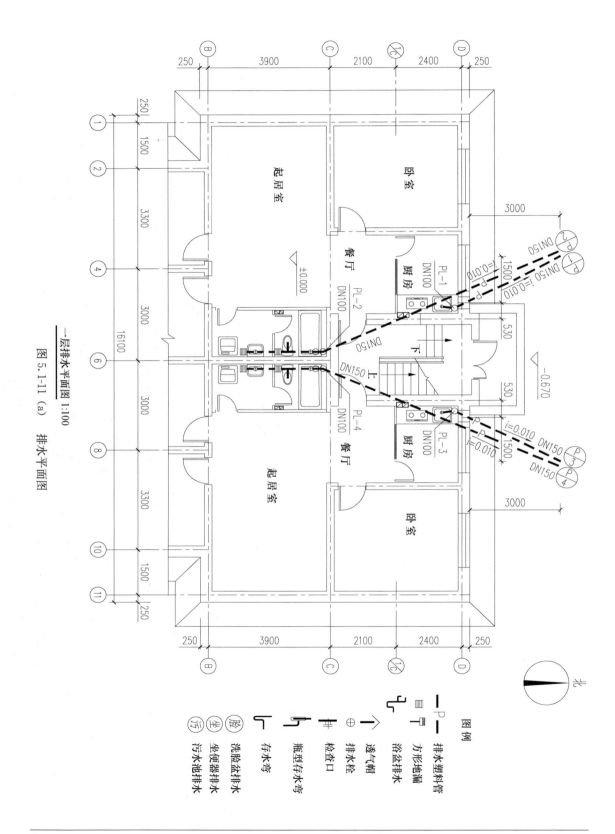

一层排水平面图 1:100

图 5.1-11（a） 排水平面图

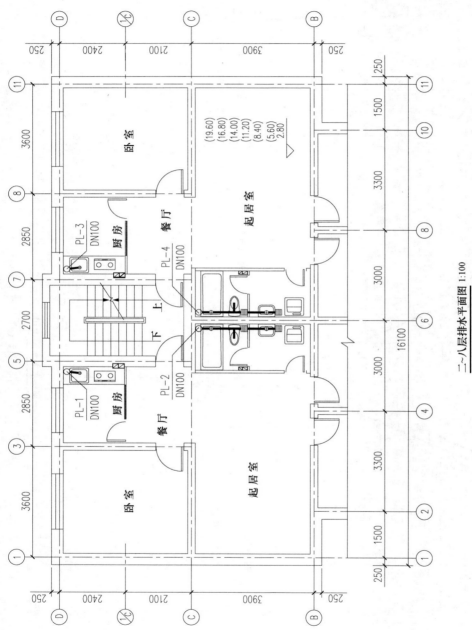

二~八层排水平面图 1:100

图 5.1-11 (b)　排水平面图

四根排水立管的编号分别以 PL-1、PL-2、PL-3、PL-4 表示。排水户线排出管的编号分别是：$\frac{P}{1}$、$\frac{P}{2}$、$\frac{P}{3}$、$\frac{P}{4}$。各户线排出管的管径均为 $DN150$mm。各户线排出管的平面位置也有清楚的标注。在图 5.1-11（b）二～八层排水平面图中可以看到，各排水立管从一层引上后，直通八层屋面，其他内容除去排水户线排出管等水平干管外，与一层排水平面图的内容基本相同。

2）室内排水系统图

① 室内排水系统图的图示方法

a. 室内排水系统图仍选用正面斜等测，其图示方法与给水系统图基本一致。

b. 排水系统图中的管道用粗线表示，排水管常采用承插连接的排水铸铁管，一般不必画出管道的接头型式。

c. 排水系统图只须绘制管路及存水弯，卫生器具及用水设备可不必画出。

d. 排水横管上的坡度，因画图比例小，可忽略，按水平管道画出，立管与排出管之间用弧形弯管连接，为画图方便，可画成直角弯管。

② 排水系统图中的尺寸标注

a. 管径

对各种不同类型的卫生器具的存水弯及连接管，均须分别注出其公称管径。如图 5.1-12 所示，每层大便器连接管 $DN100$，小便槽存水弯 $DN50$ 等，同一排水横支管上的各个相同类型卫生器具的连接管只须注出 1 个管径即可。不同管径的横支管、立管、排出管均须逐段分别标注。

b. 坡度

排水横管都应向立管方向具有一定坡度，坡度可标注在该管段相应管径的后面，也可在坡度数字的下边画箭头以示坡向。

c. 标高

在排水系统图中，在各层楼地面及屋面、立管上的通气帽及检查口、主要横管及排出管的起点均须标注标高。

③ 室内排水系统图的阅读

阅读室内排水系统图时，可由上而下，自排水设备开始沿污水流向，经支管、立管、干管到排出管。图 5.1-12 的排水系统图表明，污水分四路通过排出管 $\frac{P}{1}$、$\frac{P}{3}$ 和 $\frac{P}{2}$、$\frac{P}{4}$ 排出室外，其中厨房排水通过 $\frac{P}{1}$、$\frac{P}{3}$ 排出管排出，卫生间排水通过 $\frac{P}{2}$、$\frac{P}{4}$ 排出管排出。每一系统均要分别绘制系统图，因该工程的排水系统为对称布置，所以图中只画出了 $\frac{P}{1}$ 与 $\frac{P}{2}$ 两个排水系统（$\frac{P}{3}$ 排水系统与 $\frac{P}{1}$ 排水系统对称相同，$\frac{P}{4}$ 排水系统与 $\frac{P}{2}$ 排水系统相同）。

从图 5.1-12 可以看出，各层厨房洗涤池的排水由排水栓，P 形存水弯和管径为 $DN40$mm 的排水横支管在楼板上接入排水立管；各层卫生间的浴盆、洗衣机、坐便器、洗脸盆的排水分别由排水栓、地漏、器具排水管等配件接入楼板下的排水横支管，排水横支管再接入排水立管，各排水立管的一、四、六、八层均设有检查口（其中心距楼板面 1.00m）。各排水立管顶端均伸出屋面 0.70m，上部接风帽，下端与户线排出管连接。各户线排出管均以一定的坡度，从－1.52m 相对标高处由室内引到室外。

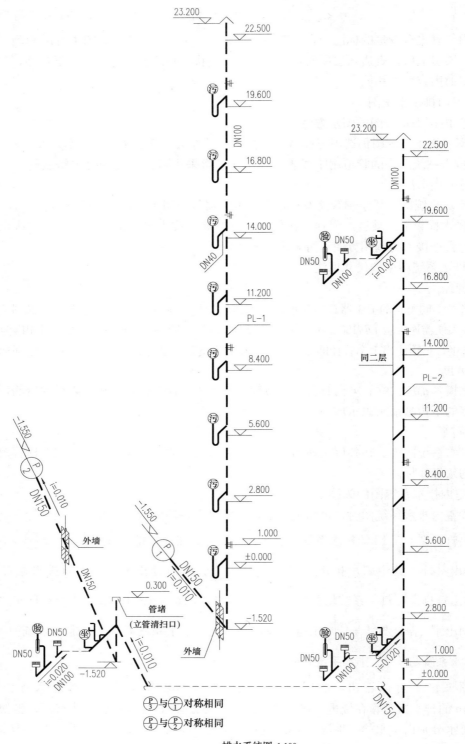

排水系统图 1:100

图 5.1-12　排水系统图

排水立管和排水横支管的管径为 $DN100mm$，户线排出管的管径为 $DN150mm$，地漏规格均为 $DN50mm$。另外，在各器具排水管端部，均用文字标示出与哪种卫生器具相接，排水横支管和户线排出管的坡度可在设计说明中查到，坡向如图中箭头所示。室内外标高差为 $0.67m$，楼层高度均为 $2.80m$，各立管的编号应分别与平面图中立管的编号相同。

5.1.3　室外管网平面布置图的阅读

1. 室外管网平面布置图

（1）室外管网平面布置图的主要内容

室外管网平面布置图：表明一个小区（或城市）给水排水管网的布置情况。一般应包括以下内容：

1）小区（或城市）建筑总平面：图中应标明室外地形标高、道路、桥梁、河道及建筑物底层室内地坪标高等。

2）城市给排水管网干管位置等。

3）小区内室外给水管网，即城市给水管网干管至房屋引入管之间的给水管网的布置，需注明各给水管道的管径、消火栓位置等。

（2）室外管网平面布置图的表达方法

1）给水管道用粗实线表示，房屋引入管处应画出阀门井。一个居住区应有消火栓和水表井等。

2）在排水管的起端、两管相交点和转折点要设置检查井，以便疏通管道。在图上用 $2\sim3mm$ 的圆圈表示检查井。两检查井之间的管道应是直线。

3）用汉语拼音字头表示管道类别。

为了说明管道、检查井的埋设深度，管道坡度、管径大小等情况，对较简单的管网布置可直接在布置图中注上管径、坡度、流向、管底标高等。

2. 室外管网平面布置图的阅读

（1）给水外线平面布置图

图 5.1-13 为某市 A 小区室外给水管网（局部）平面布置图。从图中可以看出，建筑物外墙轮廓线用中实线表示，给水管道用"J"标注的粗实线表示。在小区内环状给水管道上布置了 4 套地下式室外消火栓，位置均在街道交叉口处，距道路边右 2m。室外消火栓间距不大于 120m，每个消火栓的保护半径为 150m。

小区内室外消防管道与生活给水管道共用，室外消火栓可提供从地面算起不小于 10m 水柱高度的水压，室外消防水量由城市给水管网提供。

从城市给水管上引出 $DN150mm$ 自来水管，经水表进入小区加压泵房水箱，由水泵升压输送到各栋楼房。从设计说明中还可以知道室外水表井、阀门井、地下消火栓等（按华北标准作法施工）。环状给水管道埋深 1.5m，支状给水管道埋深 1.2m。

（2）排水外线平面布置图

排水外线平面布置图通常采用 1∶500 或 1∶1000 的比例绘制，并采用各种图例符号表示排水区域的排水管网现状和新设排水管网的布置状况。

　　图 5.1-14 为某市 A 小区排水外线平面（局部）布置图，从图例中可以看出，原有市政污水排水管线及雨水管线分别用"W"和"Y"标注的细实线表示；新设的小区内污水排水管线及雨水管线分别用"W"和"Y"标注的粗实线表示；化粪池用符号"▭ HC"表示；排水检查井用符号"○"表示；跃水井用符号"⬬"表示；边沟式雨水口及平箅式雨水口分别用符号"▭■"和符号"▯▮"表示。排水管线连接点处（与排水检查井连接处）的设计地面标高及管内底标高，通常采用绝对标高标注，标注方法为分数形式，分子为设计地面标高，分母为设计管内底标高。

　　为了便于阅读图纸，对面积较大，布置较复杂的排水干线管网还应给出管网导线图，并用大写英文字母表示各排水干线（如 A 线、B 线），用圆内填加阿拉伯数字组成的序数列表示每条排水干线的起始点到终止点的走向。排水干线各加用圆内填阿拉伯数字组成的序列称为管网导线，由于图 5.1-14 中所示为局部排水外线，故管网导线图略去。

　　建筑总平面图是排水外线平面图设计的条件图，在该条件图中，应用细实线画出道路及地物地貌等，用中实线画建筑物外轮廓。而排水管线上各种构筑物、管线及标注方法等应以图例所示为准。

　　图 5.1-14 中所给出的排水外线，是由 Ⓐ₁、Ⓐ₂、Ⓐ₃、Ⓐ₄、Ⓐ₅、Ⓐ₆ 号楼三条排水支线与 C 线及 D 线两条排水干线组成。对于排水支线，采用了直接在布置图上标注管径、流向、管长及设计地面标高和设计管内底标高的方式绘制，而对于排水干线，采用配有管线纵断面图的方式绘制（也可以采用统一的表示方式）。所谓排水支线是指从最远的排水点起到经化粪池处理后的污水排入室外排水干线为止的一段排水管线。排水干线是指从接受排水支线污水的最远排水点起到污水接入自然水体、城市污水干线或污水处理厂止的一段排水管线，一般管径均较大。

　　图 5.1-14 中的三条排水支线，均用阿拉伯数字给排水检查井编号。编号 1～8 为 Ⓐ₁、Ⓐ₂ 号楼的排水支线，编号 9～16 为 Ⓐ₃、Ⓐ₄ 号楼的排水支线，编号 17～C_5 为 Ⓐ₅、Ⓐ₆ 号楼的排水支线。编号应从排水支线上距排水干线最远的检查井开始。如 Ⓐ₁、Ⓐ₂ 号楼的排水支线，$1^{\#}$ 检查井距排水干线 C 线起始点 C_1 检查井的距离最远，该检查井排出管直径为 D200mm，地面设计标高为 34.80m，管内底标高为 33.40m，距 $2^{\#}$ 检查井 11.30m，排水管坡向 $2^{\#}$ 检查井，如图中箭头方向所示。该支线的污水经化粪池处理后，接到排水干线 C_1 号排水井内，接入点处的排水管径仍为 D200mm，设计地面标高为 29.86m，设计管内底标高为 28.26m。

　　在排水管线遇到地形高差较大的情况下，上下游管线应以跃水井衔接，如 Ⓐ₅、Ⓐ₆ 号楼的排水支线上的 $20^{\#}$ 井即为跃水井。跃水井与检查井不同之处是，进水管在井内用管道将污水直接引到井底后排出，如图中 $19^{\#}$ 及 $21^{\#}$ 号检查井来的污水管在 $20^{\#}$ 井内引到井底弯转，使水平管内底标高在 26.60m 处，然后排出。

　　3. 管道纵断面图

　　管道纵剖断图是表示管道纵向敷设情况的图纸，是沿管道纵向轴线剖切后，采用两种不同比例绘制而成的。图 5.1-15 是图 5.1-14 中 C 线的纵断面图。表达了该排水管道的纵向尺寸、埋深、检查井的位置等空间情况。

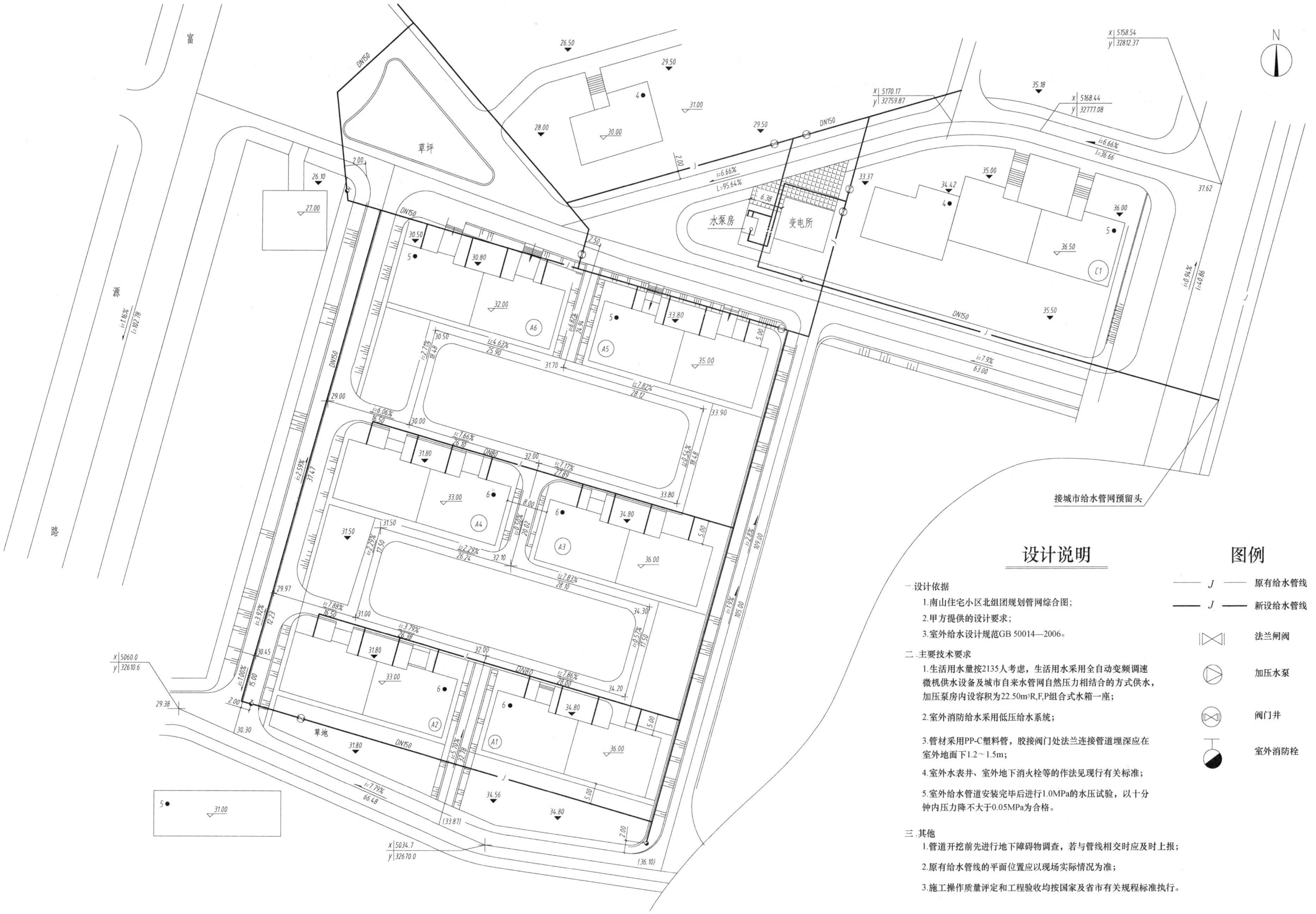

设计说明

一、设计依据

1. 甬山住宅小区北组团规划管网综合图；
2. 甲方提供的设计要求；
3. 室外给水设计规范GB 50014—2006。

二、主要技术要求

1. 生活用水量按2135人考虑，生活用水采用全自动变频调速微机供水设备及城市自来水管网自然压力相结合的方式供水，加压泵房内设容积为22.50m R,F,P组合式水箱一座；
2. 室外消防给水采用低压给水系统；
3. 管材采用PP-C塑料管，胶接阀门处法兰连接管道敷设在室外地面下1.2～1.5m；
4. 室外地下消火栓等的作法见现行有关标准；
5. 室外给水管道安装完毕后进行1.0MPa的水压试验，以十分钟内压力降不大于0.05MPa为合格。

三、其他

1. 管道开挖前先进行地下障碍物调查，若与管线相交时应及时上报，原有给水线的平面位置应以现场北际情况为准；
2. 原有给水线的平面位置应以现场北际情况为准；
3. 施工操作程度和工程验收均按国家及省市有关规范标准执行。

图例

—— J ——	原有给水管线
—— J ——	新设给水管线
⋈	法兰闸阀
⊘	加压水泵
⊗	阀门井
◗	室外消防栓

图 5.1-13 A 小区给水外线图（局部）

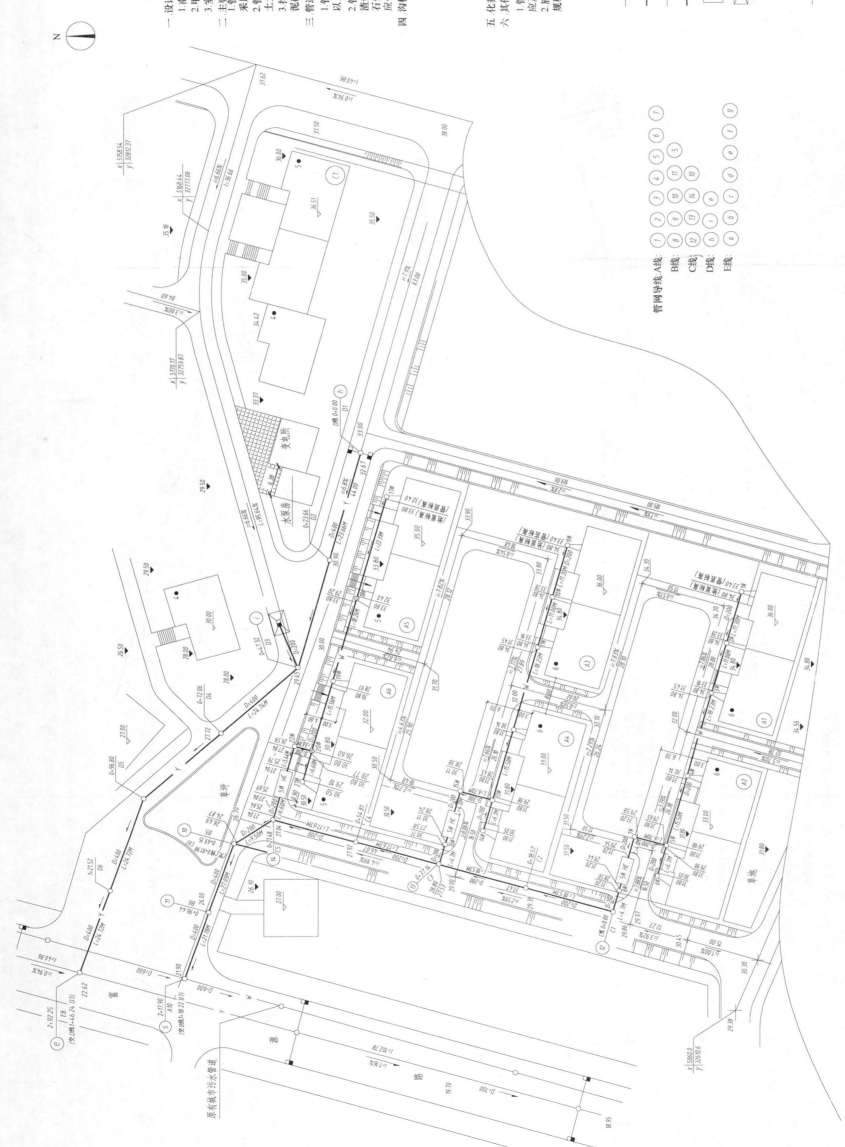

设 计 说 明

一 设计依据
1. 南山住宅小区北组团规划管网综合图；
2. 甲方提供的设计要求；
3. 室外排水设计规范。

二 主要技术要求
1. 管径采用国家标准的排水混凝土承插管，污水管道采用沥青油膏接口，雨水管道采用水泥砂浆接口；
2. 管顶覆土小于2.50m时采用90°混凝土基础，管顶覆土大于2.50m时采用135°混凝土基础；
3. 排水管90°、135°混凝土基础，及沥青油膏接口，水泥砂浆接口，作法详见辽94S201-57、58、63页。

三 管道基础地的地基处理
1. 管道地基应分段作承载力试验承载力应达到120KPa以上，管基宜建在原状土上；
2. 管道基础若达不到120kPa时，基础下应作换渣热层，渣热层厚度1m，渣石垫层应分层螺压密实，作道石垫层顶面应再作承载力试验，若仍不能满足设计要求应作打桩处理。

四 沟槽回填土的密实度要求见图示

五 化粪池、检查井作法详见辽94S201-2-20.65~68页

六 其它
1. 管沟开挖前先进行地下障碍物调查，若与管线相交时应及时联系；
2. 施工质量评定和工程验收均按国家及省市有关规程标准和规范执行。

图 例

	W	——	原有污水管线
	W	——	施工污水管线
	Y	——	原有雨水管线
	Y	——	施工雨水管线

HC ○ 化粪池

■ 雨水口

◊ 跌水井

○ 检查井

34.80 (地面标高)
33.16 (管底标高)

N

图 5.1-14　A小区排水外线图（局部）

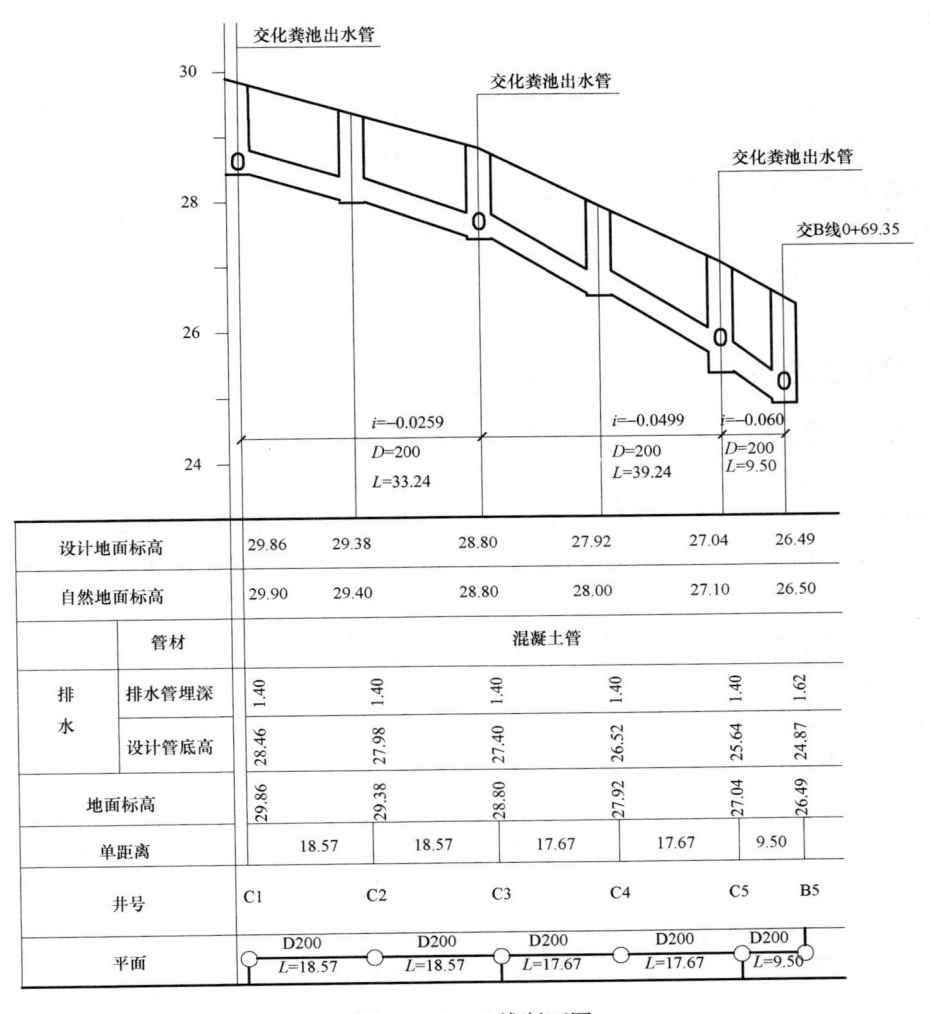

图 5.1-15 C 线断面图

设计地面标高		29.86	29.38	28.80	27.92	27.04	26.49
自然地面标高		29.90	29.40	28.80	28.00	27.10	26.50
排水	管材	混凝土管					
	排水管埋深	1.40	1.40	1.40	1.40	1.40	1.62
	设计管底高	28.46	27.98	27.40	26.52	25.64	24.87
地面标高		29.86	29.38	28.80	27.92	27.04	26.49
单距离		18.57	18.57	17.67	17.67	9.50	
井号		C1	C2	C3	C4	C5	B5
平面		D200 L=18.57	D200 L=18.57	D200 L=17.67	D200 L=17.67	D200 L=9.50	

由于管道的竖向埋深要比纵向的长度小得多，为了清楚地画出干线管道的敷设坡度、埋深、各种管道在地下的交叉及设计地面标高等，通常纵向比例应与管道平面图一致，一般采用 1：1000（或 1：2000 等）的比例绘制。竖向比例宜为纵向比例的 1/10，一般采用 1：100（或 1：200 等）的比例，并应在图样左端绘制比例尺。

排水管道纵断面图通常是由管道、检查井、地表层纵断面线、比例标尺及干管的各项设计数据表格等组成。比例标尺及表格用细实线绘制。地面线以中实线绘制，管道用粗实线，检查井用中实线，均以双线表示。在纵断面图上如遇有其他管线交叉穿过时，也应将其绘制在交叉的位置上，并注明其埋设的标高、管线类别及管径等数据。

在排水管道纵断面图下方，绘制表格，列出各项目的名称和内容，如各管段的管道埋深、设计坡度、设计管底标高、原有地面标高、设计地面标高等数据。此外，在表格最下方，还绘有与断面图相对应的管道平面示意图。

管道纵断面是沿干管轴线垂直剖开后画出的，竖向每一格表示 1m，横向以 1：1000 比例画出每个检查井之间的水平距离，然后根据干管直径、管内底标高、坡度、地面标高绘出干管及检查井的断面图。

管道断面图下表格中的数据，如原有地面标高、设计地面标高等可在建筑总平面图中经计算获得，各种管径和不同类别的排水管最小设计坡度、最大充满度及两个检查井之间的最大间距也可在室外排水设计规范的有关章节中查得。一般来讲，管道敷设坡度可结合道路坡度选定，但不得小于规范规定的最小设计坡度，结合排水总出口所限定的管道埋深，逐一确定各段排水管的埋设深度和检查井的设计深度，将计算数据逐项填写在表格中。

5.1.4　管道上的构配件详图的阅读

在室内给水排水施工图中，平面图和系统图只表示了管道的连接情况、走向和位置，而且配件的构造和安装均用图例表示，为便于施工，需用大比例画出配件及其安装详图。各种卫生器具和管道节点的安装一般都有标准图或通用图，如全国通用给排水标准图、建筑设备安装图，应尽可能选用。当卫生器具的尺寸及其在用水房间的安装位置与标准图集不一致时，则需专门绘制详图。

图 5.1-16 是给水引入管，穿基础套管安装详图，从图中可看出：引入管室外埋深应大于或等于 1.20m，室内埋深由设计决定，穿基础洞口尺寸为套管外径加 200mm，套管一端用黏土封口，封口深度 60mm，另一端用铁板盖口，基础洞口中间用黏土填充，两侧面用M7.5 水泥砂浆封口，封口厚 50mm。

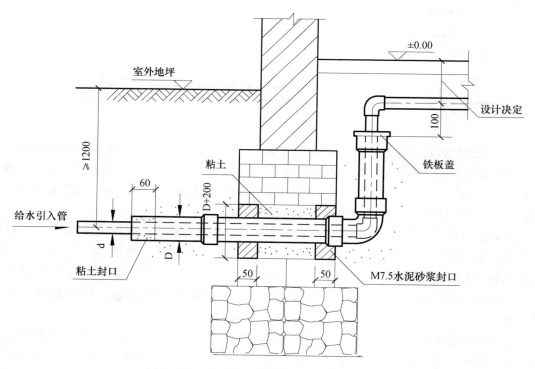

图 5.1-16　给水引入管穿墙基础套管安装详图

图 5.1-17 是洗涤池安装详图。从其平面图中可看出，给水管中心线距墙面 30mm，水龙头手柄中心线距给水管中心线 120mm，且给水管上设有管道托钩。从 1-1 剖面图中可看出，洗涤池底距地面 550mm，池深 250mm，给水管中心线距地面 1.00m，距洗涤池上口 200mm，洗涤池采用 P 型存水弯，排水横支管设在楼板上，侧向排水。

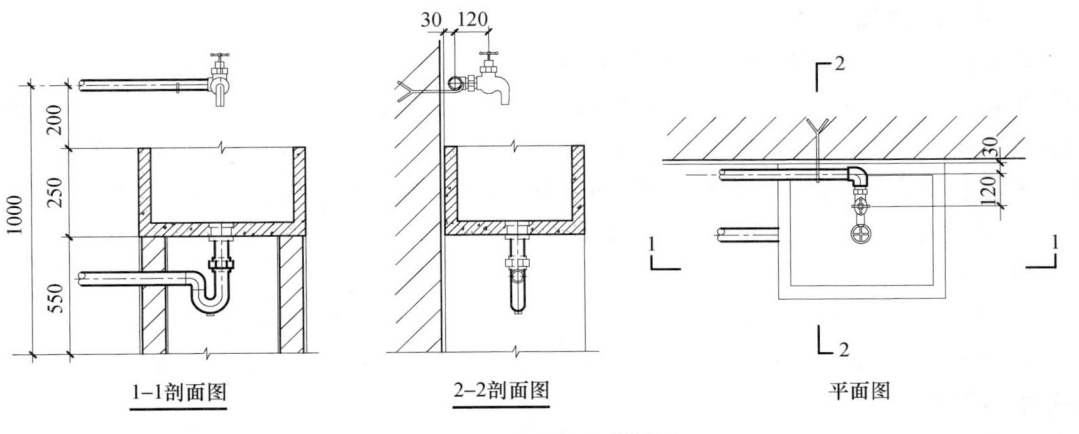

图 5.1-17　洗涤池安装详图

图 5.1-18 是 PVC-U 塑料管穿地下室外墙的刚性防水套管安装详图。为了防止地下水在管道穿墙处发生渗漏现象，在管道穿越的外墙处设比穿越管径大的钢管，在钢管外焊有防水翼环，与混凝土外墙浇筑在一起，然后在穿越管与钢套管之间填充防水材料及膨胀水泥砂浆，使管道与墙体严密接触，达到防水目的，该图采用沿管道轴线剖切的剖面图表示。

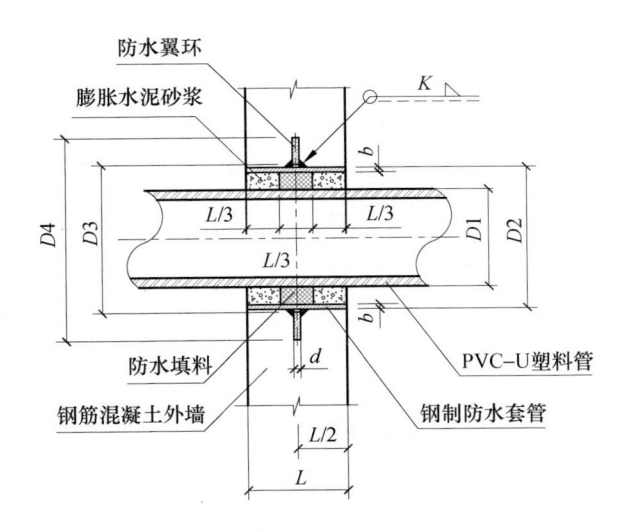

(与墙厚同且不小于200)

图 5.1-18　刚性防水套管安装图

5.2　采暖施工图

5.2.1　采暖施工图阅读基本知识

1. 采暖施工图的分类及组成

采暖施工图分为室外采暖施工图和室内采暖施工图两部分。室外采暖施工图表示一个区域的采暖管网的布置情况。其主要图纸有：设计施工说明、总平面图、管道剖面图、管道纵断面图和详图等；室内采暖施工图表示一幢建筑物的采暖工程，其主要图纸有：设计施工说明、采暖平面图、系统图、详图或标准图及通用图等。本节仅介绍室内采暖部分。

2. 采暖施工图的表达特点及一般规定

（1）表达特点

1）采暖施工图中的平面图、剖面图、详图等应以直接正投影法绘制。

2）系统图应以轴测投影法绘制，宜采用与相应的平面图一致的比例，按正等轴测或正面斜轴测投影规则绘制。

3）管道系统宜用单线绘制，建筑物轮廓与建筑图一致。

4）图中管道附件和采暖设备采用统一图例表示。

（2）一般规定

1）图线

采暖施工图采用的线型宜符合表 5.2-1 的规定（GB/50114—2010）。

表 5.2-1　采暖施工图采用的线型

名称	线型	线宽	一般用途
粗实线	——————	b	单线表示的供水管线
中粗实线	——————	$0.7b$	本专业设备轮廓、双线表示的管道轮廓
中实线	——————	$0.5b$	尺寸、标高、角度等标注线及引出线；建筑轮廓
细实线	——————	$0.25b$	建筑布置的家具、绿化等；非本专业设备轮廓
粗虚线	— — — —	b	回水管线及单根表示的管道被遮挡的部分
中粗虚线	— — — —	$0.7b$	本专业设备及双线表示的管道被遮挡的轮廓
中虚线	— — — —	$0.5b$	地下管沟、改造前风管的轮廓线；示意性连线
细虚线	— — — —	$0.25b$	非本专业虚线表示的设备轮廓等
中波浪线	～～～～	$0.5b$	单线表示的软管
细波浪线	～～～～	$0.25b$	断开界线
单点长画线	— · — · —	$0.25b$	轴线、中心线
双点长画线	— ·· — ·· —	$0.25b$	假想或工艺设备轮廓线
折断线	—————〈——	$0.25b$	断开界线

2）比例

采暖工程图选用的比例，宜符合表 5.2-2 的规定。

表 5.2-2　采暖工程图选用比例

图名	常用比例	可用比例
剖面图	1：50、1：100	1：150、1：200
局部放大图、管沟断面图	1：20、1：50、1：100	1：25、1：30、1：150、1：200
索引图、详图	1：1、1：2、1：5、1：10、1：20	1：3、1：4、1：15

3）图例

采暖施工图常用的图例见表 5.2-3。

表 5.2-3　采暖工程常用图例

名称	代号或图例	备注
采暖热水供水管	RG	可附加 1、2、3 等表示一个代号、不同参数的多种管道
采暖热水回水管	RH	可通过实线、虚线表示供、回关系省略字母 G、H
伴热管		—
金属软管		—
矩形补偿器		—
套管补偿器		—
波纹管补偿器		—
弧形补偿器		—
球形补偿器		—
介质流向	→ 或 ⇒	在管道断开处时，流向符号宜标注在管道中心线上，其余可同管径标注位置
法兰封头或管封		—
导向支架		—
固定支架		—
散热器及手动放气阀		左为平面图画法，中为剖面图画法，右为系统图（Y 轴测）画法
集气罐、放气阀		—
Y 型过滤器		—
直通型（或反冲型）除污器		—

续表

名称	代号或图例	备注
截止阀		—
闸阀		—
止回阀		
安全阀	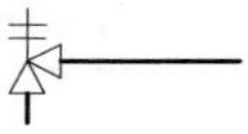	—
减压阀		左高右低
膨胀阀		—
自动排气阀		—
疏水器		—
三通阀		—

4）制图基本规定

① 图纸目录、设计施工说明、设备及主要材料表等，如单独成图时，其编号应排在其他图纸前，编排顺序应为图纸目录、设计施工说明、设备及主要材料表。

② 图样需要的文字说明，宜以附注的形式放在该张图纸的右侧，并用阿拉伯数字进行编号。

③ 一张图纸内绘制几种图样时，图样应按平面图在下、剖面图在上、系统图或安装详图在右进行布置，如无剖面图时，可将系统图绘在平面图的上方。

④ 图样的命名应能表达图样的内容。

5）采暖施工图图样画法

① 标高与坡度

a. 需要限定高度的管道，应标注相对标高。

b. 管道应标注管中心标高，并应标在管段的始端或末端。

c. 散热器宜标注底标高，同一层、同标高的散热器只标右端的一组。

d. 坡度宜用单面箭头表示（图 5.2-1）。

数字表示坡度
箭头表示坡度向下

图 5.2-1　坡度表示法

② 管道转向、连接、定义的表示法

a. 管道转向、连接应按图 5.2-2 表示。

b. 管道交叉应按图 5.2-3 表示。

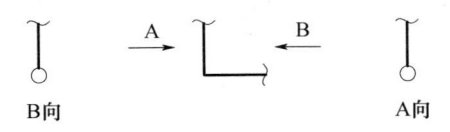

图 5.2-2　单线管道转向的画法

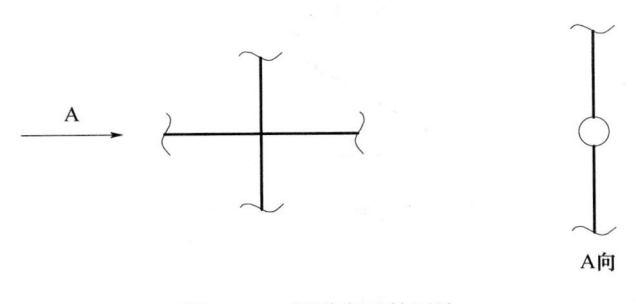

图 5.2-3　管道交叉的画法

c. 管道在本图中断，转至其他图面表示（或由其他图面引来）时，应注明转至（或来自的）图纸编号，见图 5.2-4、图 5.2-5 所示。

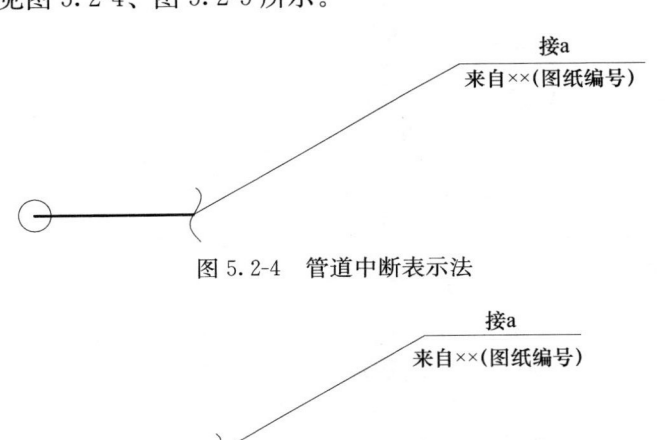

图 5.2-4　管道中断表示法

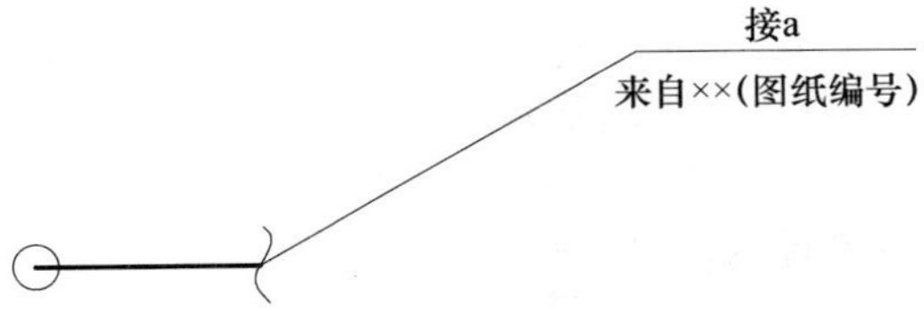

图 5.2-5　管道引来表示法

③ 管径标注

a. 焊接钢管应用公称直径"DN"表示，如 $DN32$、$DN15$，无缝钢管应用外径和壁厚表示，如 D114×5。

b. 管道尺寸标注的位置，应符合下列规定（图 5.2-6）：

· 管径尺寸应注在变径处；

· 水平管道的管径尺寸应注在管道的上方；

· 斜管道的管径尺寸应注在管道的斜上方；

· 竖管道的管径尺寸应注在管道的左侧；

· 当管径尺寸无法按上述位置标注时，可另找适当位置标注，但应用引出线示意该尺寸与管段的关系；

· 同一种管径的管道较多时，可不在图上标注尺寸，但应在附注中说明。

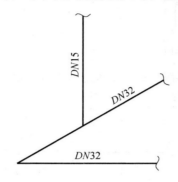

图 5.2-6 管径尺寸的标注位置

④ 系统编号

a. 系统编号、入口编号，应由系统代号和顺序号组成。

b. 系统代号用大写拉丁字母表示，顺序号用阿拉伯数字表示，如图 5.2-7（a）所示。当一个系统出现分支时，可采用图 5.2-7（b）的画法。采暖系统的代号为 N，入口代号为 R。

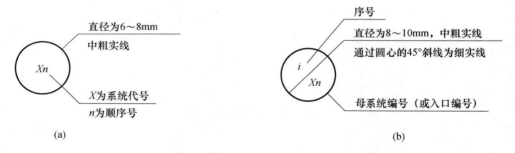

图 5.2-7 系统代号、编号的画法

5.2.2 室内采暖施工图的阅读

以一套二层商店的供暖施工图为例说明阅读图的方法与步骤。

在阅读施工图时，应首先对照图纸目录，检查整套图纸是否完整，每张图纸的图名是否与图纸目录所列的图名相符，在确认无误后再正式阅图，通常应先看设计施工说明，再顺序阅读采暖平面图、采暖系统图、详图或标准图及通用图。

1. 设计施工说明

采暖施工图的设计施工说明是整个采暖施工中的指导性文件，通常阐述以下内容：采暖室内外计算温度；采暖建筑面积，采暖热负荷，建筑平面热指标；建筑物供暖入口数，各入口的热负荷，压力损失；热媒种类，来源，入口装置形式及安装方法，采用何种散热器，管道材质及其连接方式；采暖系统防腐，保温作法；散热器组装后试压及系统试压的要求等。其他未说明的各项施工要求应遵守某种规范的有关规定也应予以说明。

本例设计施工说明如下：

（1）采暖室外计算温度 $t_w = -11℃$；采暖室内计算湿度 $t_n = 18℃$。

（2）采暖建筑面积：$F = 367.20m^2$'；采暖热负荷：$Q = 61600W$；建筑平面热指标：$q = 167.756W/m^2$。

（3）采暖热媒为供水水温 $= 95℃$，回水水温 $= 70℃$ 的低温热水。由城市热网集中供给，入口装置按辽 91T901—4 页施工。散热器采用 760 型铸铁散热器，散热器底距楼板或地面 150mm。

（4）系统采用焊接钢管（水煤气管），公称直径 $DN ≤ 32mm$ 为管件丝扣连接，$DN > 32mm$ 为焊接或法兰连接，除图中标注外，管道系统全部采用 Z15T-10 型丝扣式闸阀。

（5）管道水平安装的支架间距：固定支架按设计图纸中标注的位置施工。滑动支架应按表 5.2-4 规定施工。

表 5.2-4　管道滑动支架最大间距表 （m）

管道直径（mm）		DN15	DN20	DN25	DN32	DN40	DN50	DN70	DN80	≥DN100
支架最大间距	保温	1.5	2.0	2.0	2.5	3.0	3.0	4.0	4.0	4.0
	不保温	2.5	3.0	3.5	4.0	4.5	5.0	5.0	6.0	6.0

（6）防腐作法：管道及散热器组刷油前必须将其内外表面的铁锈、油污等杂物除净。散热器组、明设管道及支架刷红丹防锈漆两遍后，再刷银粉两遍。暗设的管道及支架刷红丹防锈漆两遍。

（7）保温作法：安装在地沟内的供回水管道，采用厚度为 50mm 的岩棉管壳保温，外缠塑料布一层、玻璃丝布两层后，再刷调和面漆两遍。

（8）散热器组装完毕后，应进行单组水压试验，以不小于 0.40MPa，2~3min 不渗不漏为合格。采暖系统安装完毕后，再进行 1.20 倍系统工作压力的水压试验，且不小于 0.40MPa、10min 不渗漏、压力降不超过 10% 为合格。

（9）其他未尽事项按 GB 50242—2002《建筑给水排水及采暖工程施工质量验收规范》中有关规定执行。

2. 室内采暖平面图的阅读

（1）室内采暖平面图的主要内容

室内采暖平面图是表示采暖管道及设备布置的图纸。主要内容有：

1）采暖管道系统的干管、立管、支管的平面位置、走向、立管编号和管道安装方式。

2）散热器平面位置、规格、数量及安装方式（明装或暗装）。

3）采暖干管上的阀门、固定支架以及与采暖系统有关的设备（如膨胀水箱、集气罐、疏水器等平面位置、规格、型号等）。

4）热媒入口及入口地沟情况，热煤来源、流向及与室外热网的连接。

5）管道及设备安装所需的留洞、预埋件、管沟等方面与土建施工的关系和要求。

（2）室内采暖平面图的表达方法

1）平面图上本专业所需的建筑物轮廓应与建筑图一致。但该图中的房屋平面图不是用于土建施工，故只要求用细实线把建筑物与采暖有关的墙、门窗、平台、柱、楼梯等部分画出来。平面图的数量，原则上应分层绘制，管道系统布置相同的楼层平面可绘制一个平面图。

2）散热器宜按图 5.2-8 的画法绘制。

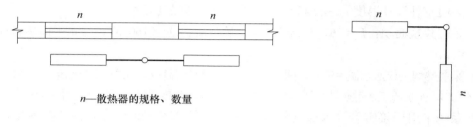

图 5.2-8　散热器画法

各种形式散热器的规格及数量，应按下列规定标注：

① 柱式散热器只注数量。

② 圆翼形散热器应注根数、排数。

如：

$$3 \times 2$$

每排根数　|　排数

③ 光管散热器应注管径、长度、排数；

如：

$$D108 \quad \times \quad 3000 \quad \times \quad 4$$

管径(mm)　|　管长(mm)　|　排数

④ 串片式散热器应注长度、排数。

如：

$$1.0 \times 3$$

长度(m)　|　排数

3）平面图中散热器的供水（供气）管道、回水（凝结水）管道，宜按图 5.2-9 绘制。

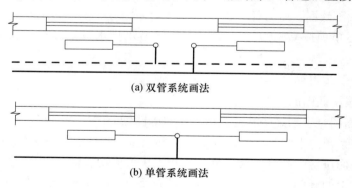

(a) 双管系统画法

(b) 单管系统画法

图 5.2-9　平面图中散热器的画法

4）管道类型以规定线型和图例画出，不论在楼地面之上或之下，都不考虑可见性。管道与散热器连接的表示方法见表 5.2-5。

5）尺寸标注

应标注房屋平面图的轴线编号、轴线间尺寸，标注室外地面的整平标高和各层地面标高，采暖入口的定位尺寸，应为管中心至所邻墙面或轴线的距离。

表 5.2-5　管道与散热器连接的画法

系统形式	楼层	平面图	轴测图
单管垂直式	顶层	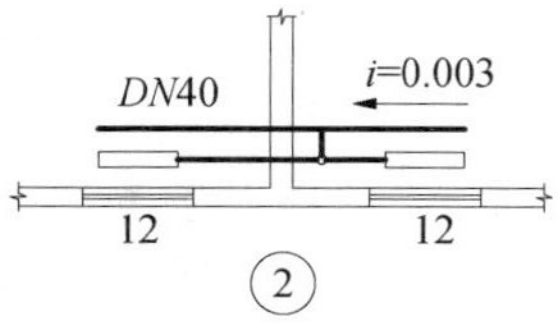	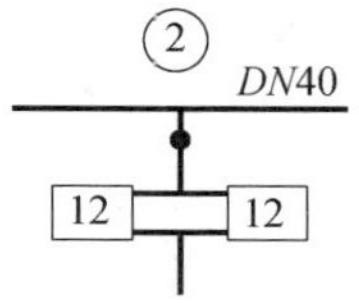
	中间层	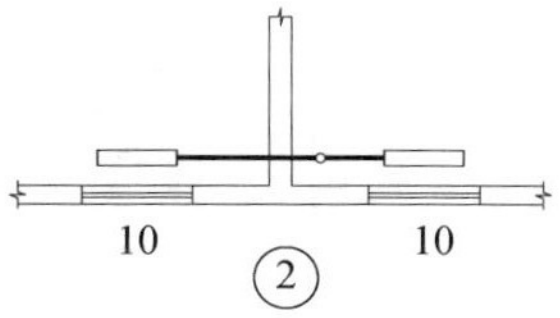	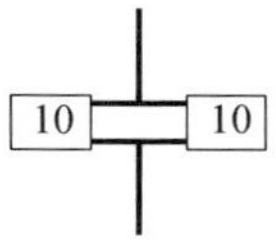
	底层	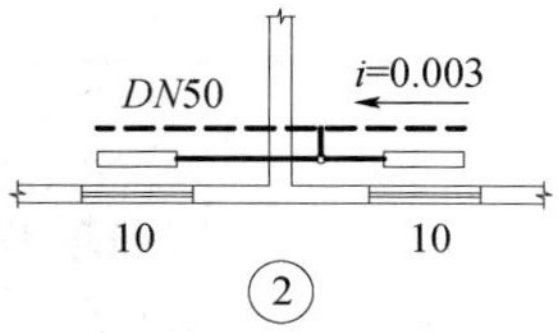	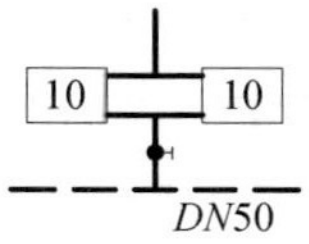
双管上分式	顶层	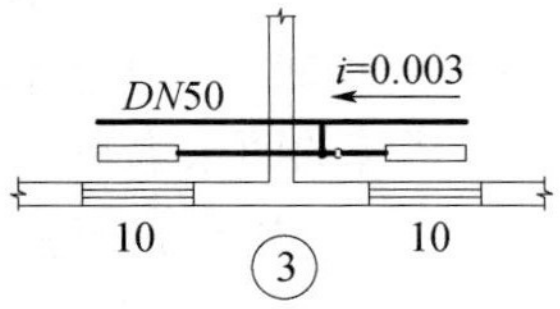	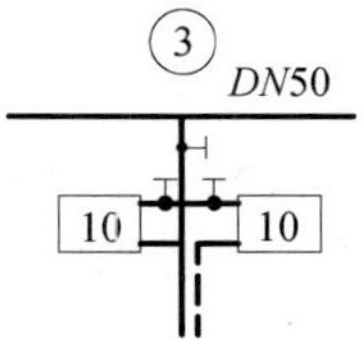
	中间层	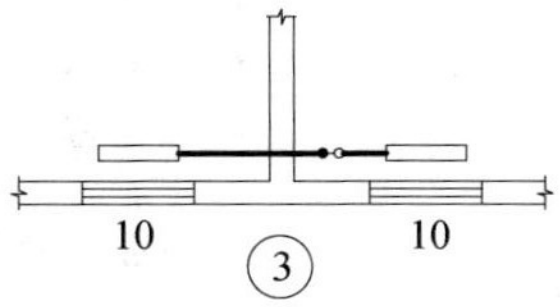	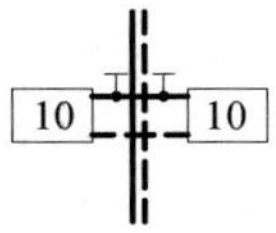
	底层	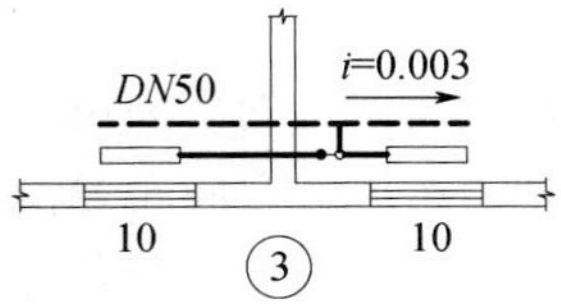	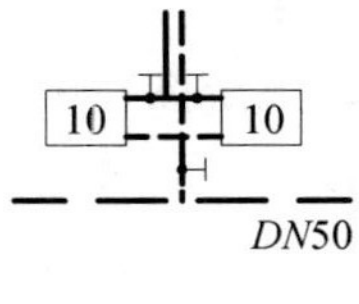

续表

系统形式	楼层	平面图	轴测图
双管下分式	顶层	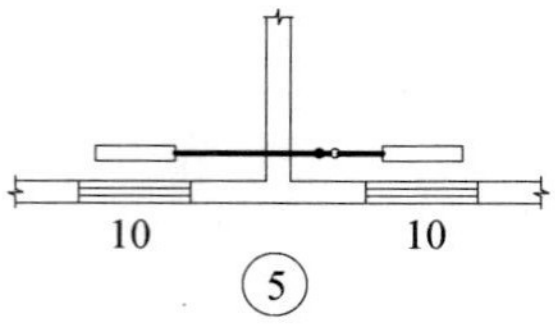 ⑤　10　　10	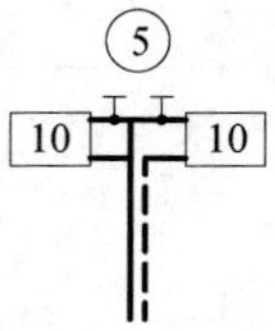 ⑤　10　10
	中间层	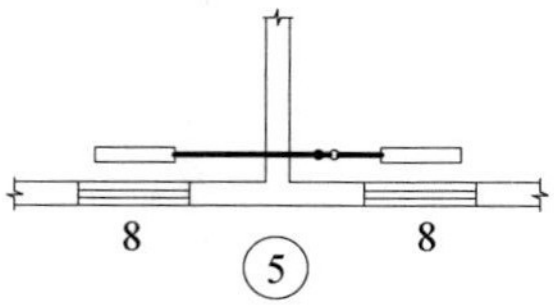 ⑤　8　　8	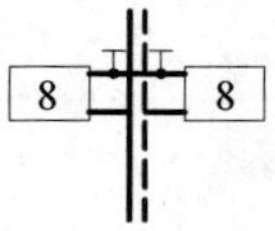 8　8
	底层	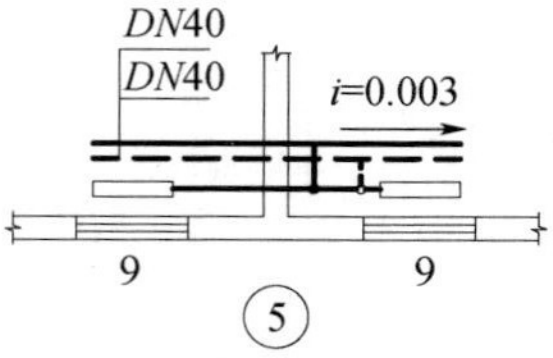 DN40　DN40　i=0.003　⑤　9　　9	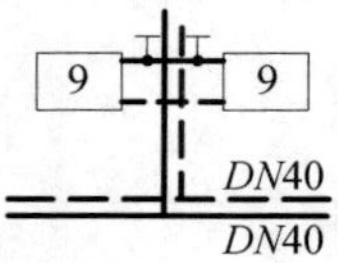 9　9　DN40　DN40

（3）室内采暖平面图的阅读

图 5.2-10 为某商店的采暖平面图。从图 5.2-10（a）一层采暖平面图中可以看到，采暖入口 R1 在⑤轴与Ⓒ轴交点的左侧，各散热器组则分布在外墙及外窗下的墙内侧，每组散热器与暖气立管相接的水平支管均为单侧连接，每组散热器的片数都标注在建筑围护结构外侧靠近每组散热器处，每根暖气立管均有编号，共有 20 根暖气立管。由于采暖供回水总立管各只有一根，所以没进行编号。另外，从图中还可以看到，采暖回水水平干管分为两支，且各起始端都安装有自动排气阀和检修用的闸阀，这说明该采暖系统的回水水平干管是在一层顶板下敷设的。且均有 $i=0.003$ 的坡度坡向回水总立管。回水水平干管上共有 4 个固定支架，各管段的管径也清楚地标注在各水平干管的管段间，在与回水总立管交汇点前的水平管段上也各安装有闸阀。

从图 5.2-10（b）二层采暖平面图中可以看到，采暖供水总立管从一层引上后，在二层顶板下分为两支沿外墙敷设，在各水平干管上分别接出暖气立管，向每层的散热器组供水，N1～N 7 为一支，N8～N20 为另一支，其他内容除去没有采暖入口及采暖回水水平干管外，与一层采暖平面图的内容基本相同。

通过上述阅图过程，我们对散热器采暖施工图已经有了比较清楚的了解，但还不能形成清晰完整的空间立体图形概念，采暖系统图可以解决这一问题。

3. 室内采暖系统图的阅读

（1）室内采暖系统图的主要内容

室内采暖系统图是根据各层采暖平面中管道及设备的平面位置和竖向标高，用正面斜轴测投影以单线绘制而成的图样。它表明采暖管道系统的空间布置情况和散热器的空间连接形式。该图标注有管径、标高、坡度、立管编号、系统编号以及各种设备、部件在管道系统中的位置。把系统图与平面图对照阅读，可了解整个室内采暖系统的全貌。

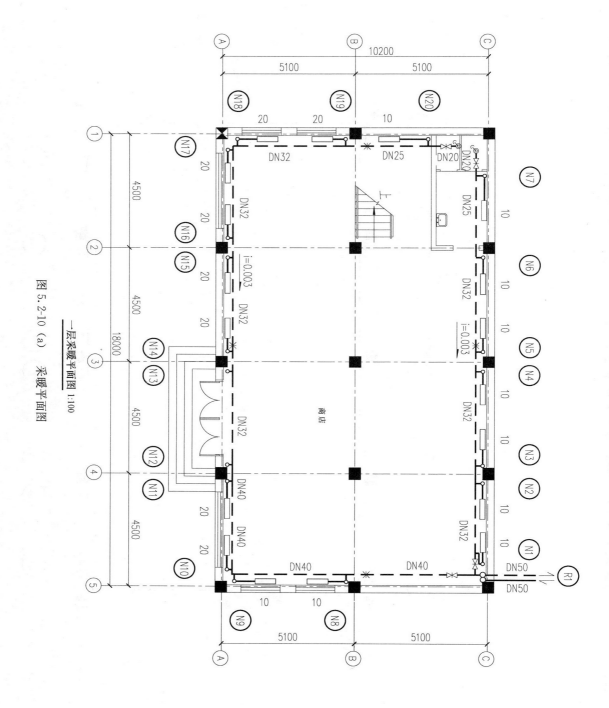

图 5.2-10 (a) 采暖平面图

一层采暖平面图 1:100

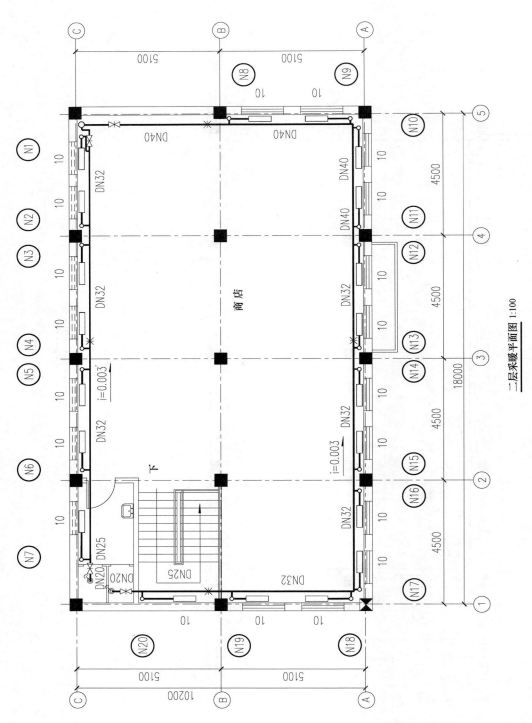

二层采暖平面图 1:100

图 5.2-10 (b) 采暖平面图

（2）室内采暖系统图的表达方式

1）轴测选择

采暖系统图一般以轴测投影法绘制，宜采用与相应的平面图一致的比例，按正等轴测或正面斜等轴测投影的规则绘制，详见现行国家标准《房屋建筑制图统一标准》（GB/T 50001—2010）或第 1 章轴测投影部分。

2）线型

采暖系统轴测图宜用单线绘制，供水干管、立管用粗实线，回水管干管用粗虚线，设备及部件均用图例表示。

3）管道系统

① 管道系统的编号与底层平面图中的系统索引符号的编号一致。

② 采暖系统宜按管道系统分别绘制，以避免过多的管道重复和交叉。

③ 当空间交叉管道在图中相交时，在相交处将被挡的管线断开。系统图中的重叠、密集处可断开引出绘制。相应的断开处宜用相同的小写拉丁字母注明（图 5.2-11），也可按虚线连接。

4）尺寸标注

① 管径、标高、坡度

管道系统中所有管段均需标注管径，当连续几段的管径都相同时，可仅注其两端管段的管径。

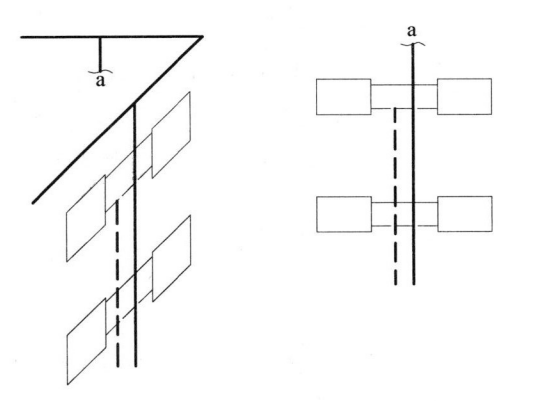

图 5.2-11　系统图中重叠、密集处的引出画法

系统图中采用相对标高，底层室内地面为 ±0.000，除注明管道及设备的标高外，尚需标注室内、外地面及各层楼面的标高。

凡水平干管均需注出其坡度。

② 散热器的画法及标法

散热器宜按图 5.2-12 的画法绘制。

（3）室内采暖系统图的阅读

图 5.2-13 是某商店的采暖系统图。从图中可以看出采暖供水水平干管从 1.85m 相对标高处由室外引入室内后立起，穿过一层顶板直到 6.10m 标高处拐弯，以 $i=0.003$ 的上升坡度沿建筑外墙敷设。过编号为 N20 的暖气立管后，即为一检修用的闸阀，然后是自动排气阀。根据该侧各层散热器组的位置，在这一支水平干管上分别接出 N8～N20 共 12 根暖气立

管。由热源供给的低温水热媒通过采暖入口 R1 进入，经过采暖供水总立管流入水平干管后，分别向各暖气立管及与暖气立管相连接的散热器组上端的水平支管供水，热媒流入散热器组放热后，再经散热器组下端的水平支管流回各暖气立管，然后再流向下一层散热器组，再次放热后的热媒又从散热器组下端的水平支管流出。为了降低工程造价，该工程没有设暖气回水地沟。因此，从一层散热器组流出的热媒由向上返起的回水管导入敷设在一层顶板下的回水水平干管，经回水总立管流出供暖入口 R1，回到热源处。从系统图中还可以看到，自动排气阀安装在供水水平干管的末端和回水水平干管的起始端，与供回水

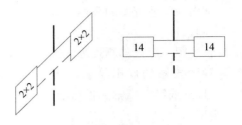

(a) 柱式、圆翼形散热器画法

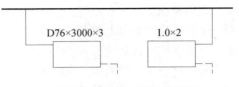

(b) 光管式、串片式散热器画法

图 5.2-12　系统图中散热器的规格数量画法

水平干管相连的立管端部，供水干管起点及回水干管的终点均设有阀门，各回水立管底端均设有排污用的泄水丝堵，管道固定支点，各管段管径的大小，水平干管的坡度坡向和控制标高，立管编号，各组散热器的片数及各楼层的地面标志线和地面标高也均逐一标注在图中。

另一支水平干管在采暖供水总立管 6.10m 标高的下方引出一段水平管后，再向上升到 6.10m 标高处拐变，以 $i=0.003$ 的上升坡度沿建筑外墙敷设，并在水平干管上分别接出 N1～N7 共 7 根暖气立管向各层散热器组供水，回水再经回水水平干管，回水总立管流出供暖入口 R1，回到热源处。

从系统图中还可以看出，每个分支上各环路供回水管道之和的长度各不相同，这种系统形式叫垂直单管上供中回异程式采暖系统。

4. 详图

由于平面图和系统图所用比例小，管道及设备等均用图例表示，它们的构造及安装情况都不能表示清楚，因此必须按大比例画出构造安装详图。详图比例一般用 1∶5、1∶10 等。

采暖系统中的详图有标准详图和非标准详图，对于标准详图可查阅标准图集，如集气罐安装详图、支架安装详图、水箱安装详图等。对于平面图、系统图中表示不清而又无标准详图可套用的，要根据实际工程另绘出详图。

图 5.2-14 是铸铁散热器墙槽、卡子、托钩安装详图。从图中可看出，散热器采用半暗装方式，墙槽深 120mm，散热器组背面距墙槽表面 40mm，上下表面距墙槽上沿及楼板表面分别为 100mm 和 150mm。散热器组用卡子、托钩固定在墙槽内。其左端距墙槽侧面应大于 150mm，右端距墙槽侧面应大于 200mm，管道为明设，与散热器连接的上下支管各安一个检修用的活螺丝，而且两个支管段都有 $i=0.01$ 的坡度。另外，卡子、托钩的构造尺寸，支管与立管的连接形式等均能在详图中表示清楚。

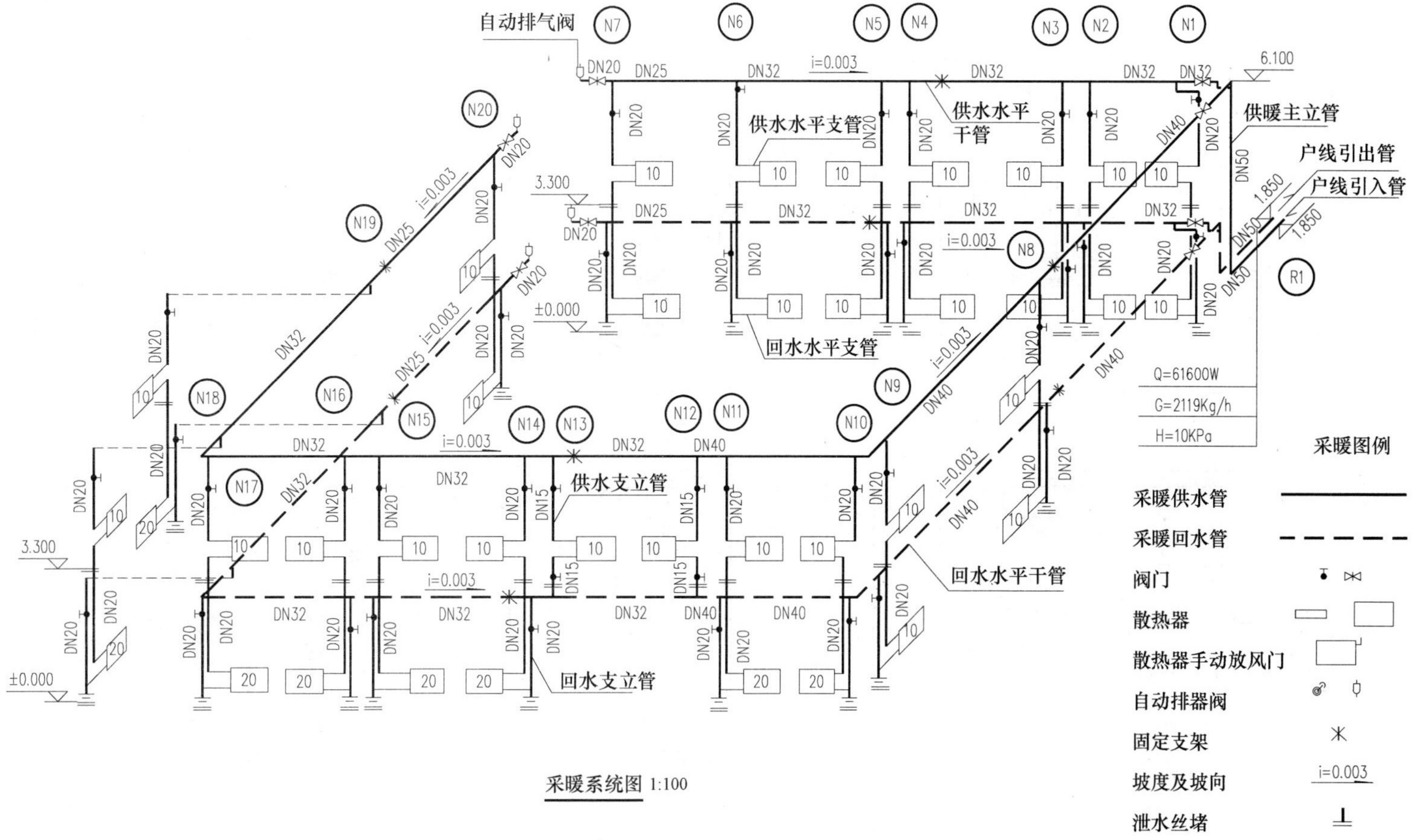

采暖系统图 1:100

图 5.2-13 采暖系统图

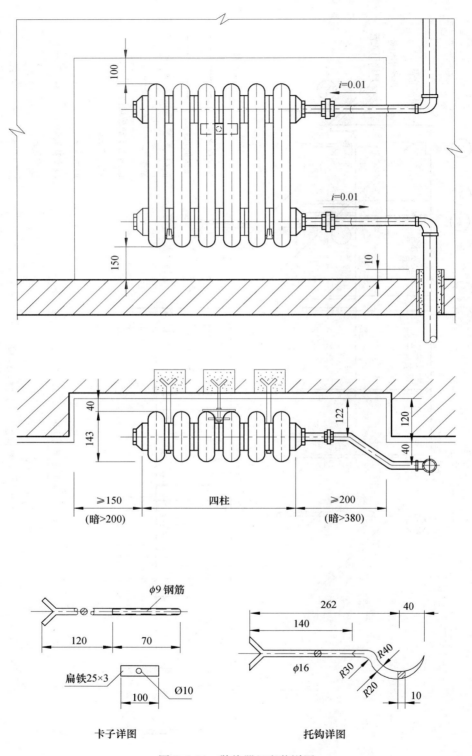

图 5.2-14 散热器组安装详图

5.3 通风工程施工图

通风工程是建筑设计与施工中的一部分内容。除了冷冻库房一类的建筑外，绝大多数的建筑都要考虑通风问题。一般来说，通风分自然通风和机械通风两种形式，所谓自然通风就是利用建筑的门窗解决房间里的空气交换，这是最常见也是最经济的通风方式。但是对于大空间或者有粉尘气味污染的建筑，自然通风常常无法满足环境卫生要求，此时就必须采用机械通风的方式以加强房间内的空气交换，在房间内创造一个温度、湿度及空气的清洁度等方面都达到卫生标准的工作环境，以保证工作人员的身心健康。

5.3.1 机械送风和排风系统

机械通风系统应该包含送风和排风两部分。送风和排风是同时进行的，只有排掉室内的废气，才能送入新鲜的空气。排风系统相对比较简单，启动通风机通过风管和排风口直接将室内废气排到室外（图 5.3-1）。而送风系统就比较复杂，要经过除尘过滤、加热等工序，最后由通风机送入各个房间（图 5.3-2）。

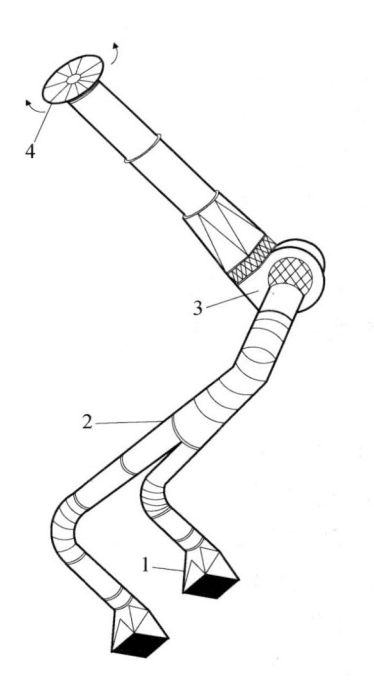

1—排风罩；2—风管；3—通风机；4—排风风帽

图 5.3-1 机械排风系统

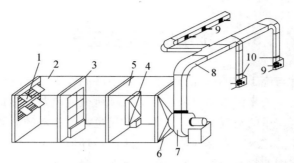

1—百叶窗；2—保温阀；3—过滤器；4—空气加热器；5—旁通阀；
6—启动阀；7—通风机；8—通风管道；9—出风口；10—调节阀门

图 5.3-2　机械送风系统

5.3.2　通风系统平面图和剖面图

1. 风机室平面图

图 5.3-3 为某人防工程风机室平面图。图中风机系统被分为八个部分：第一部分新风与回风在此处混合，新风由通风管道自地面引入，回风则由回风管道自各个房间送回。第二部分初效过滤段，对混合后的风进行初效过滤。第三部分是回风消声段，对回风进行消声处理。第四部分为回风机。第五部分为表冷挡水板。第六部分为送风机段，对处理后的风进行加压。第七部分为送风消声段。第八部分为送风段。平面图描述了风机室的工段程序。

2. 风机室剖面图

图 5.3-4 为风机室 1-1 剖面图。从图中可以看出八个部分的分割情况和进风管、送风管的高度位置。和第一段相接的是进风管（规格 1000×400），与第八部分相连的是送风管（规格 1250×400）。在风管与机组连接处各设调节阀一个，调节进送风的风量。

5.3.3　通风设备详图

通风工程中的大部分设备都是制式生产的或采用标准图加工，如调节阀、检查口及风口的制作、风机基础的做法、过滤器的

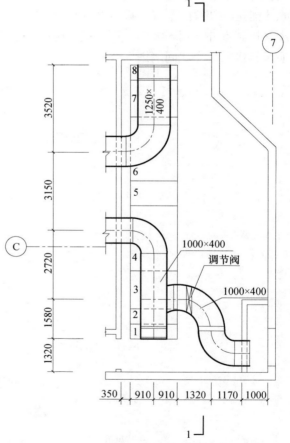

1—新回风混合段；2—初效过滤段；3—回风消声段；
4—回风机段；5—表冷挡水板段；6—送风机段；
7—送风消声段；8—送风段

图 5.3-3　风机室平面图

安装、风口消音设备等，都大多采用标准图。图 5.3-5 所示为通风管道直角转弯处的接头和变截面管道的做法。

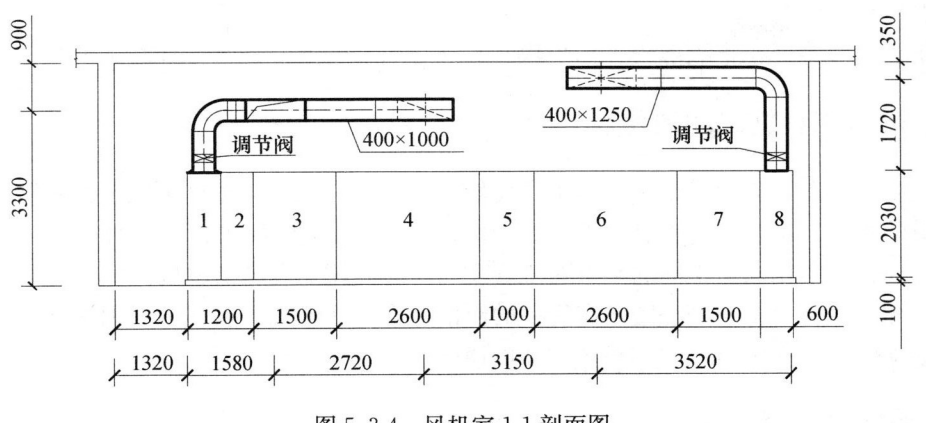

图 5.3-4　风机室 1-1 剖面图

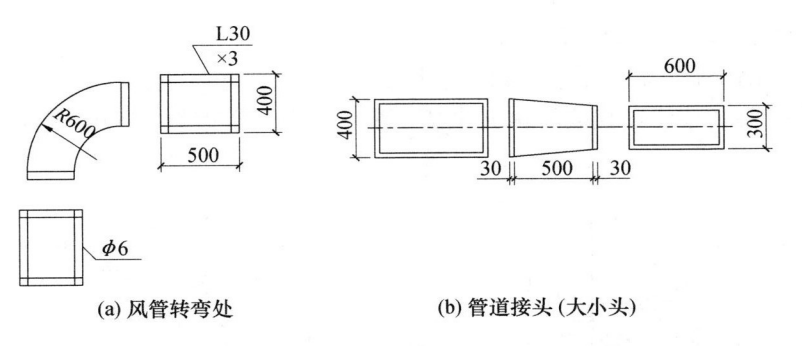

(a) 风管转弯处　　　　　　(b) 管道接头 (大小头)

图 5.3-5　风管接头

有关通风的标准图有：

N113——送风机安装；

T113——离心式通风机混凝土基础

T116——轴流风机安装；

T202——百叶送风口；

T208——插扳式送吸风口；

T261——风管回风口；

T306——风管调节阀；

T604——风管检查口；

T607——风管支吊架；

T701——风管消声器。

5.4　燃气工程施工图

随着国民经济的不断发展，建筑工程的内容也不断增多，过去的建筑设备通常指风、水、电三个方面，现在则增加了不少新的内容，比如电力方面，就分成强电和弱电。强电就是传统上的供电系统，弱电则是指电话通信、有线电视，甚至计算机网络系统也在考虑之列了。对于需要热能源的建筑（如住宅、宾馆、食堂等），还需要绘制燃气工程施工图，本节将介绍燃气施工图的阅读。

建筑燃气气源通常指天然气、焦炉煤气和液化石油气等。燃气工程施工图简称"气施"。

5.4.1　燃气工程施工图的特点

燃气工程施工图与给排水工程施工图比较接近，这是因为与给排水施工图所描述的对象都是管道的缘故。给排水图中有平面图、剖面图和管网系统图，燃气图中也都有这些内容，且表达方法也基本相同。不同的地方对于管道材质、使用的设备器具以及施工安装时的密封要求不一样。而且给排水施工图已有统一的制图标准，而燃气工程施工图则没有统一的制图标准，必须在施工图中通过文字或图例加以说明。

5.4.2　燃气工程施工图

1. 燃气管道引入室内的做法

图 5.4-1 中图（a）为非冻结地区由室外向室内引入管道的详图。在非冻结地区，燃气管道室外部分掩埋比较浅，直接由建筑外墙引进室内，在通过墙体部分做套管保护管道不被损坏。

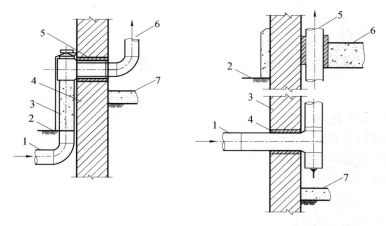

(a) 非冻结地区引入管做法
1—煤气进口管；2—室外地面；
3—勒脚（外管保护层）；4—墙；
5—套管；6—煤气出口管；7—室内地面

(b) 由地下室引入管装接法
1—煤气进口管；2—室外地面；
3—墙；4—套管；5—煤气出口管；
6—楼板；7—地下室地面

图 5.4-1　燃气管道引入室内施工图

图 5.4-1 中图（b）为由地下室引入管道的做法。在冻结地区管道埋在冻土层以下，管道引入室内时由地下室（没有地下室时，由一层地面下部引入）穿过。

2. 燃气管道平面布置图

图 5.4-2 所示为某住宅燃气管道的平面布置图。从图中可以看出，燃气管道是由两个立管上来的，每户厨房的墙角各有一根立管，水平方向与炉灶及热水器相连，热水器安装在北

阳台上，向卫生间送热水。图中符号 $\binom{RQ}{1}$、$\binom{RQ}{2}$ 表示燃气管道由室外引进室内的位置，分子"RQ"是"燃气"两字汉语拼音的缩写，分母"1"和"2"代表两根进入室内管道的编号。

燃气管道线路在平面图中用粗实线表示，器具及建筑平面都用细实线绘制。

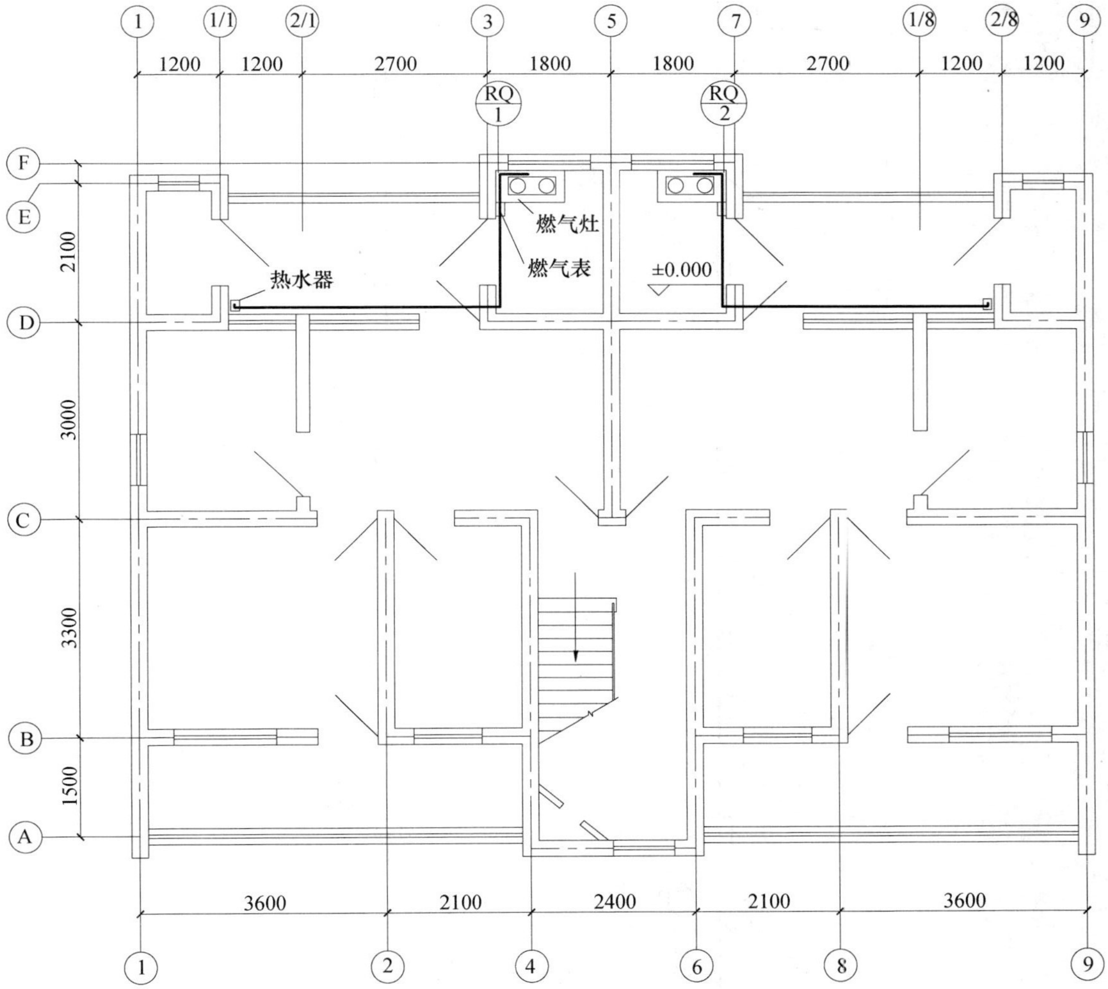

图 5.4-2 某住宅底层燃气管道平面图

3. 燃气管道系统图

图 5.4-3 为某住宅燃气管道系统图。该图按比例以正面斜轴测的形式绘制，此图的表达方式与给排水系统图基本相似。从图中可以看出，每一根引入管道各组成一个系统，故形成两个系统图。

阅读管道系统图要从以下几个方面入手：

（1）室外引入管道的位置及标高。从图中看出两根管道的标高都是-1.20m。

（2）干管和各分支管的直径。从图中看出，主管直径为40mm，立管直径为32mm，横管直径为15mm。

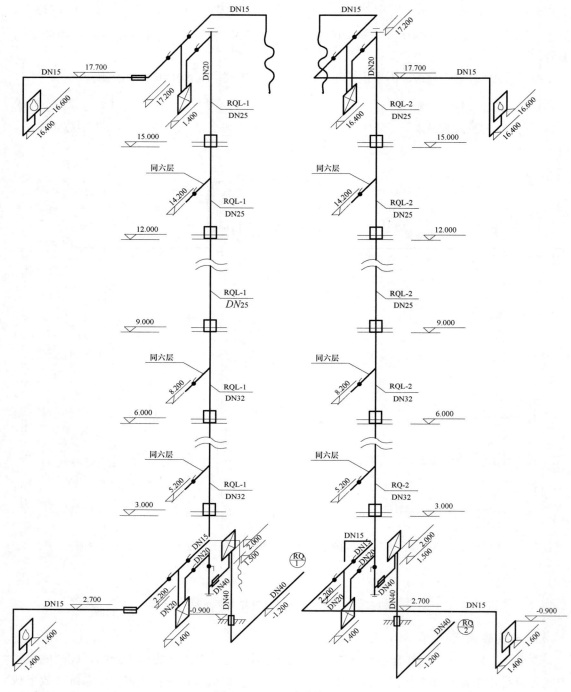

图 5.4-3　天然气供气系统图

（3）燃气器具的品种、数量、位置及高度。从图中看出，器具只有炉灶和热水器两种，每层各有一套，为方便绘图，只画出底层和六层，其他层均省略，标注说明"同六层"即可。这些器具水平管道的高度都已在图中标注出来。

5.5　建筑电气施工图

5.5.1　概述

建筑电气施工图是建筑设备施工图中的一种，按"电施"编号。建筑电气施工图是将现代房屋建筑中安装的许多电气设施（如照明灯具、电源插座、电视、电话、消防控制及各种工业与民用的动力装置等）经过专门设计，表达在图纸上，这些有关的图纸就是电气施工图。

电气施工图中的主要内容是：表示供电、配电线路的规格与敷设方式，各种电气设备及配件的选型、规格及安装方式。其图示特点是：采用简图（图例符号）及文字表示系统或设备中各组成部分之间的相互关系。

建筑电气施工图包括以下几种：

（1）首页图

设计图的首页，包括电气施工图图纸目录、电气设备型号及材料规格和施工说明等。

（2）供电总平面图

供电总平面图是指在一个建筑小区的总平面图中，标有变（配）电所的容量、位置及通向各用电建筑物的供电线路的走向，线型与数量、敷设方法，电线杆、路灯、接地等位置及做法的图样。

（3）变（配）电室的电气平面图

是指在变（配）电室的电气平面图中，用与建筑物同一比例，给出高低压开关柜、变压器、控制盘等设备的平面排列布置图。

（4）室内电气平面图

是指在一幢建筑的平面图中，各种电气工程中的电气设备、装置和线路的平面布置。

（5）室内电气系统图

主要用图例符号表示整栋建筑的供电方式和电能分配输送的关系。

（6）避雷平面图

在建筑屋顶平面图上，用图例符号画出避雷带、避雷网和敷设平面图。

本节主要介绍室内电气照明平面图及系统图的图示内容及阅读方法。

5.5.2　阅读电气施工图的基本知识

1．电气施工图的一般规定

（1）图线及其应用

电气施工图中的图线，其线宽应遵守建筑工程制图标准的统一规定。电气施工图一般采用四种图线，各种图线的应用见表 5.5-1。

表 5.5-1　建筑电气专业常用制图图线、线型及线宽

图线名称	线型	线宽	一般用途
粗实线	——————————	b	本专业设备之间电气通路连接线、本专业设备可见轮廓线、图形符号轮廓线
中粗实线	——————————	$0.7b$	
		$0.7b$	本专业设备可见轮廓线、图形符号轮廓线、方框线、建筑物可见轮廓
中实线	—————————	$0.5b$	
细实线	—————————	$0.25b$	非本专业设备可见轮廓线、建筑物可见轮廓；尺寸、标高、角度等标注线及引出线
粗虚线	— — — — — —	b	本专业设备之间电气通路不可见连接线；线路改造中原有线路
中粗虚线	— — — — —	$0.7b$	
		$0.7b$	本专业设备不可见轮廓线、地下电缆沟、排管区、隧道、屏蔽线、连锁线
中虚线	— — — — —	$0.5b$	
细虚线	— — — — —	$0.25b$	非本专业设备不可见轮廓线及地下管沟、建筑物不可见轮廓线等
粗波浪线	∿∿∿∿∿∿	b	本专业软管、软护套保护的电气通路连接线、蛇形敷设线缆
中粗波浪线	∿∿∿∿∿∿	$0.7b$	
单点长画线	—·—·—·—	$0.25b$	定位轴线、中心线、对称线；结构、功能、单元相同围框线
双点长画线	—··—··—	$0.25b$	辅助围框线、假想或工艺设备轮廓线
折断线	——∿——	$0.25b$	断开界线

（2）绘图比例

各种电气平面布置图，使用与相应建筑平面图相同的比例。但大部分电气工程图是不按比例绘制，只有某些位置图（电气设备安装位置）或导线长度按比例绘制或部分按比例绘制。

电气工程图所采用的比例一般为：1：10，1：20，1：50，1：100，1：200，1：500。

（3）电气图形符号和文字符号

建筑电气施工图中，各种元件、设备、装置、线路及其安装方法等，在一般情况下都是借用图形符号、文字符号来表达的。了解和熟悉有关的符号、内容、含义以及它们之间的关系，是阅读电气施工图的一项重要内容。

1）电气工程图中常用电气图形符号

在电气工程施工图中，常用的电气图形符号有：导线图形符号、灯开关图形符号、照明灯图形符号、开关装置和熔断器图形符号以及配电箱与常用电气设备图形符号。表 5.5-2 列出了常用的一些图形符号。

表 5.5-2　电气图形符号

图形符号	说明	图形符号	说明
 —————•／	中性线	⊗	灯，一般符号
——／	向上配线或布线	⊗ G	圆球灯

续表

图形符号	说明	图形符号	说明
	向下配线或布线	⊗ L	花灯
	垂直通过配线或布线	⊗ ST	备用照明灯
	由上引来配线或布线		熔断器，一般符号
	由下引来配线或布线		断路器，一般符号
	三根导线		电源插座，一般符号
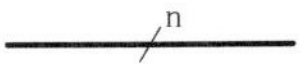	导线组（示出导线数）		带保护极的电源、插座
	开关，一般符号"☆"处注写 C 为暗装开关		单相二、三极电源插座
	双联单控开关	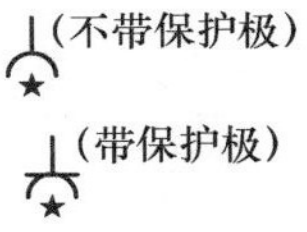 （不带保护极） （带保护极）	可在"☆"处注写文字区别 IP—单相（电源）插座 3P—三相（电源）插座 1C—单相暗敷（电源）插座 3C—三相暗敷（电源）插座 1EN—单相密闭（电源）插座 3EN—三相密闭（电源）插座
	双极开关		
	双控单极开关		
	荧光灯，一般符号		
	二管荧光灯		
	无接地极的接地装置	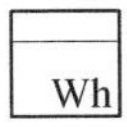 Wh	电度表（瓦时计）
	有接地极的接地装置	 AL	照明配电箱

2）电气工程图中的文字符号

图形符号提供了一类设备或元件的共同符号，为了明确地区分不同的设备、元件，尤其是区分同类设备或元件中不同功能的设备或元件，还必须在图形符号旁标注相应的文字符号。

文字符号通常由基本符号、辅助符号和数字组成。

① 基本文字符号

基本文字符号用以表示电气设备、装置和元件以及线路的基本名称、特性。基本文字符号分为单字母符号和双字母符号。单字母符号是用拉丁字母表示，每一类设备、装置等用一个专用单字母符号表示，如"R"表示电阻器类，"Q"表示电力电路的开关器件类等。双字母符号是由单字母符号与另一字母组成，其组合型式应以单字母符号在前、另一字母在后的次序列出。双字母符号可以较详细和更具体地表述电气设备、装置和元器件的名称，如同步发电机、异步发电机的双字母符号分别为"GS"、"GA"。

② 辅助文字符号

辅助文字符号是用以表示电气设备、装置和元件以及线路的功能、状态和特征的，通常是由英文单词的前两个字母构成。如"RD"表示红色（Red）。

③ 文字符号的组合

新的文字符号组合形式一般为：

基本符号＋辅助符号＋数字序号

如：第 1 个时间继电器，其符号为 KT_1；第 2 组熔断器，其符号为 FU_2。

3）电气工程图中标注文字符号的规定

① 动力及照明线路的导线标注方法

$$a-b\ (c\times d)\ e-f$$

式中　a——线路编号或线路用途的符号；

　　　b——导线型号；

　　　c——导线根数；

　　　d——导线截面面积；

　　　e——敷设方式符号及穿管径；

　　　f——线路敷设部位符号。

导线型号见表 5.5-3。

表 5.5-3　导线型号表

导线型号	导线名称	导线型号	导线名称
BV	铜芯塑料（聚氯已烯）绝缘线	BX	铜芯橡皮线
BVV	铜芯塑料（聚氯已烯）护套线	BLX	铝芯橡皮线
BLV	铝芯聚氯乙烯绝缘线	BXF	铜芯氯丁橡皮线
XLV	铝芯橡皮绝缘电缆	BLXF	铝芯氯丁橡皮线
BLVV	铝芯塑料（聚氯已烯）护套线	BXH	铜芯橡皮花线

表达导线敷设方式的文字符号见表 5.5-4。

表 5.5-4　线缆敷设方式标注的文字符号表

文字符号	文字符号的意义	文字符号	文字符号的意义
MT	穿普通碳素钢电线套管敷设	CL	电缆梯架敷设
CP	穿可挠金属电线保护套管敷设	MR	金属槽盒敷设
PC	穿硬塑料导管敷设	PR	塑料槽盒敷设
FPC	穿阻燃半硬塑料导管敷设	M	钢索敷设
KPC	穿塑料波纹电线管敷设	DB	直埋敷设
CE	电缆排管敷设	TC	电缆沟敷设

导线敷设部位的文字符号见表 5.5-5。

表 5.5-5　线缆敷设部位标注的文字符号表

文字符号	文字符号的意义	文字符号	文字符号的意义
AB	沿或跨梁（屋架）敷设	CC	暗敷设在顶板内
AC	沿或跨柱敷设	BC	暗敷设在梁内
CE	沿吊顶或顶板面敷设	CLC	暗敷设在柱内
SCE	吊顶内敷设	WC	暗敷设在墙内
WS	沿墙面敷设	FC	暗敷设在地板或地面下
RS	沿屋面敷设	TC	电缆沟敷设

② 照明灯具的一般标注方法

$$a-b\frac{c\times d\times L}{e}f$$

式中　a——灯数；

　　　b——灯具类型代号；

　　　c——每盏照明灯具的灯泡数；

　　　d——每个灯泡或灯管的功率，单位为 W（瓦）；

　　　e——灯泡安装高度，单位为 m（米）；

　　　f——安装方式代号；

　　　L——光源种类。

灯具安装方式的文字符号见表 5.5-6。

表 5.5-6　灯具安装方式标注的文字符号表

文字符号	文字符号的意义	文字符号	文字符号的意义
SW	线吊式	CR	吊顶安内装
CS	链吊式	WR	墙壁内安装
DS	管吊式	S	支架上安装
W	壁装式	CL	柱上安装
C	吸顶式	HM	座装
R	嵌入式	T	台上安装

光源种类见表 5.5-7。

表 5.5-7　光源种类表

文字符号	光源种类	文字符号	光源种类
IN	白炽灯	Na	钠灯
FL	荧光灯	Ne	氖灯
Hg	汞灯	Xe	氙灯

4）电气连接的图形符号

导体之间相互接触并达到一定的工艺要求，称为电气连接。

电气连接在工程图上常采用表 5.5-8 所示的一些表示方法。

表 5.5-8　电气连接的图形符号

图形符号	说明	图形符号	说明
○	端子		阴极触件（连接器的）、插座
或	T 形连接		阳极触件（连接器的）、插头
或	导线的双 T 连接		定向连接
	跨接连接（跨越连接）		电阻器，一般符号

2. 电气照明的一般知识

（1）照明电路

1）供电线路工程

输送和分配电能的电路系统和设施均称为供电线路工程。

供电线路工程按供电的使用对象分为：电气照明供电线路；动力设备供电线路；电热设备供电线路。按建筑供电线路的位置分为：外线工程；内线工程。按供电线路所用的电压分为：高压线路（超过 1 千伏电压的线路）；低压线路（1 千伏以下电压的线路）。

2）室内照明供电方式

电厂所发的电一般为 50Hz 三相交流电，为了减少电能在供电过程中的损耗，一般采用高压输出，而在用电区则应通过变压器将高压电变为低压电，然后再分配到用电点。

室内照明供电线路的电压，除特殊需要外，通常都采用 380/220V 50Hz 三相五线制供电。即由市电网的用户配电变压器的低压侧引出三根相线（火线）和一根零线。相线与相线之间的电压是 380V，可供动力负载用电，相线与零线之间的电压是 220V，可供照明负载用电。

3）室内照明供电系统的组成

① 接户线和进户线

从室外的低压架空供电线路的电杆上至建筑物外墙的支架，这段线路称为接户线。它是室外供电线路的一部分；从外墙支架到室内配电盘这段线路称为进户线。进户点的位置就是建筑照明供电电源的引入点。进户位置距低压架空电杆应尽可能近一些，一般从建筑物的背面或地面进户。多层建筑物采用架空线引入电源，一般由二层进户。

② 配电箱

配电箱是接受和分配电能的装置。在配电箱里，一般装有空气开关、断路器、电源指示灯等。

③ 干线

从总配电箱引至分配电箱的一段供电线路称为干线。干线的布置方式有：放射式、树干式、混合式。

④ 支线

从分配电箱引至电灯等照明设备的一段供电线路称为支线，亦称回路。

一般建筑的照明供电线路主要由进户线、总配电箱、计量箱、配电箱、配电线路以及开关插座、电气设备等用电器组成。

图 5.5-1 是某住宅室内照明供电系统组成示意图。从图中可以看出，电源进户后首先进入总配电箱，再经过总配电箱内的控制开关引出干线进入计量箱，经计量表进入用户配电箱，最后线路通至各电气照明设备。

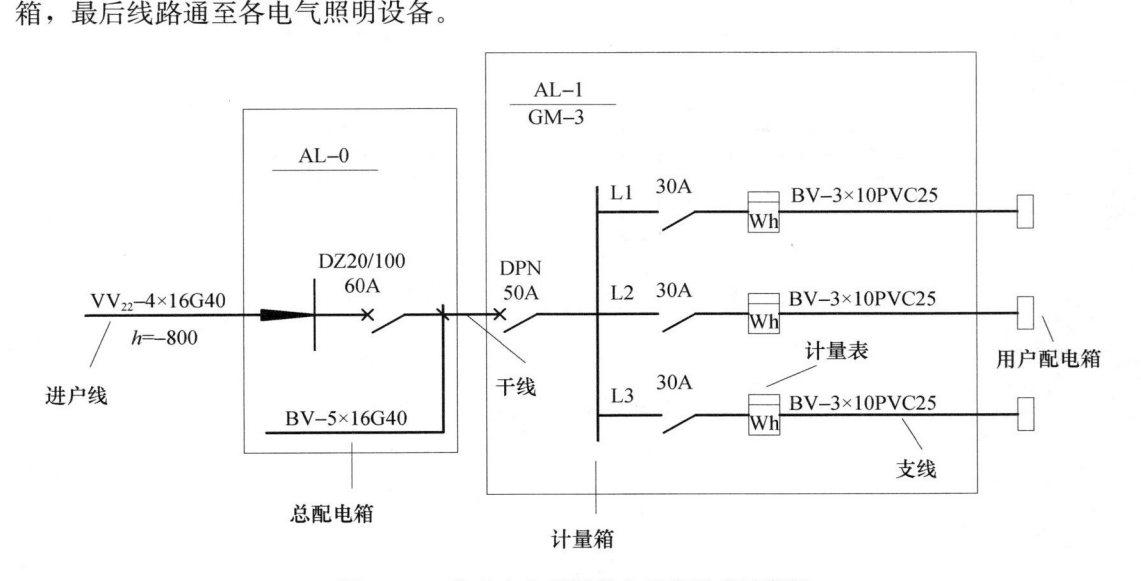

图 5.5-1　住宅室内照明供电系统组成示意图

4）照明供电线路的敷设

室内照明供电线路的敷设，一般有明设和暗设两种。

① 明线敷设

明线敷设是指导线直接敷设于建筑物的墙面或顶棚的表面、桁架或支架等处。明设方式具有施工方便、易于维修等优点，其缺点是导线易受有害气体的侵蚀。

② 暗线敷设是将管子（铁管、塑料管、瓷管）根据电气照明设计图的要求，预先埋设于墙内楼面或顶棚内，然后将导线穿入管中。其优点是：不影响建筑物美观，防潮好，可以防止导线受到有害气体的腐蚀和机械损伤。暗线敷设是目前民用建筑广泛采用的敷设方式。

（2）基本照明控制电路及其表示法

1）灯与开关

① 一只开关控制一盏灯

在一个房间内，一只开关控制一盏灯，是最简单的照明布置。图 5.5-2（a）是一盏灯一个开关配线平面图和示意图。

由示意图可知，电源进线、开关接线、灯头线均为两根，所以平面图中的一条线均表示两根导线。图 5.5-2（b）是开关在不同位置时的情况。

② 一只开关控制两盏灯

图 5.5-3 是并联的两盏灯，由一个开关来控制。

③ 两只开关控制一盏灯

图 5.5-4 是用两个双控开关控制一盏灯的配线。

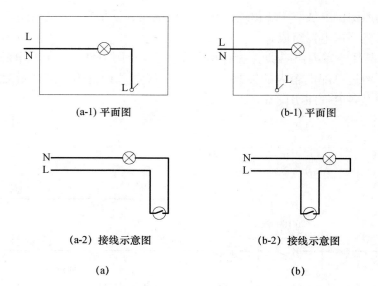

图 5.5-2　一只开关控制一盏灯的电气照明图

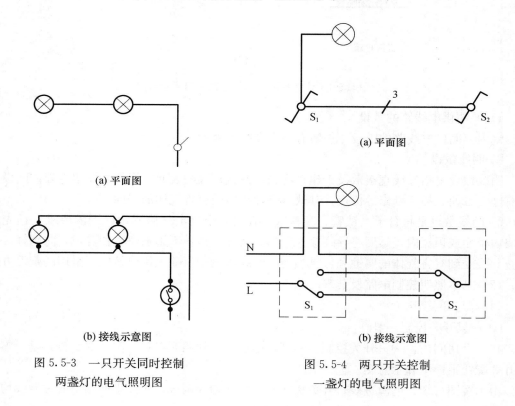

图 5.5-3　一只开关同时控制　　　　图 5.5-4　两只开关控制
　　两盏灯的电气照明图　　　　　　　　一盏灯的电气照明图

2）插座

① 单相二极暗插座（图 5.5-5）

图 5.5-5（a）、（b）分别是单相二级暗插座的平面图和接线示意图。从示意图中可以看出，左孔接零线 N，右控接相线 L。

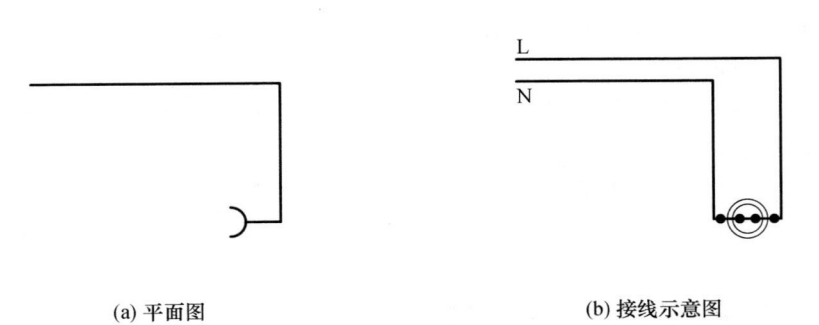

(a) 平面图　　　　　　　　　　　(b) 接线示意图

图 5.5-5　单相二极插座

② 单相三极暗插座

图 5.5-6 是单向三极暗插座，从接线示意图可以看出，上孔接保护地线 PE；左孔接零线 N；右孔接相线 L。

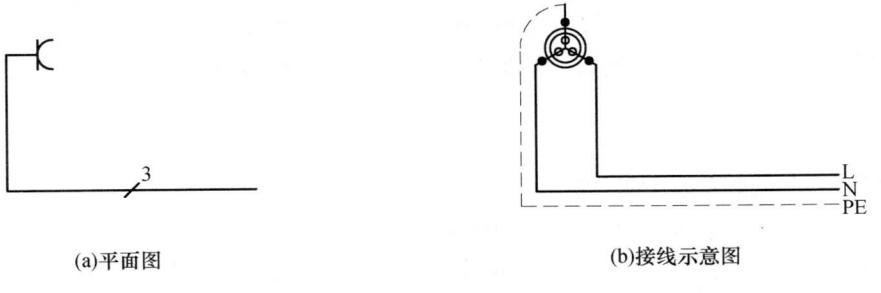

(a)平面图　　　　　　　　　　　(b)接线示意图

图 5.5-6　单相三极插座

③ 三相四极暗插座

图 5.5-7 是带保护极的三相四极暗插座。从接线示意图可以看出，上孔接零线 N，其余接三根相线（L_1、L_2、L_3）。PE 线接设备外壳及控制器。

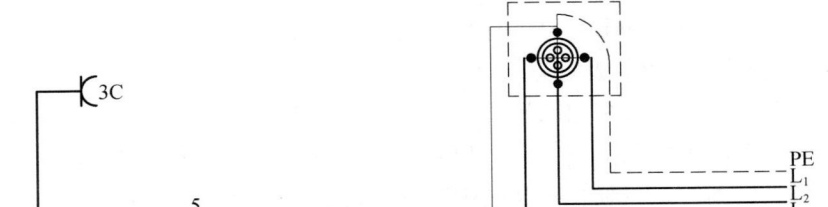
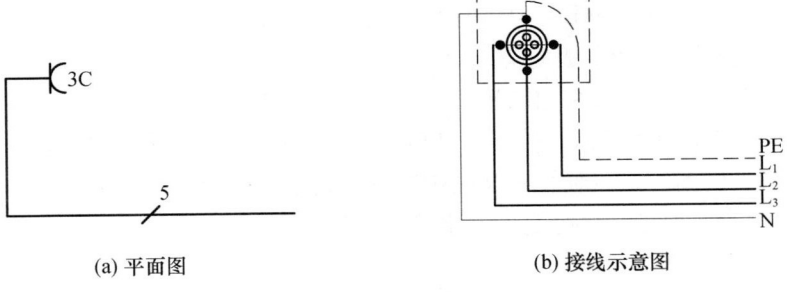

(a) 平面图　　　　　　　　　　　(b) 接线示意图

图 5.5-7　三相四极暗插座

5.5.3　室内电气照明施工图的阅读

以别墅村一幢高级住宅的室内电气照明施工图为例，说明其阅读方法。

1. 电气照明设计施工说明

电气照明设计施工说明，主要阐述电气工程的设计依据，基本指导思想及原则、图纸未能表明的工程特点、安装方法的基本要求，特殊设备的安装使用说明，有关的注意事项等。

本例设计说明如下：

（1）本工程电源为三相五线制 380/220V 50Hz，由小区变电所电缆埋地入楼。

（2）进户线选 $VV_{22}1.0kV-4\times10G40$ 铜芯铠装电力电缆，进户处穿钢管保护，室内选用铜芯聚氯乙烯绝缘电线（BV-500V）穿钢管沿墙或楼板暗敷设至各户照明配电箱，室内等线均选用 BV-500V2.5mm²（照明用 1.5mm²）导线穿 PVC 管沿墙或顶扳暗配。

（3）开关箱与照明配电箱均为标准箱暗装。

（4）进户线 N 线须重复接地，接地电阻不大于 10Ω（欧姆），进线开关后采用 TN-C-5 系统，即电源端中性点直接接地，进户后中性线 N 与保护线 PE 分开系统，凡三极插座均要有单独的保护线 PE。

（5）室内的灯具由开发单位选择，未尽事宜，请参阅图集 DD-01。

2. 室内电气照明平面图

建筑电气照明平面图是建筑设计单位提供给施工、使用单位从事电气设备、安装和电气设备维护管理的电气图，是电气施工的重要图样。掌握这种图的特点和阅读方法具有重要的实际意义。

（1）电气照明平面图的特点

① 电气照明平面图表示的主要内容

a. 电源进户线和电源配电箱及各分配电箱的型式、安装位置以及电源配电箱内的电气系统。

b. 照明线路中导线的根数、型号、规格、线路走向、敷设位置、配线方式和导线的连接方式等。

c. 照明灯具、照明开关、插座等设备的安装位置，灯具的型号、数量、安装容量、安装方式及悬挂高度。

② 图形符号和文字符号的应用

电气照明施工平面图属于一种简图，它采用图形符号和文字符号描述图中的各项内容。电气照明线路和设备的图形符号和标注的文字符号详见 5.5.2 节。

③ 照明线路和设备位置的确定方法

由于照明线路和设备一般采用图形符号和文字标注的方式表示，因此，在电气照明施工平面图上不表示出线路和设备本身的形状和大小，但必须确定其敷设和安装位置。其中平面位置是根据建筑平面图的定位轴线和某些构筑物来确定照明线路和设备布置的位置，而垂直位置（安装高度），一般则采用标高、文字符号标注等方法表示。

（2）电气照明平面图的阅读

图 5.5-8～图 5.5-10 分别为别墅住宅 1～3 层电气照明平面图，其中图 5.5-8 为一层照明布置及干线平面图，比例 1：100。

阅读电气照明平面图时，按下述步骤进行。

1）了解建筑物的土建情况，从建筑平面图的角度读图。图中用细实线给出了建筑的平面图，这是单元式住宅，两梯三户类型，该建筑物长为 23900mm、宽为 12100mm，房屋的用地面积为 23.9m×12.1m＝289.2m²，其中一层为车库，二、三层为住房。

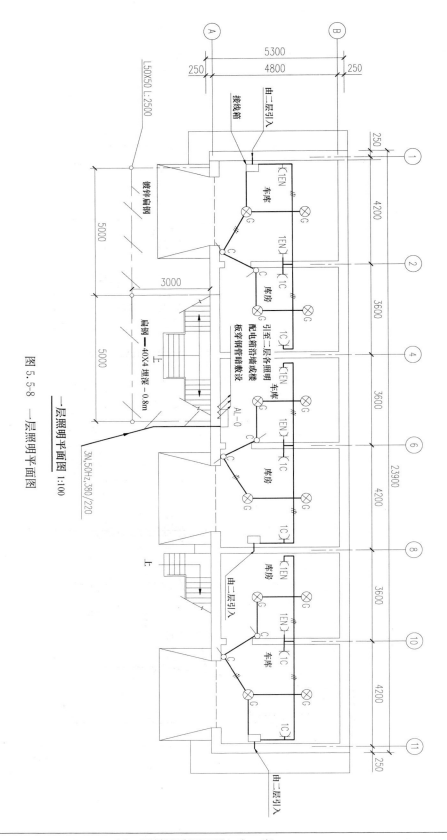

图 5.5-8　一层照明平面图

一层照明平面图 1:100

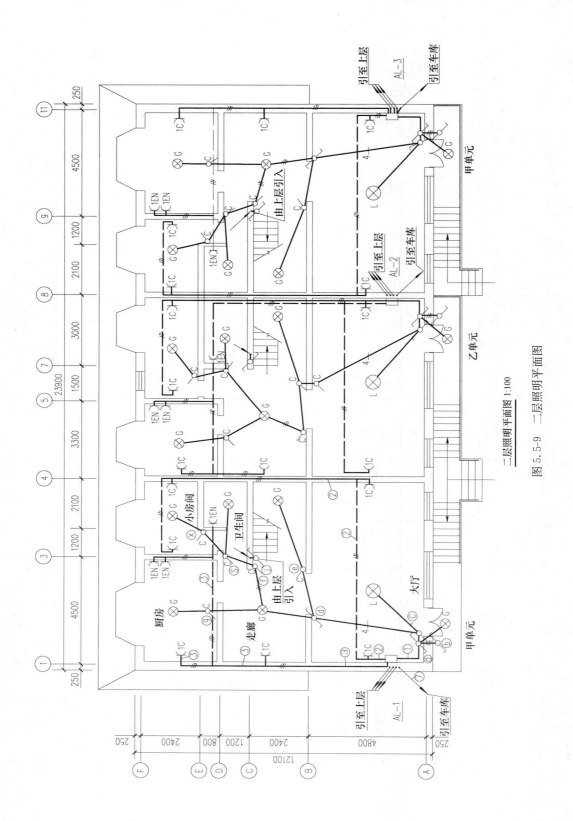

二层照明平面图 1:100

图 5.5-9　二层照明平面图

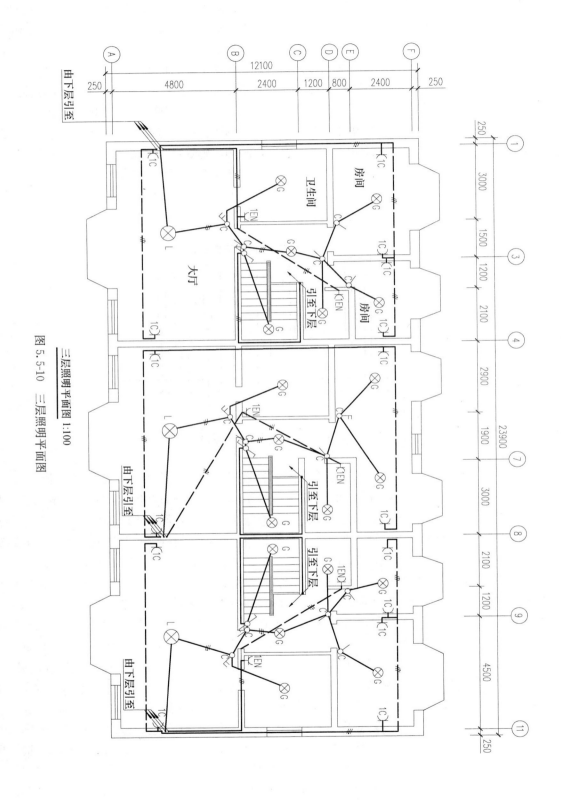

图 5.5-10　三层照明平面图

三层照明平面图 1:100

2）从一层平面图开始读图（图 5.5-8），进户线采用三相五线制 380/220V 50Hz，由市内电网埋地入室，进入配电箱 AL-0（进线开关箱），旁边带有黑圆点的箭头表示向上向下引通干线。电线采用 VV$_{22}$-1.0kV-4×10G40 镀锌钢管，埋地尺寸为 － 0.8m。总开关采用 DZ20-100/3P 40A 三相控制开关，分户用 C45N-32A/2P 的控制开关入室。

3）干线由 AL-0 总配电箱分三路沿墙或楼板上引至二层 AL-1、AL-2、AL-3 各用户照明配电箱。如图 5.5-9 所示。干线采用 BV$_{2×6}$＋1×4G25（其中 BV 表示塑钢线，2×6 指两根 6mm^2 导线，1×4 指 1 根 4mm^2 导线，G25 为镀锌钢管内径，直径为 25mm）。

4）首先看二层左户甲单元（图 5.5-9）。左户是一大厅、一小房间、一厨、一厕、一走廊和一楼梯间，共 6 盏灯。另有门灯一个。其中大厅为六头梅花灯吸顶，其他均为防水回球灯吸顶。大厅、走廊和小房间各有带安全门二极加三极暗插座，距地 0.8m，厨房设有两个带防水型三极暗插座，距地 1.3（1.8）m。厕所有一防水型三极暗插座，距地 1.8m。

5）由 AL-1 箱引出三路支线与各房间灯具、插座、开关连接。其中①支线为照明支线，通过开关上引至顶棚灯位，暗设 PVCl5。门灯和大厅灯分别由ⓐⓑ、ⓒⓓ双控开关控制。楼梯走廊、厨房、厕所和小房间分别由ⓔ︎ⓕⓖⓢ︎ⓧ︎单控开关控制。ⓘ为双控开关，控制楼梯灯。②支线与大厅、小房间插座相接。③支线与走廊厨房插座相接。

6）图 5.1-11 是左户甲单元二层平面照明接线示意图。

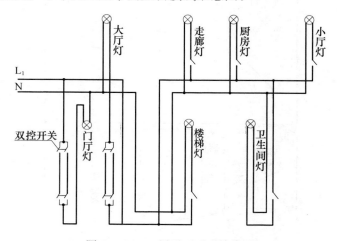

图 5.5-11　二层平面照明接线图

3. 室内电气照明系统图

（1）电气照明系统图表示的主要内容

室内电气照明系统图，是建筑物内的配电系统的组成和连接的示意图。主要表示电源的引进设置总配电箱、干线分布，分配电箱、各相线分配、计量表和控制开关等。

（2）电气照明系统图的阅读

现以图 5.1-8～图 5.1-10 照明平面图相对应，其照明系统图见图 5.5-12。

1）从图 5.1-12 左侧读图。图上箭头表明进户线引来电源，采用三相四线制 380/220 50Hz 由小区变电所地埋入室。进户线进入总配电箱（AL-0），图中虚线框表示总配电箱。总配电箱中的总开关采用 DZ20-100/3P 40A 的三相控制开关。然后，分三条干线 L1、L2、L3 经分户控制开关入室，即进入用户箱 AL-1、AL-2、AL-3。分户开关采用 C45N-

32A/2P。

2）在用户电箱 AL-1 内，设有总开关 C45N-25A/2P，计量表（wh），分七支线给房间各部分供电，并设有分开关，分开关全部采用 C45N-10A/2P。

图中①支线供二层电气照明；②支线供二层插座（大厅、小房间插座）；③支线供二层插座（厨房、厕所）；④支线供三层电气照明；⑤⑥支线供三层插座；⑦支线供车库照明。各支线采用 BV500-2×2.5PVC15，式中 BV500 表示塑钢导线耐压 500V，两根 2.5mm^2，穿管采用阻燃钢性管，直径为 15mm。

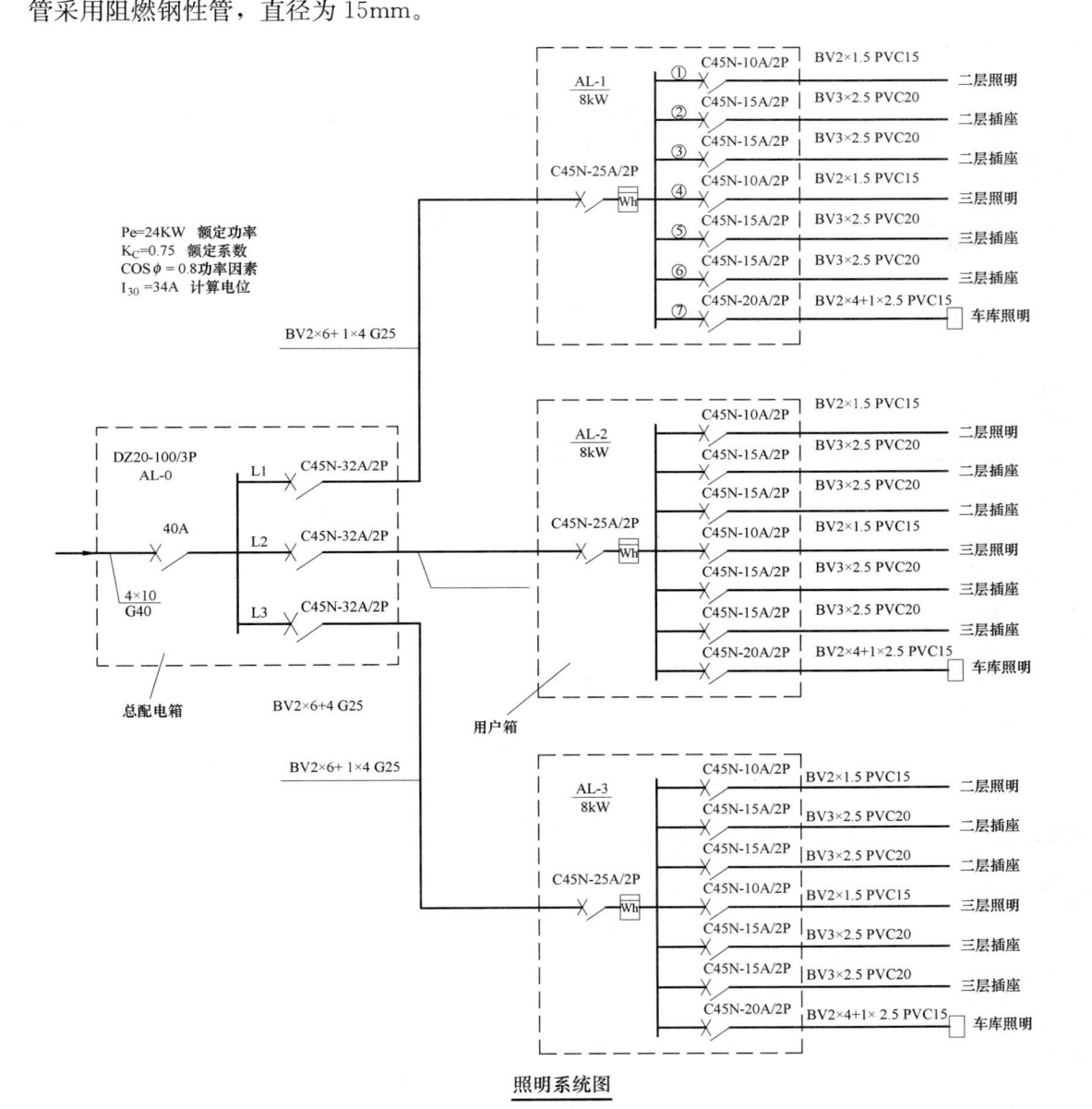

照明系统图

图 5.5-12　电气照明系统图

附录 房屋建筑制图标准摘编

一、《房屋建筑制图统一标准》（GB/T 50001—2017）

1 图线

（1）图线的基本线宽度 b，宜按照图纸比例及图纸性质从 1.4mm、1.0mm、0.7mm、0.5mm 线宽系列中选取。每个图样，应根据复杂程度与比例大小，先选定基本线宽 b，再选用表 1-1 中相应的线宽组。

表 1-1 线宽组（mm）

线宽比	线宽组			
b	1.4	1.0	0.7	0.5
$0.7b$	1.0	0.7	0.5	0.35
$0.5b$	0.7	0.5	0.35	0.25
$0.25b$	0.35	0.25	0.18	0.13

注：1. 需要缩微的图纸，不宜采用 0.18mm 及更细的线宽。

2. 同一张图纸内，各不同线宽中的细线，可统一采用较细的线宽组的细线。

（2）工程建设制图应选用表 1-2 所示的图线。

表 1-2 图线

名称		线型	线宽	一般用途
实线	粗	——————	b	主要可见轮廓线
	中粗	——————	$0.7b$	可见轮廓线、变更云线
	中	——————	$0.5b$	可见轮廓线、尺寸线
	细	——————	$0.25b$	图例填充线、家具线
虚线	粗	— — — —	b	见各有关专业制图标准
	中粗	— — — —	$0.7b$	不可见轮廓线
	中	— — — —	$0.5b$	不可见轮廓线、图例线
	细	— — — —	$0.25b$	图例填充线、家具线

续表

名称		线型	线宽	一般用途
单点长画线	粗		b	见各有关专业制图标准
	中		$0.5b$	见各有关专业制图标准
	细		$0.25b$	中心线、对称线、轴线等
双点长画	粗		b	见各有关专业制图标准
	中		$0.5b$	见各有关专业制图标准
	细		$0.25b$	假想轮廓线、成型前原始轮廓线
折断线	细		$0.25b$	断开界线
波浪线	细		$0.25b$	断开界线

（3）同一张图纸内，相同比例的各图样应选用相同的线宽组。

2 比例

（1）图样的比例，应为图形与实物相对应的线性尺寸之比。

（2）比例的符号为"："，比例应以阿拉伯数字表示。

（3）比例宜注写在图名的右侧，字的基准线应取平；比例的字高宜比图名的字高小一号或二号（图 2-1）。

<u>平面图</u>1:100　　⑥ 1:20

图 2-1 比例的注写

（4）绘图所用的比例应根据图样的用途与被绘对象的复杂程度，从表 2-1 中选用，并应优先采用表中常用比例。

表 2-1 绘图所用比例

常用比例	1：1、1：2、1：5、1：10、1：20、1：30、1：50、1：100、1：150、1：200、1：500、1：1000、1：2000
可用比例	1：3、1：4、1：6、1：15、1：25、1：40、1：60、1：80、1：250、1：300、1：400、1：600、1：5000、1：10000、1：20000、1：50000、1：100000、1：200000

（5）一般情况下，一个图样应选用一种比例。根据专业制图需要，同一图样可选用两种比例。

（6）特殊情况下也可自选比例，这时除应注出绘图比例外，还应在适当位置绘制出相应的比例尺。需要缩微的图纸应绘制比例尺。

3 符号

（1）剖切符号

1）剖切符号宜优先选择国际通用方法表示（见图 3-1）。也可采用常用方法表示（见图 3-2）。同一套图纸应选用一种表示方法。

2）剖切符号标注的位置应符合下列规定：

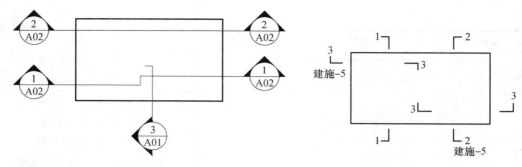

图 3-1   剖视的剖切符号（一）   图 3-2   剖视的剖切符号（二）

① 建（构）筑物剖面图的剖切符号应注在±0.000 标高的平面图或首层平面图上。

② 局部剖切图（不含首层）、断面图的剖切符号应注在包含剖切部位的最下面一层的平面图上。

3）采用国际通用剖视表示方法时，剖面及断面的剖切符号应符合下列规定：

① 剖面剖切索引符号应由直径为 8～10mm 的圆和水平直径以及两条相互垂直且外切圆的线段组成，水平直径上方应为索引编号。下方应为图纸编号，详细规定见图 3-4，线段与圆之间应填充黑色并形成箭头表示剖视方向。索引符号应位于剖线两端；断面及剖视详图剖切符号的索引符号应位于平面图外侧一端，另一端为剖视方向线，长度宜为 7～9mm。宽度宜为 2mm。

② 剖切线与符号线线宽应为 0.25b。

③ 需要转折的剖切位置线应连续绘制。

④ 剖号的编号宜由左至右、由下向上连续编排。

4）采用常用方法表示时，剖面的剖切符号应由剖切位置线及剖视方向线组成。均应以粗实线绘制。线宽宜为 b。剖面的剖切符号应符合下列规定：

① 剖切位置线的长度宜为 6～10mm；剖视方向线应垂直于剖切位置线，长度应短于剖切位置线，宜为 4～6mm。绘制时，剖视剖切符号不应与其他图线相接触。

② 剖视剖切符号的编号宜采用粗阿拉伯数字，按剖切顺序由左至右、由下向上连续编排，并应注写在剖视方向线的端部（图 3-2）。

③ 需要转折的剖切位置线，应在转角的外侧加注与该符号相同的编号。

④ 断面的剖切符号应仅用剖切位置线表示。其编号应注写在剖切位置线的一侧；编号所在的一侧应为该断面的剖视方向，其余同剖面的剖切符号（图 3-3）。

⑤ 当与被剖切图样不在同一张图内，应在剖切位置线的另一侧注明其所在图纸的编号（图 3-3），也可以在图上集中说明。

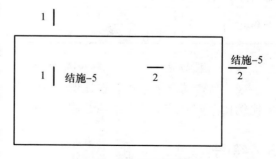

图 3-3   断面的剖切符号

（2）索引符号与详图符号

1）图样中的某一局部或构件，如需另见详图，应以索引符号索引 ［图 3-4（a）］。索引符号由直径为 8～10mm 的圆和水平直径组成，圆及水平直径线宽为 0.25b。索引符号应按下列规定编写：

① 当索引出的详图与被索引的详图同在一张图纸内，应在索引符号的上半圆中用阿拉伯数字注明该详图的编号，并在下半圆中间画一段水平细实线［图 3-4（b）］。

② 当索引出的详图与被索引的详图不在同一张图纸内，应在索引符号的上半圆中用阿拉伯数字注明该详图的编号，在索引符号的下半圆用阿拉伯数字注明该详图所在图纸的编号［图 3-4（c）］。数字较多时，可加文字标注。

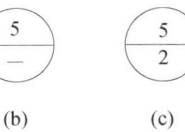
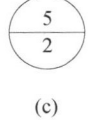
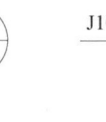

（a）　　　　　（b）　　　　　（c）　　　　　（d）

图 3-4　索引符号

③ 当索引出的详图采用标准图时，应在索引符号水平直径的延长线上加注该标准图集的编号［图 3-4（d）］。需要标注比例时，文字在索引符号右侧或延长线下方，与符号下对齐。

2）当索引符号如用于索引剖视详图时，应在被剖切的部位绘制剖切位置线，并以引出线引出索引符号，引出线所在的一侧应为剖视方向。索引符号的编号同上述第 1）条的规定（图 3-5）。

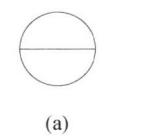

图 3-5　用于索引剖面详图的索引符号

3）零件、钢筋、杆件、及消火栓、配电箱、管井等设备的编号直径宜以 4～6mm 的圆表示，同一图样应保持一致，其编号应用阿拉伯数字按顺序编写（图 3-6）。

4）详图的位置和编号应以详图符号表示。详图符号的圆直径应为 14mm，线宽为 b。详图编号应符合下列规定：

① 当详图与被索引的图样同在一张图纸内时，应在详图符号内用阿拉伯数字注明详图的编号（图 3-7）。

② 当详图与被索引的图样不在同一张图纸内时，应用细实线在详图符号内画一水平直径，在上半圆中注明详图编号，在下半圆中注明被索引的图纸的编号（图 3-8）。

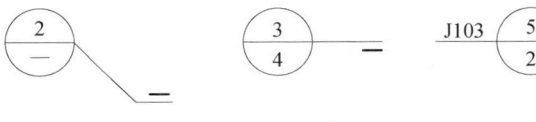

图 3-6　零件、钢
筋等的编号

图 3-7　与被索引图样在
同一张图纸内的详图符号

图 3-8　与被索引图样不在
同一张图纸内的详图符号

4　引出线

（1）引出线线宽应为 0.25b，宜采用水平方向的直线，与水平方向成 30°、45°、60°、

90°的直线，并经上述角度再折成水平线。文字说明宜注写在水平线的上方［图 4-1 (a)］，也可注写在水平线的端部［图 4-1 (b)］。索引详图的引出线，应与水平直径线相连接［图 4-1 (c)］。

（2）同时引出的几个相同部分的引出线，宜互相平行［图 4-2 (a)］，也可画成集中于一点的放射线［图 4-2 (b)］。

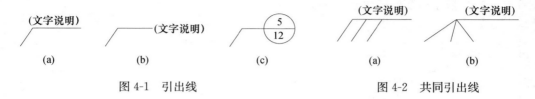

图 4-1　引出线　　　　　　　　　　　　图 4-2　共同引出线

（3）多层构造或多层管道共用引出线，应通过被引出的各层，并用圆点示意对应各层次。文字说明宜注写在水平线的上方，或注写在水平线的端部，说明的顺序应由上至下，并应与被说明的层次对应一致；如层次为横向排序，则由上至下的说明顺序应与由左至右的层次对应一致（图 4-3）。

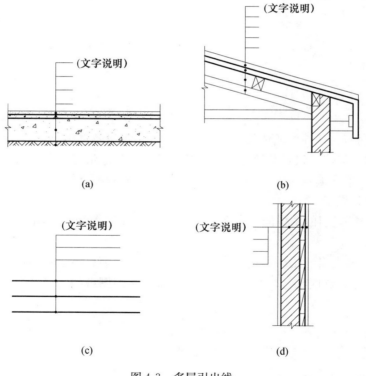

图 4-3　多层引出线

5　其他符号

（1）对称符号由对称线和两端的两对平行线组成。对称线应用细单点长画线绘制，线宽宜为 0.25b；平行线用实线绘制，其长度宜为 6～10mm，每对的间距宜为 2～3mm，线宽宜为 0.5b；对称线垂直平分于两对平行线，两端超出平行线宜为 2～3mm（图 5-1）。

（2）连接符号应以折断线表示需连接的部位。两部位相距过远时，折断线两端靠图样一侧应标注大写英文字母表示连接编号。两个被连接的图样应用相同的字母编号（图 5-2）。

（3）指北针的形状符合图 5-3 的规定，其圆的直径宜为 24mm，用细实线绘制；指针尾部的宽度宜为 3mm，指针头部应注"北"或"N"字。需用较大直径绘制指北针时，指针尾部的宽度宜为直径的 1/8。

（4）指北针与风玫瑰结合时宜采用互相垂直的线段，线段两端应超出风玫瑰轮廓线 2～3mm。垂点宜为风玫瑰中心，北向应注"北"或"N"字，组成风玫瑰所有线宽均宜为 0.5b。

（5）对图纸中局部变更部分宜采用云线，并宜注明修改版次。修改版次符号宜为边长 0.8cm 的正等边三角形，修改版次应采用数字表示（图 5-4）。变更云线的线宽宜按 0.7b 绘制。

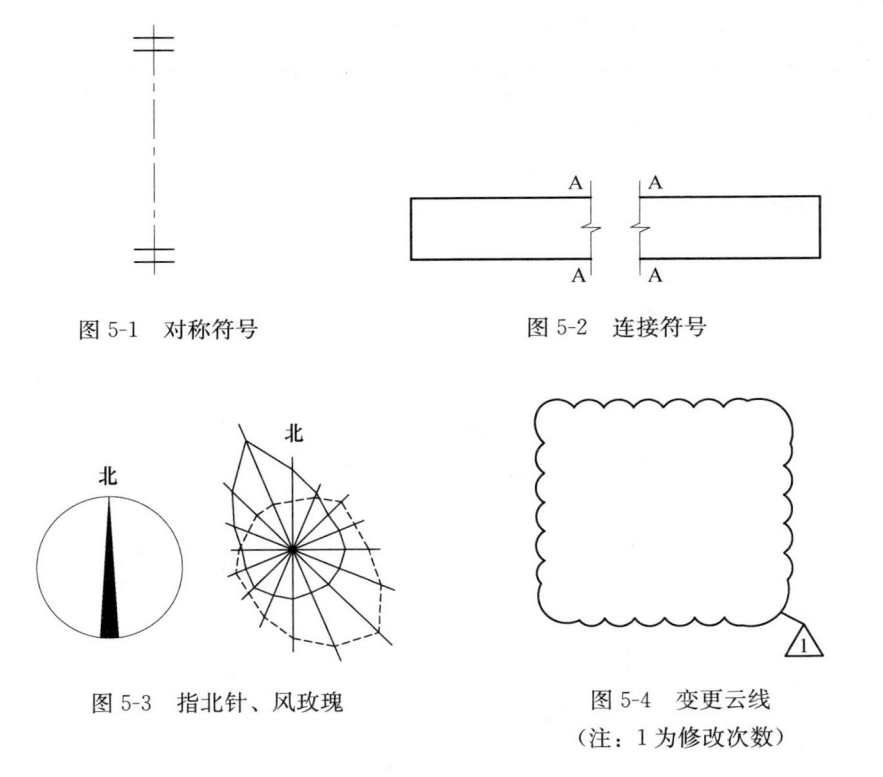

图 5-1　对称符号　　　　　　　　　图 5-2　连接符号

图 5-3　指北针、风玫瑰　　　　　　图 5-4　变更云线

（注：1 为修改次数）

6　定位轴线

（1）定位轴线应用 0.25b 线宽的单点长画线绘制。

（2）定位轴线应编号，编号应注写在轴线端部的圆内。圆应用 0.25b 线宽的实线绘制，直径宜为 8～10mm。定位轴线圆的圆心应在定位轴线的延长线或延长线的折线上。

（3）除较复杂需采用分区编号或圆形、折线形外，平面图上定位轴线的编号，宜标注在图样的下方或左侧。横向编号应用阿拉伯数字，从左至右顺序编写；竖向编号应用大写英文字母，从下至上顺序编写（图 6-1）。

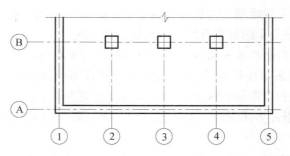

图 6-1　定位轴线的编号顺序

（4）英文字母作为轴线号时，应全部采用大写字母，不应用同一个字母的大小写来区分轴线号。英文字母的 I、O、Z 不得用做轴线编号。当字母数量不够使用时，可增用双字母或单字母加数字注脚。

（5）组合较复杂的平面图中定位轴线可采用分区编号（图 6-2）。编号的注写形式应为"分区号——该分区定位轴线编号"，分区号宜采用阿拉伯数字或大写英文字母表示；多子项的平面图中定位轴线可采用子项编号，编号的注写形式为"子项号——该子项定位轴线编号"，子项号采用阿拉伯数字或大写英文字母表示。如"1-1"、"1-A"或"A-1"、"A-2"。当采用分区编号或者子项编号，同一根轴线有不止 1 个编号时，相应编号应同时注明。

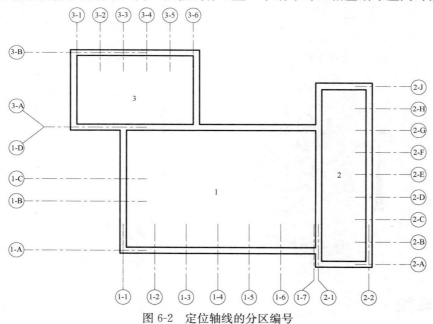

图 6-2　定位轴线的分区编号

（6）附加定位轴线的编号，应以分数形式表示，并应符合下列规定：

① 两根轴线的附加轴线，应以分母表示前一轴线的编号，分子表示附加轴线的编号。编号宜用阿拉伯数字顺序编写；

② 1 号轴线或 A 号轴线之前的附加轴线的分母应以 01 或 0A 表示。

（7）一个详图适用于几根轴线时，应同时注明各有关轴线的编号（图 6-3）。

（8）通用详图中的定位轴线，应只画圆，不注写轴线编号。

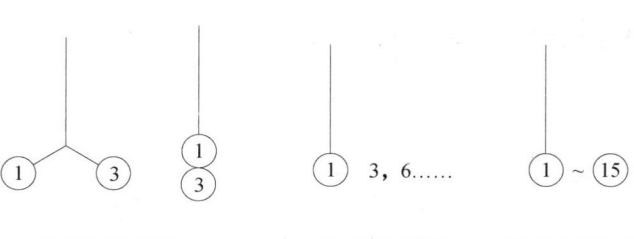

用于2根轴线时　　　　　　用于3根或3根　　　用于3根以上连续
　　　　　　　　　　　　　以上轴线时　　　　编号的轴线时

图 6-3　详图的轴线编号

（9）圆形与弧形平面图中的定位轴线，其径向轴线应以角度进行定位，其编号宜用阿拉伯数字表示，从左下角或－90°（若径向轴线很密，角度间隔很小）开始，按逆时针顺序编写；其环向轴线宜用大写英文字母表示，从外向内顺序编写（图 6-4、图 6-5）。圆形与弧形平面图的圆心宜选用大写英文字母编写（I、O、Z 除外）。有不止 1 个圆心时，可在字母后加注阿拉伯数字进行区分。如 P1、P2、P3。

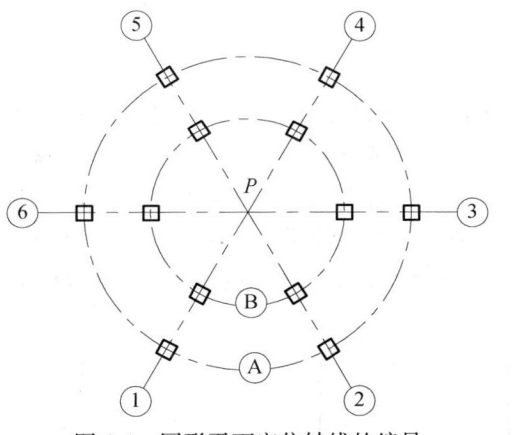

图 6-4　圆形平面定位轴线的编号

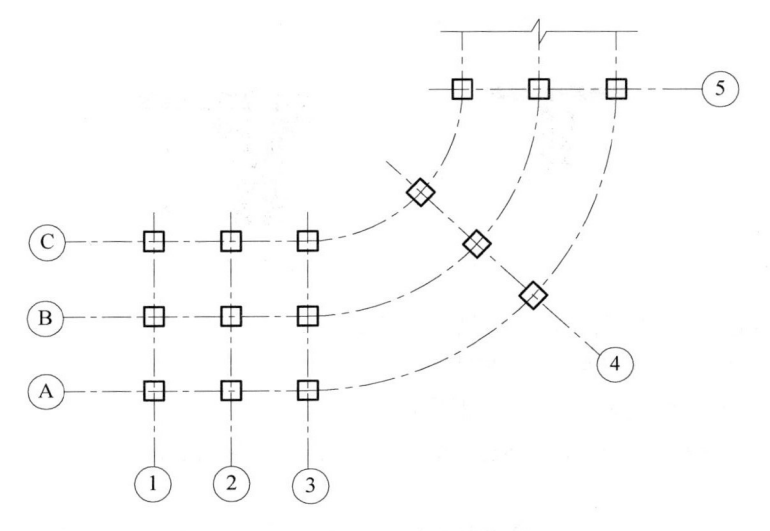

图 6-5　弧形平面定位轴线的编号

（10）折线形平面图中定位轴线的编号可按图6-6的形式编写。

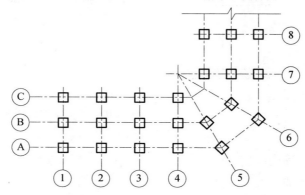

图6-6　折线形平面定位轴线的编号

7　常用建筑材料图例

（1）一般规定

1）本标准只规定常用建筑材料的图例画法，对其尺度比例不作具体规定。使用时，应根据图样大小而定，并应注意下列规定：

① 图例线应间隔均匀，疏密适度，做到图例正确，表示清楚；②不同品种的同类材料使用同一图例时，应在图上附加必要的说明；③两个相同的图例相接时，图例线宜错开或使倾斜方向相反（图7-1）；④两个相邻的填黑或灰的图例间应留有空隙。其净宽度不得小于0.5mm（图7-2）。

图7-1　相同图例相接时的画法

图7-2　相邻涂黑图例的画法

2）下列情况可不绘制图例，但应增加文字说明：

① 一张图纸内的图样只用一种图例时；

② 图形较小无法绘制表达建筑材料图例时。

3）需画出的建筑材料图例面积过大时，可在断面轮廓线内，沿轮廓线作局部表示（图7-3）。

4）当选用本标准中未包括的建筑材料时，可自编图例。但不得与本标准所列的图例重

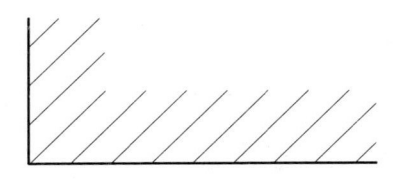

图 7-3　局部表示图例

复。绘制时，应在适当位置画出该材料图例，并加以说明。

（2）常用建筑材料图例

1）常用建筑材料应按表 7-1 所示图例画法绘制。

表 7-1　常用建筑材料图例

序号	名称	图例	备注
1	自然土壤		包括各种自然土壤
2	夯实土壤		
3	砂、灰土		
4	砂砾石、碎砖三合土		
5	石材		
6	毛石		
7	实心砖多孔砖		包括普通砖、多孔砖、混凝土砖等砌体
8	耐火砖		包括耐酸砖等彻体
9	空心砖空心砌块		包括空心砖、普通或轻骨料混凝土小型空心砌块等砌体
10	加气混凝土		包括加气混凝土砌块砌体、加气混凝土墙板及加气混凝土材料制品等
11	饰面砖		包括铺地砖、玻璃、马赛克、陶瓷锦砖、人造大理石等

序号	名称	图例	备注
12	焦渣、矿渣	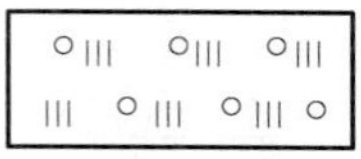	包括与水泥、石灰等混合而成的材料
13	混凝土	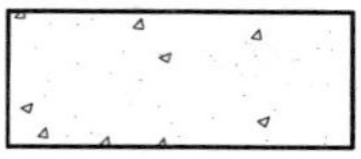	1. 包括各种强度等级、骨料、添加剂的混凝土 2. 在剖面图上画出钢筋时，则不需绘表图例线 3. 断面图形小，不易画出图例线时，可涂黑或深灰（灰度宜70%）
14	钢筋混凝土		
15	多孔材料	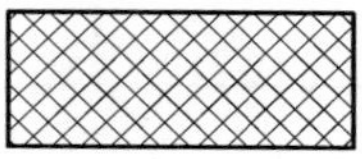	包括水泥珍珠岩、沥青珍珠岩、泡沫混凝土、软木、蛭石制品等
16	纤维材料	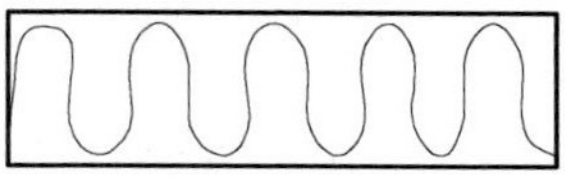	包括矿棉、岩棉、玻璃棉、麻丝、木丝板、纤维板等
17	泡沫塑料材料	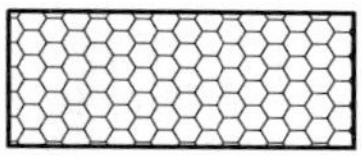	包括聚苯乙烯、聚乙烯、聚氨酯等多孔聚合物类材料
18	木材	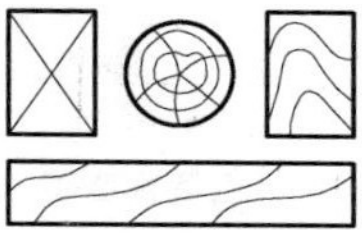	1. 上图为横断面，左上图为垫木、木砖或木龙骨 2. 下图为纵断面
19	胶合板	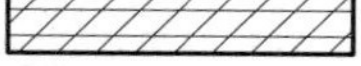	应注明为×层胶合板
20	石膏板	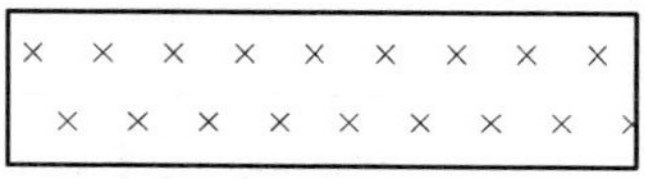	包括圆孔或方孔石膏板、防水石膏板、硅钙板、防火石膏板等
21	金属	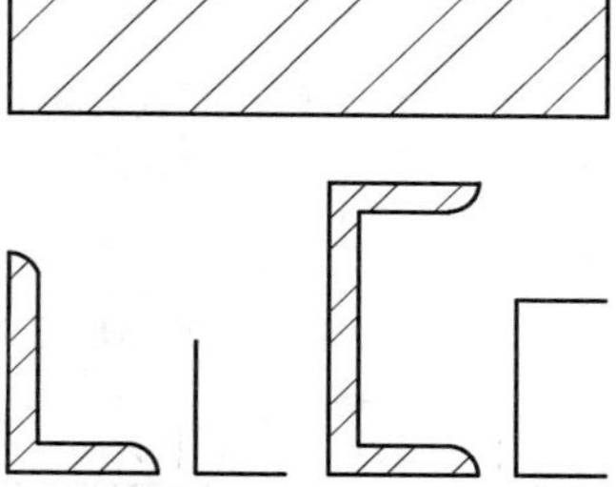	1. 包括各种金属 2. 图形较小时，可填黑或深灰（灰度宜70%）

续表

序号	名称	图例	备注
22	网状材料		1. 包括金属、塑料网状材料 2. 应注明具体材料名称
23	液体	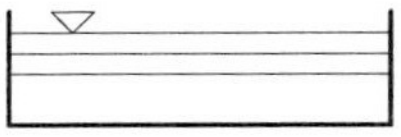	应注明具体液体名称
24	玻璃	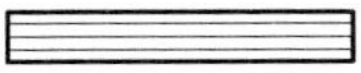	包括平板玻璃、磨砂玻璃、夹丝玻璃、钢化玻璃中空玻璃、夹层玻璃、镀膜玻璃等
25	橡胶		
26	塑料		包括各种软、硬塑料及有机玻璃等
27	防火材料		构造层次多或绘制比例大时，采用上面的图例
28	粉刷		本图例采用较稀的点

注：1. 本表中所列图例通常在1∶50及以上比例的详图中绘制表达；

　　2. 如需表达砖、砌块等砌体墙的承重情况时，可通过在原有建筑材料图例上增加填灰等方式进行区分，灰度宜为25%左右。

　　3. 序号1、2、5、7、8、14、15、21图例中的斜线、短斜线、交叉线等均为45°。

8　剖面图和断面图

（1）剖面图除应画出剖切面切到部分的图形外，还应画出沿投射方向看到的部分，被剖切面切到部分的轮廓线用0.7b线宽的实线绘制，剖切面没有切到但沿投射方向可以看到的部分，用0.5b线宽的实线绘制；断面图则只需（用0.7b线宽的实线）画出剖切面切到部分的图形（图8-1）。

（2）剖面图和断面图应按下列方法剖切后绘制：

① 用一个剖切面剖切（图8-2）；

② 用两个或两个以上平行的剖切面剖切（图8-3）；

③ 用两个相交的剖切面剖切（图8-4），用此法剖切时，应在图名后注明"展开"字样。

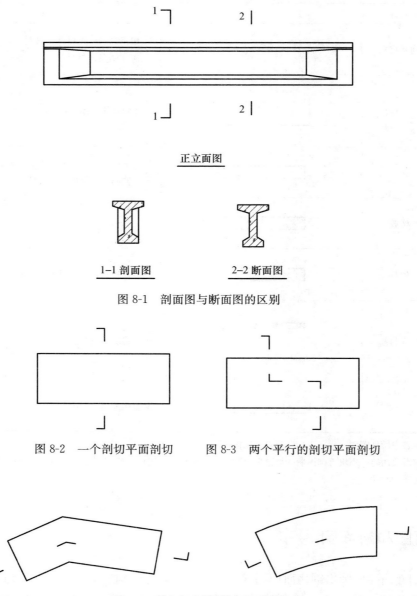

正立面图

1-1 剖面图　　　　　　　　2-2 断面图

图 8-1　剖面图与断面图的区别

图 8-2　一个剖切平面剖切　　　图 8-3　两个平行的剖切平面剖切

图 8-4　两个相交的剖切平面剖切

　　(3) 分层剖切的剖面图,应按层次以波浪线将各层隔开,波浪线不应与任何图线重合 (图 8-5)。

　　(4) 杆件的断面图可绘制在靠近杆件的一侧或端部处并按顺序依次排列 (图 8-6),也可绘制在杆件的中断处 (图 8-7);结构梁板的断面图可画在结构布置图上 (图 8-8)。

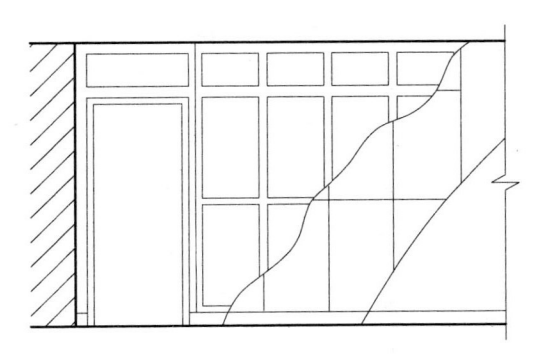

图 8-5 分层剖切的剖面图

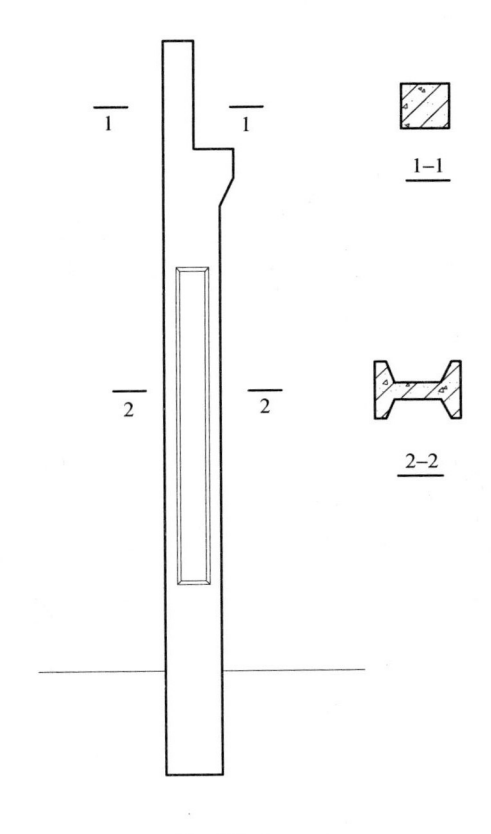

正立面图

图 8-6 断面图按顺序排列

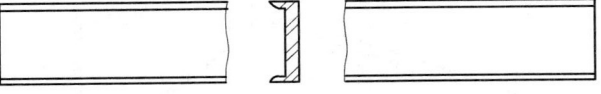

图 8-7 断面图画在杆件中断处

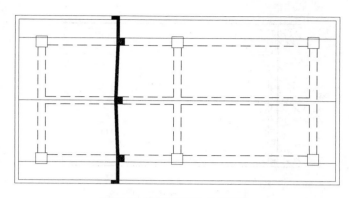

图 8-8　断面图画在布置图上

9　简化画法

（1）构配件的视图有一条对称线，可只画该视图的一半；视图有两条对称线，可只画该视图的 1/4，并画出对称符号（图 9-1）。图形也可稍超出其对称线，此时可不画对称符号（图 9-2）。对称的形体需画剖面图或断面图时，可以对称符号为界，一半画视图（外形图），一半画剖面图或断面图（图 9-3）。

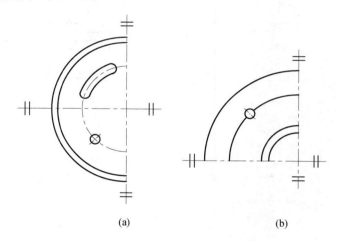

(a)　　　　　　　　　　　　(b)

图 9-1　画出对称符号

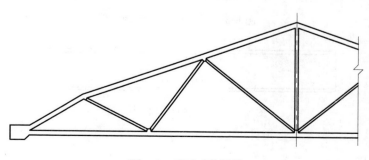

图 9-2　不画对称符号

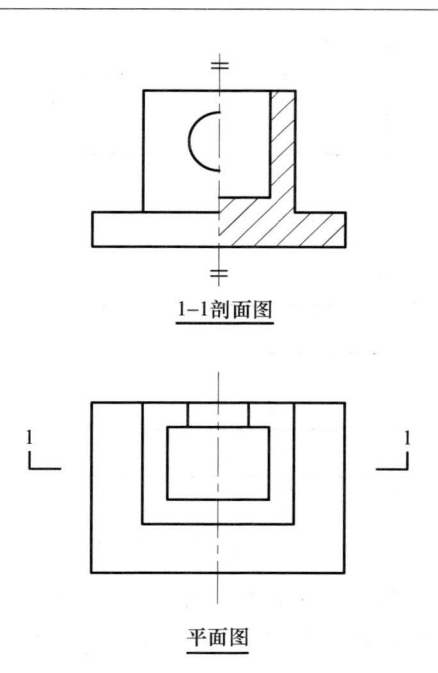

1—1剖面图

平面图

图 9-3　一半画视图，一半画剖面图

（2）构配件内多个完全相同且连续排列的构造要素，可仅在两端或适当位置画出其完整形状，其余部分以中心线或中心线交点表示［图 9-4（a）］。当相同构造要素少于中心线交点时，其余部分应在相同构造要素位置的中心线交点处用小圆点表示［图 9-4（b）］。

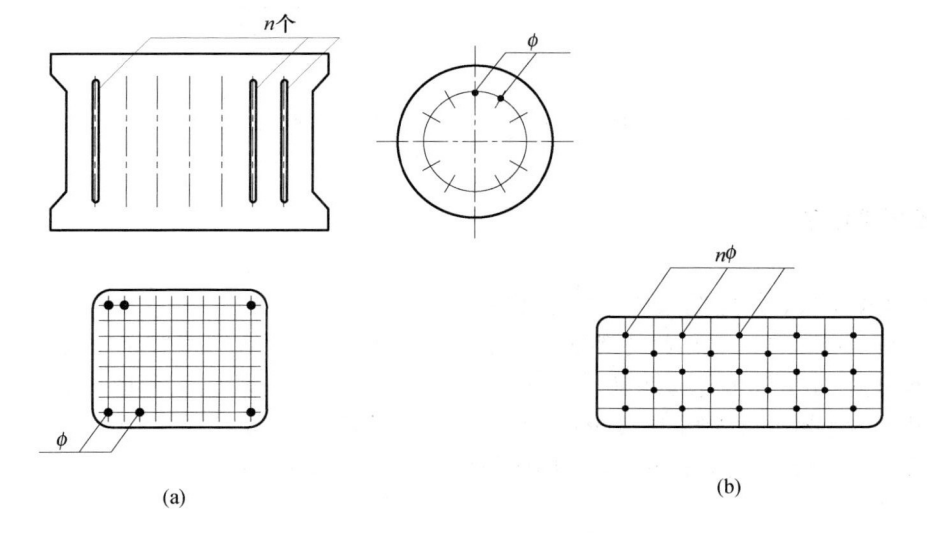

(a)　　　　　　　　　　　　　　　　　　　　(b)

图 9-4　相同要素简化画法

（3）较长的构件，当沿长度方向的形状相同或按一定规律变化，可断开省略绘制，断开处应以折断线表示（图 9-5）。

（4）一个构配件如绘制位置不够，可分成几个部分绘制，并应以连接符号表示相连（图 9-6）。

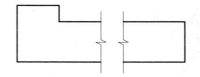

图 9-5　折断简化画法

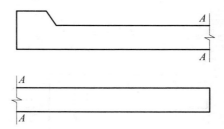

图 9-6　同一构件的分段画法

（5）一个构配件如与另一构配件仅部分不相同，该构配件可只画不同部分，但应在两个构配件的相同部分与不同部分的分界线处，分别绘制连接符号（图 9-7）。

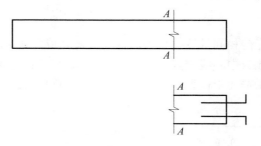

图 9-7　构件局部不同的简化画法

10　尺寸标注

（1）尺寸界线、尺寸线及尺寸起止符号

① 图样上的尺寸，包括尺寸界线、尺寸线、尺寸起止符号和尺寸数字（图 10-1）。

② 尺寸界线应用细实线绘制，应与被注长度垂直，其一端应离开图样轮廓线不小于2mm，另一端宜超出尺寸线 2～3mm。图样轮廓线可用作尺寸界线（图 10-2）。

③ 尺寸线应用细实线绘制，应与被注长度平行。图样本身的任何图线均不得用作尺寸线（图 10-1）。

④ 尺寸起止符号用中粗斜短线绘制，其倾斜方向应与尺寸界线成顺时针 45°角，长度宜为2～3mm。轴测图中用小圆点表示尺寸起止符号，小圆点直径 1mm（图 10-3a）。半径、直径、角度与弧长的尺寸起止符号，宜用箭头表示，箭头宽度 b 不宜小于 1mm（图 10-3b）。

（2）尺寸数字

① 图样上的尺寸，应以尺寸数字为准，不得从图上直接量取。

② 图样上的尺寸单位，除标高及总平面以米为单位外，其他必须以毫米为单位。

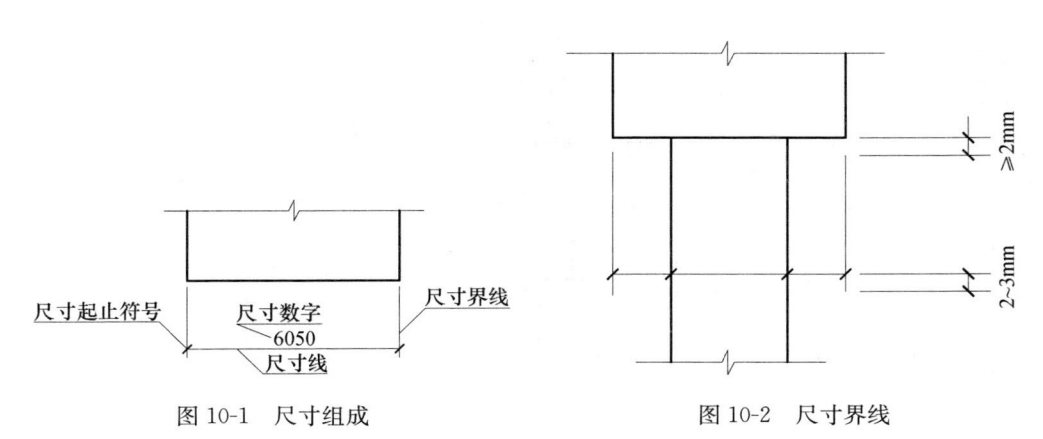

图 10-1　尺寸组成　　　　　　　　　图 10-2　尺寸界线

③ 尺寸数字的方向，应按图 10-4（a）的规定注写。若尺寸数字在 30°斜线区内，也可按图 10-4（b）的形式注写。

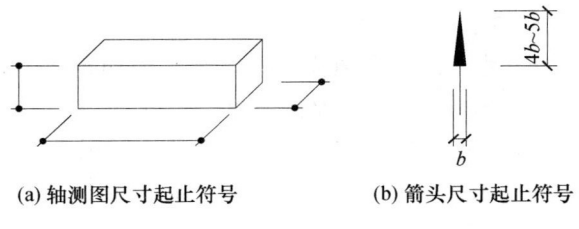

(a) 轴测图尺寸起止符号　　　　　(b) 箭头尺寸起止符号

图 10-3　尺寸起止符号

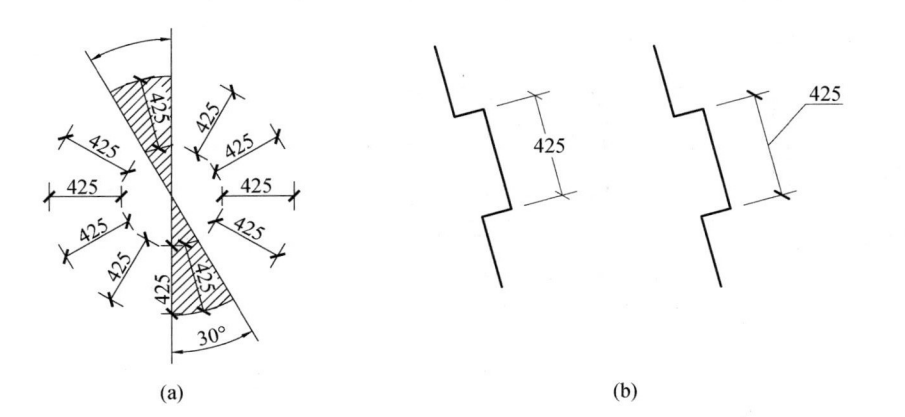

(a)　　　　　　　　　　　　　　(b)

图 10-4　尺寸数字的注写方向

④ 尺寸数字一般应依据其方向注写在靠近尺寸线的上方中部。如没有足够的注写位置，最外边的尺寸数字可注写在尺寸界线的外侧，中间相邻的尺寸数字可上下错开注写，可用引出线表示标注尺寸的位置（图 10-5）。

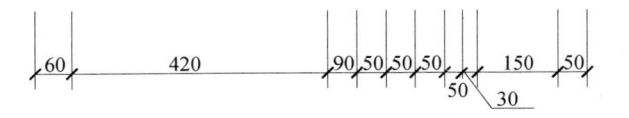

图 10-5　尺寸数字的注写位置

（3）尺寸的排列与布置

① 尺寸宜标注在图样轮廓以外，不宜与图线、文字及符号等相交（图 10-6）。

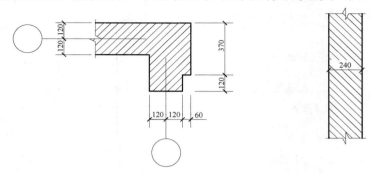

图 10-6　尺寸数字的注写

② 互相平行的尺寸线，应从被注写的图样轮廓线由近向远整齐排列，较小尺寸应离轮廓线较近，较大尺寸应离轮廓线较远（图 10-7）。

③ 图样轮廓线以外的尺寸界线，距图样最外轮廓之间的距离不宜小于 10mm。平行排列的尺寸线的间距，宜为 7～10mm，并应保持一致（图 10-7）。

④ 总尺寸的尺寸界线应靠近所指部位，中间的分尺寸的尺寸界线可稍短，但其长度应相等（图 10-7）。

（4）半径、直径、球的尺寸标注

① 半径的尺寸线应一端从圆心开始，另一端画箭头指向圆弧。半径数字前应加注半径符号"R"（图 10-8）。

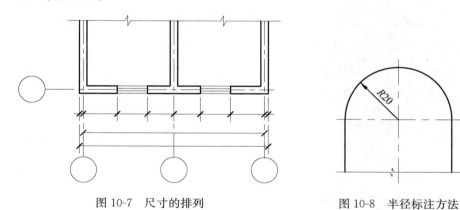

图 10-7　尺寸的排列　　　　　　　　图 10-8　半径标注方法

② 较小圆弧的半径，可按图 10-9 形式标注。

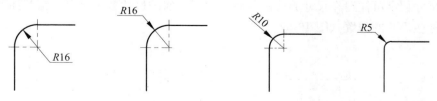

图 10-9　小圆弧半径的标注方法

③ 较大圆弧的半径，可按图 10-10 形式标注。

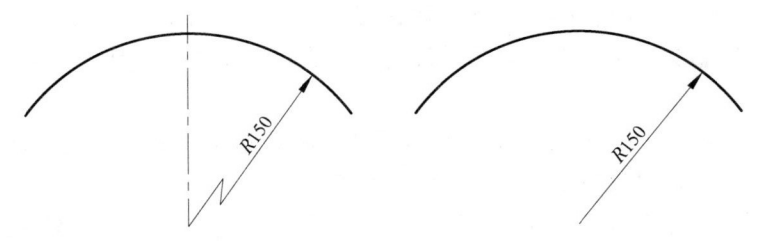

图 10-10　大圆弧半径的标注方法

④ 标注圆的直径尺寸时，直径数字前应加直径符号"ϕ"。在圆内标注的尺寸线应通过圆心，两端画箭头指至圆弧（图 10-11）。

⑤ 较小圆的直径尺寸，可标注在圆外（图 10-12）。

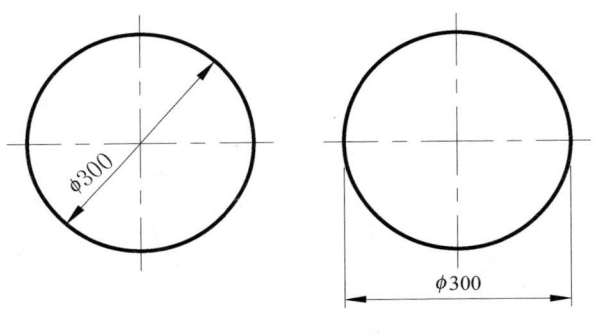

图 10-11　圆直径的标注方法

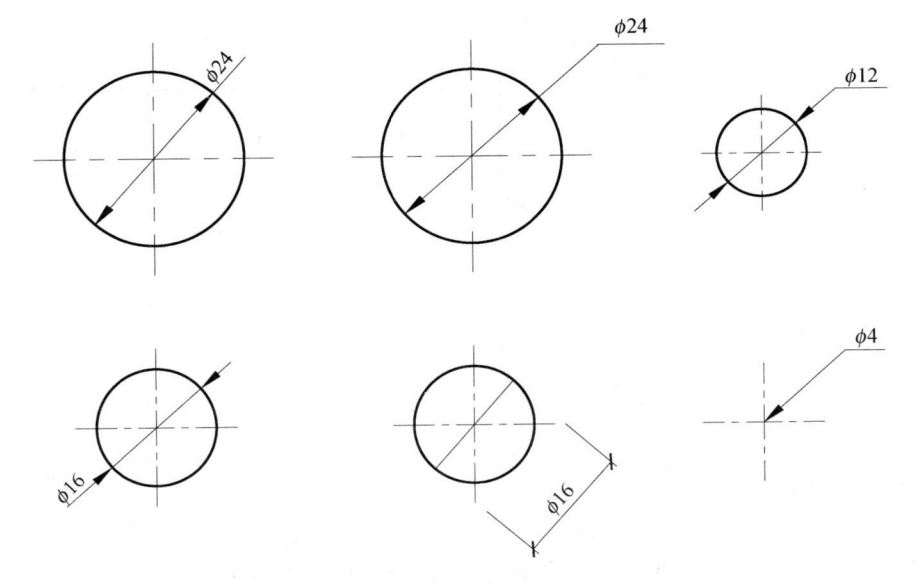

图 10-12　小圆直径的标注方法

标注球的半径尺寸时，应在尺寸前加注符号"SR"。标注球的直径尺寸时，应在尺寸数字前加注符号"Sϕ"。注写方法与圆弧半径和圆直径的尺寸标注方法相同。

（5）角度、弧度、弧长的标注

① 角度的尺寸线应以圆弧表示。该圆弧的圆心应是该角的顶点，角的两条边为尺寸界线。起止符号应以箭头表示，如没有足够位置画箭头，可用圆点代替，角度数字应沿尺寸线方向注写（图 10-13）。

② 标注圆弧的弧长时，尺寸线应以与该圆弧同心的圆弧线表示，尺寸界线应指向圆心，起止符号用箭头表示，弧长数字上方应加注圆弧符号"⌒"（图 10-14）。

③ 标注圆弧的弦长时，尺寸线应以平行于该弦的直线表示，尺寸界线应垂直于该弦，起止符号用中粗斜短线表示（图 10-15）。

（6）薄板厚度、正方形、坡度、非圆曲线等尺寸标注

① 在薄板板面标注板厚尺寸时，应在厚度数字前加厚度符号"t"（图 10-16）。

② 标注正方形的尺寸，可用"边长×边长"的形式，也可在边长数字前加正方形符号"□"（图 10-17）。

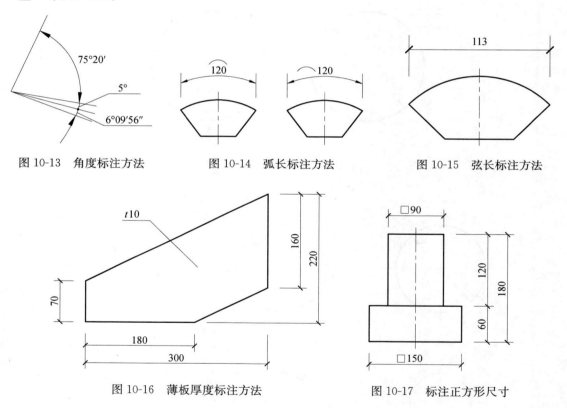

图 10-13　角度标注方法　　　图 10-14　弧长标注方法　　　图 10-15　弦长标注方法

图 10-16　薄板厚度标注方法　　　　图 10-17　标注正方形尺寸

③ 标注坡度时，应加注坡度符号"←"或"—"［图 10-18（a）、（b）］，箭头应指向下坡方向［图 10-18（c）（d）］。坡度也可用直角三角形的形式标注［图 10-18（e）（f）］。

④ 外形为非圆曲线的构件，可用坐标形式标注尺寸（图 10-19）。

⑤ 复杂的图形，可用网格形式标注尺寸（图 10-20）。

（7）尺寸的简化标注

① 杆件或管线的长度，在单线图（桁架简图、钢筋简图、管线简图）上，可直接将尺

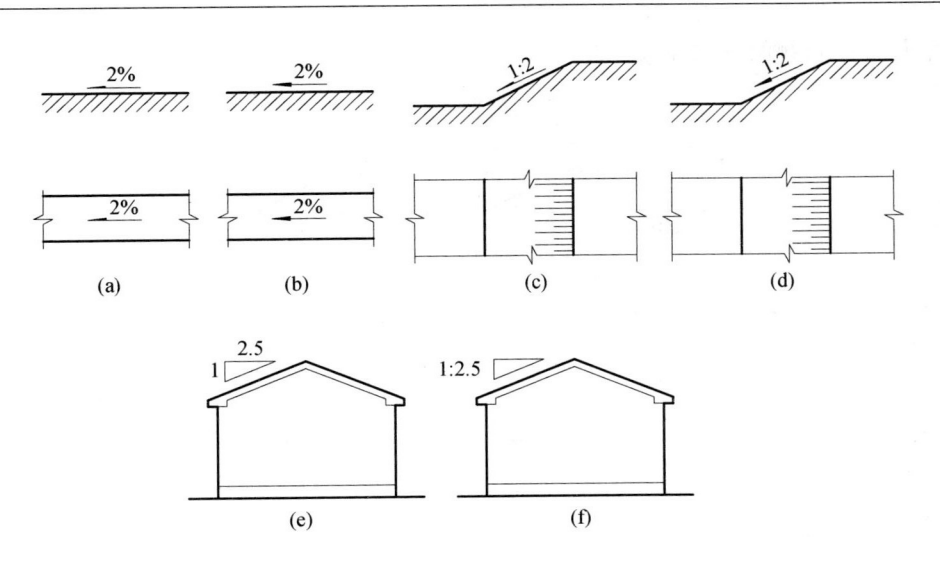

图 10-18　坡度的标注方法

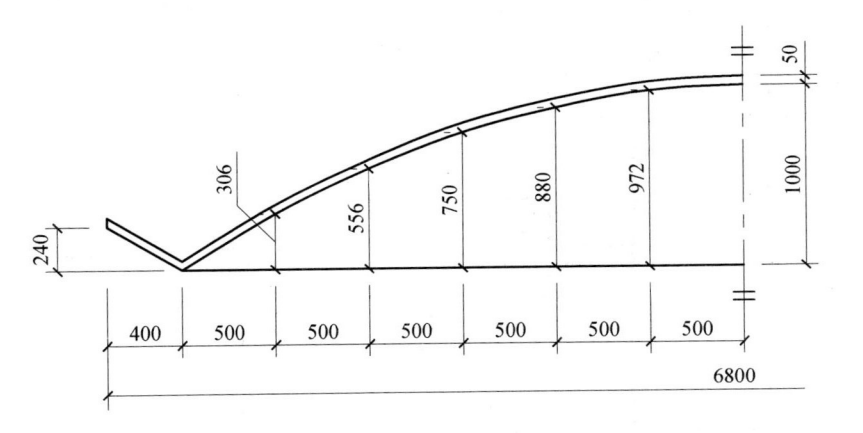

图 10-19　坐标法标注曲线

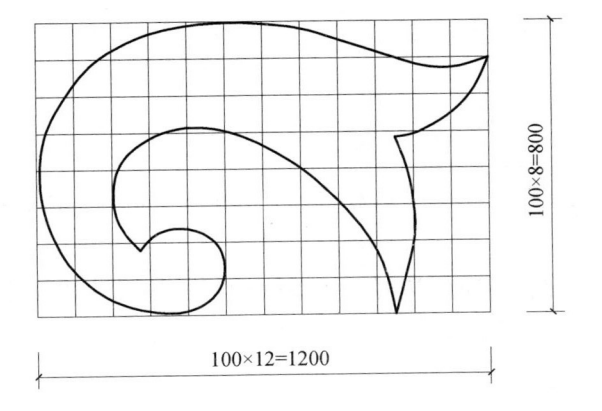

图 10-20　网格法标注曲线尺寸

寸数字沿杆件或管线的一侧注写（图 10-21）。

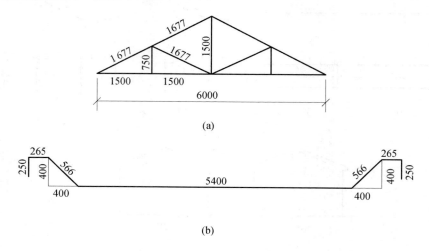

图 10-21　单线图尺寸标注方法

　　② 连续排列的等长尺寸，可用"等长尺寸×个数＝总长"的形式标注［图 10-22（a）］或"总长（等分个数）"［图 10-22（b）］的形式标注。

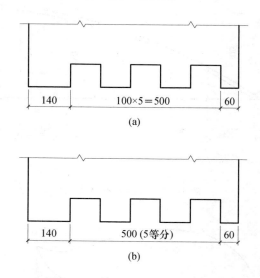

图 10-22　等长尺寸简化标注方法

　　③ 构配件内的构造要素（如孔、槽等）如相同，可仅标注其中一个要素的尺寸（图 10-23）。

　　④ 对称构配件采用对称省略画法时，该对称构配件的尺寸线应略超过对称符号，仅在尺寸线的一端画尺寸起止符号，尺寸数字应按整体全尺寸注写，其注写位置宜与对称符号对齐（图 10-24）。

　　⑤ 两个构配件，如个别尺寸数字不同，可在同一图样中将其中一个构配件的不同尺寸数字注写在括号内，该构配件的名称也应注写在相应的括号内（图 10-25）。

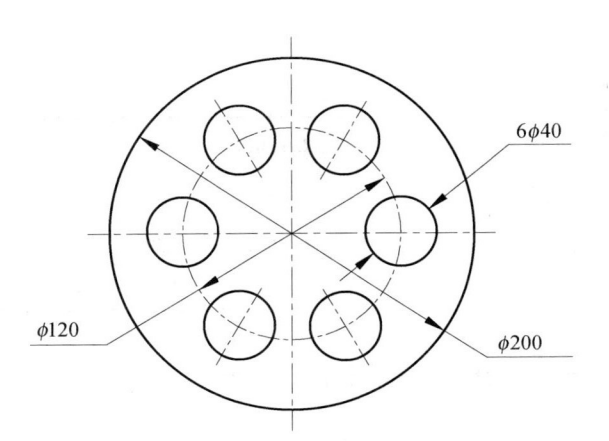

图 10-23　相同要素尺寸标注方法

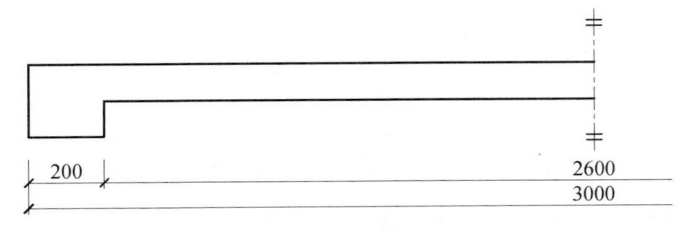

图 10-24　对称构件尺寸标注方法

图 10-25　相似构件尺寸标注方法

⑥ 数个构配件如仅某些尺寸不同，这些有变化的尺寸数字，可用拉丁字母注写在同一图样中，另列表格写明其具体尺寸（图 10-26）。

（8）标高

① 标高符号应以直角等腰三角形表示，按图 10-27（a）所示形式用细实线绘制，如标注位置不够，也可按图 10-27（b）所示形式绘制。标高符号的具体画法如图 10-27（c）、（d）所示。

② 总平面图室外地坪标高符号宜用涂黑的三角形表示，具体画法如图 10-28 所示。

③ 标高符号的尖端应指至被注高度的位置。尖端宜向下，也可向上。标高数字应注写在标高符号的上侧或下侧（图 10-29）。

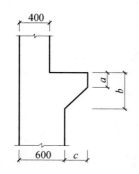

构件编号	a	b	c
Z–1	200	200	200
Z–2	250	450	200
Z–3	200	450	250

图 10-26　相似构配件尺寸表格式标注方法

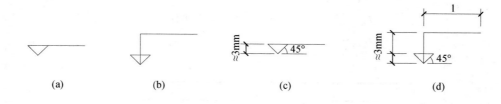

图 10-27　标高符号

l—取适当长度注写标高数字；h—根据需要取适当高度

④ 标高数字应以米为单位，注写到小数点以后第三位。在总平面图中，可注写到小数字点以后第二位。

⑤ 零点标高应注写成±0.000，正数标高不注"＋"，负数标高应注"－"，例如 3.000、－0.600。

⑥ 在图样的同一位置需表示几个不同标高时，标高数字可按图 10-30 的形式注写。

图 10-28　总平面图室外
地坪标高符号

图 10-29　标高的指向

图 10-30　同一位置注
写多个标高数字

二、《建筑制图标准》（GB 50104－2010）——构造及配件图例

构造及配件图例应符合表 2-1 的规定。

表 2-1　构造及配件图例

序号	名称	图例	备注
1	墙体	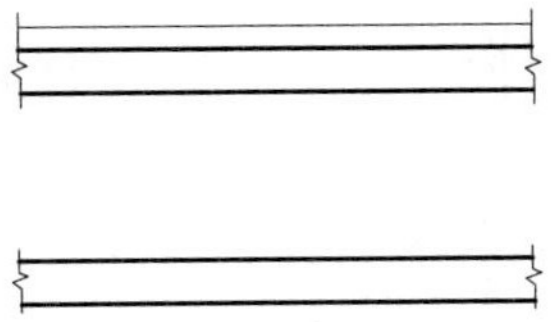	1. 上图为外墙，下图为内墙； 2. 外墙细线表示有保温层或有幕墙； 3. 应加注文字或涂色或图案填充表示各种材料的墙体； 4. 在各层平面图中防火墙宜着重以特殊图案填充表示
2	隔断		1. 加注文字或涂色或图案填充表示各种材料的轻质隔断； 2. 适用于到顶与不到顶隔断
3	玻璃幕墙	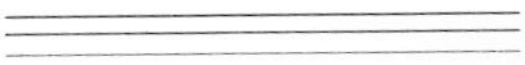	幕墙龙骨是否表示由项目设计决定
4	栏杆	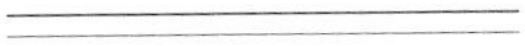	
5	楼梯	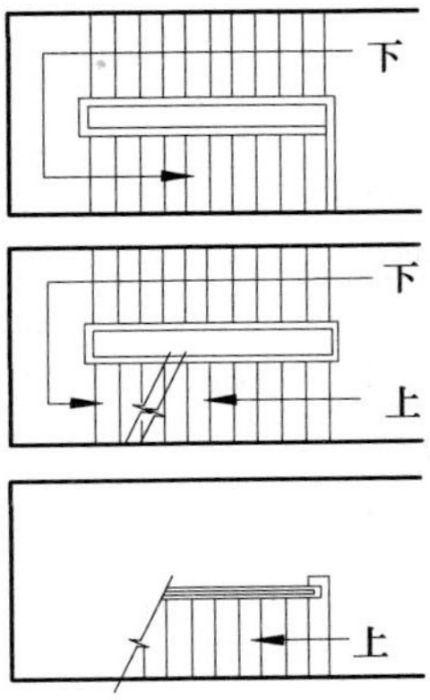	1. 上图为顶层楼梯平面，中图为中间层楼梯平面，下图为底层楼梯平面； 2. 需设置靠墙扶手或中间扶手时，应在图中表示
6	坡道	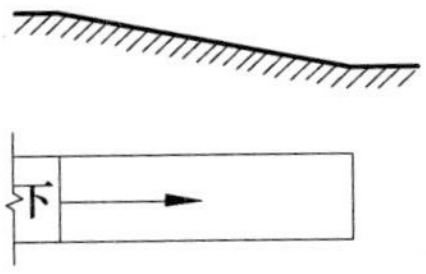	长坡道
		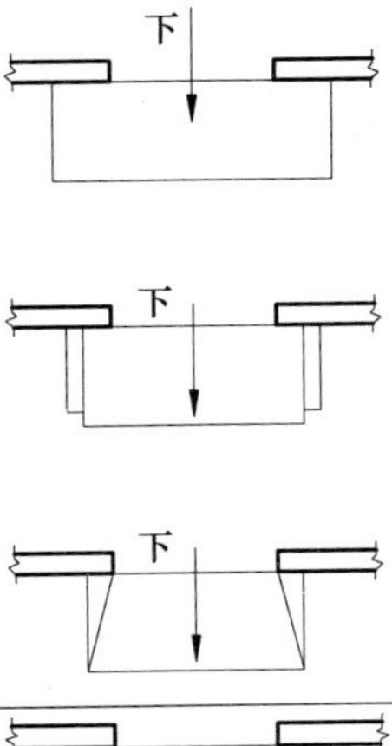	上图为两侧垂直的门口坡道，中图为有挡墙的门口坡道，下图为两侧找坡的门口坡道
7	台阶	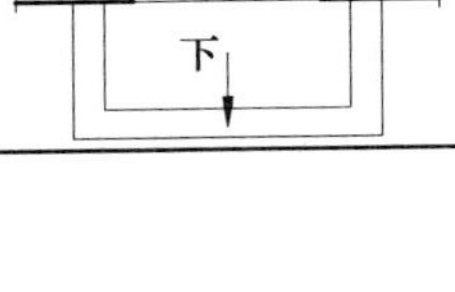	

序号	名称	图例	备注
8	平面高差	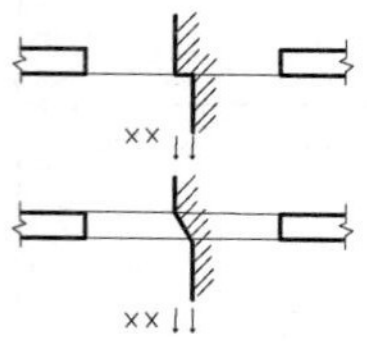	用于高差小的地面或楼面交接处,并应与门的开启方向协调
9	检查口		左图为可见检查口,右图为不可见检查口
10	孔洞		阴影部分亦可填充灰度或涂色代替
11	坑槽		
12	墙预留洞、槽	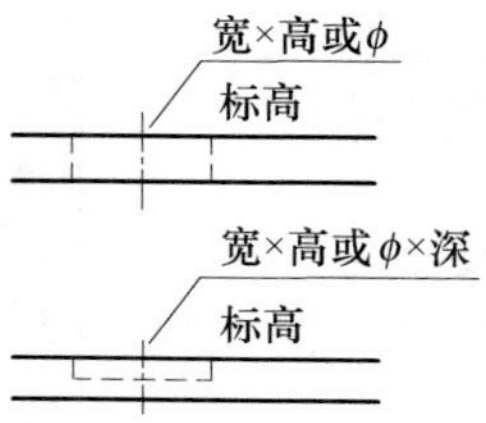	1. 上图为预留洞,下图为预留槽; 2. 平面以洞(槽)中心定位; 3. 标高以洞(槽)底或中心定位; 4. 宜以涂色区别墙体和预留洞(槽)
13	地沟	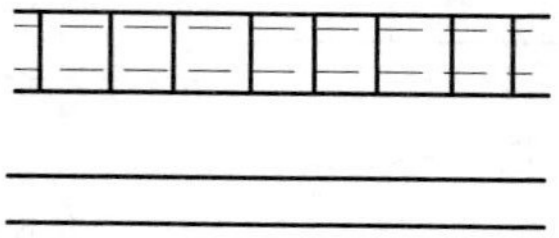	上图为活动盖板地沟,下图为无盖板明沟
14	烟道	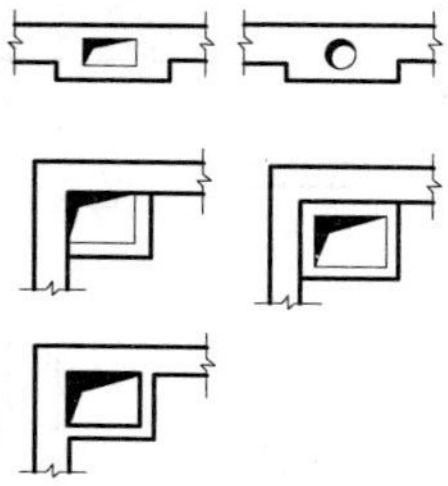	1. 阴影部分亦可涂色代替; 2. 烟道、风道与墙体为相同材料,其相接处墙身线应连通; 3. 烟道、风道根据需要增加不同材料的内衬
15	风道	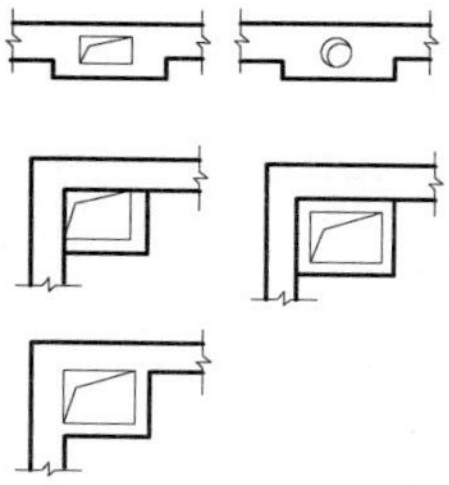	

续表

序号	名称	图例	备注
16	新建的墙和窗	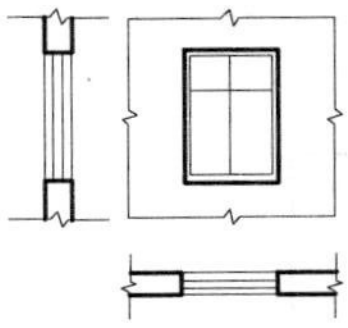	
17	改建时保留的墙和窗	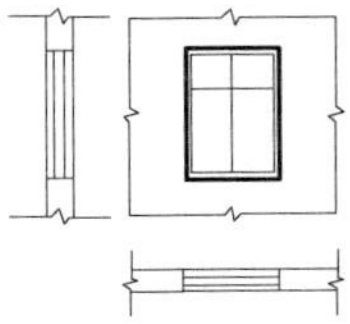	只更换窗，应加粗窗的轮廓线
18	拆除的墙	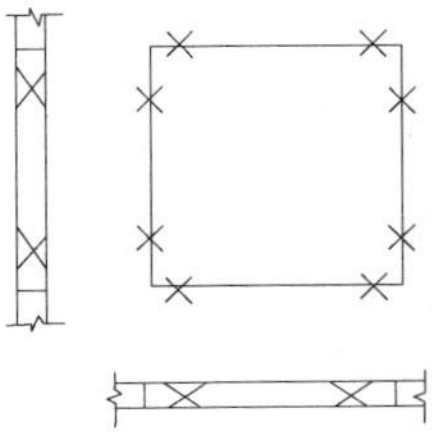	
19	改建时在原有墙或楼板新开的洞	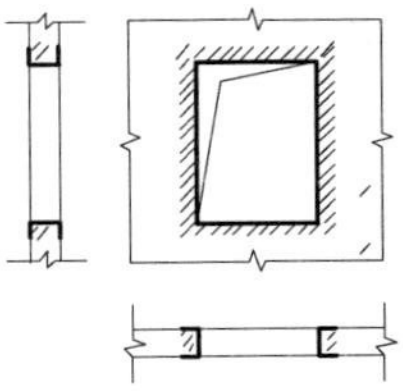	
20	在原有墙或楼板洞旁扩大的洞	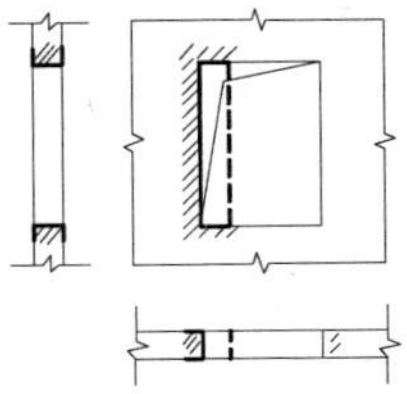	图示为洞口向左边扩大
21	在原有墙或楼板上全部填塞的洞	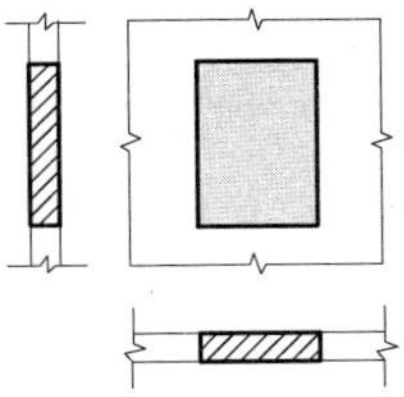	
22	在原有墙或楼板上局部填塞的洞	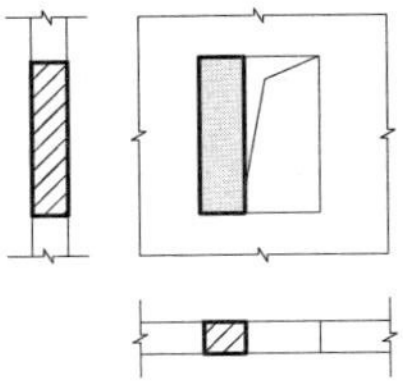	左侧为局部填塞的洞 图中立面图填充灰度或涂色

序号	名称	图例	备注
23	空门洞	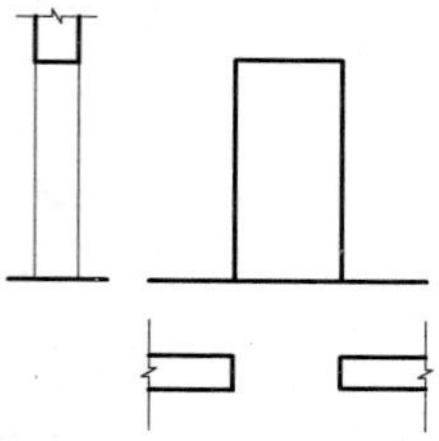 $h=$	h 为门洞高度
24	单扇平开或 单向弹簧门	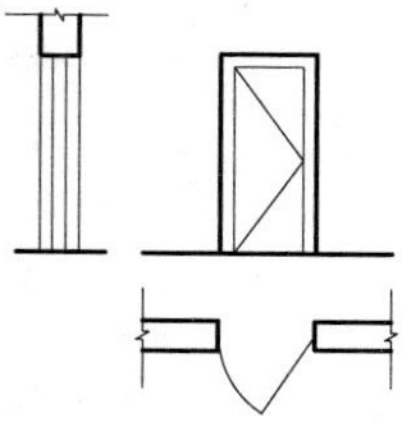	
	单扇平开或 双向弹簧门	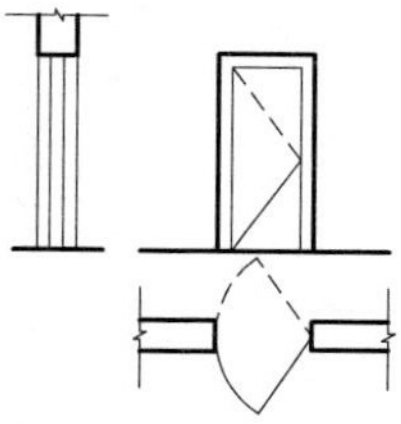	1. 门的名称代号用 M 表示； 2. 平面图中，下为外，上为内；门开启线为 90°、60°或 45°； 3. 立面图中，开启线实线为外开，虚线为内开。开启线交角的一侧为安装合页一侧。开启线在建筑立面图中可不表示，在立面大样图中可根据需要绘出； 4. 剖面图中，左为外，右为内； 5. 附加纱扇应以文字说明，在平、立、剖面图中均不表示； 6. 立面形式应按实际情况绘制
	双层单扇平开门	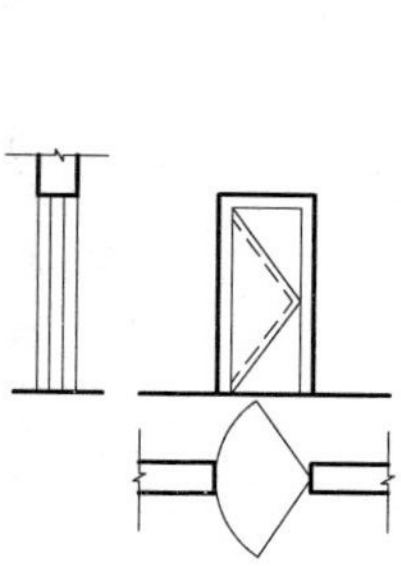	

序号	名称	图例	备注
25	单面开启双扇门（包括平开或单面弹簧）	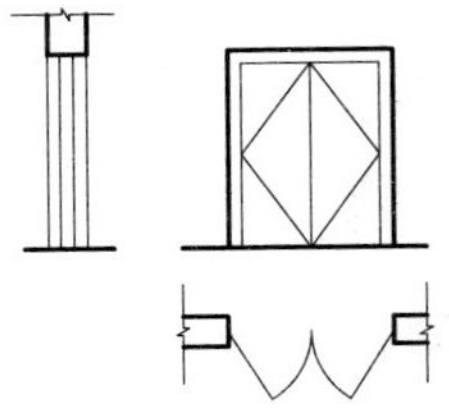	1. 门的名称代号用 M 表示； 2. 平面图中，下为外，上为内；门开启线为 90°、60° 或 45°； 3. 立面图中，开启线实线为外开，虚线为内开。开启线交角的一侧为安装合页一侧。开启线在建筑立面图中可不表示，在立面大样图中可根据需要绘出； 4. 剖面图中，左为外，右为内； 5. 附加纱扇应以文字说明，在平、立、剖面图中均不表示； 6. 立面形式应按实际情况绘制
	双面开启双扇门（包括双面平开或双面弹簧）	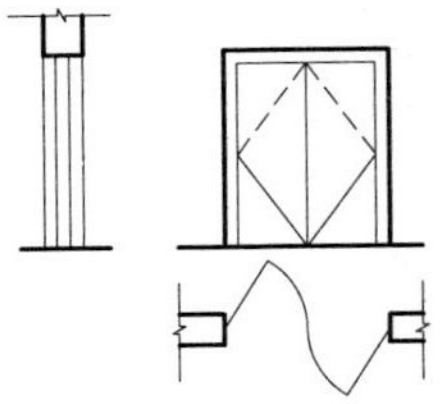	
	双层双扇平开门	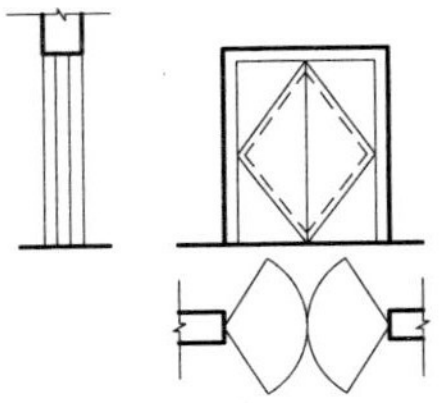	
26	折叠门	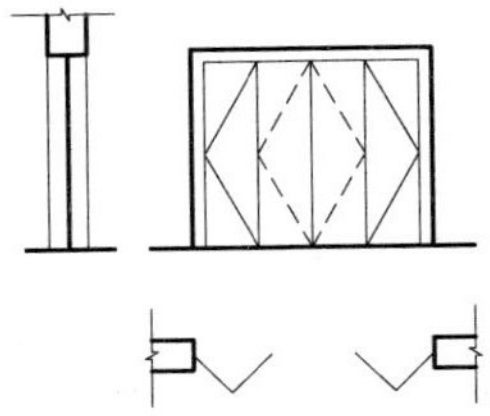	1. 门的名称代号用 M 表示； 2. 平面图中，下为外，上为内； 3. 立面图中，开启线实线为外开，虚线为内开。开启线交角的一侧为安装合页一侧； 4. 剖面图中，左为外，右为内； 5. 立面形式应按实际情况绘制
	推拉折叠门	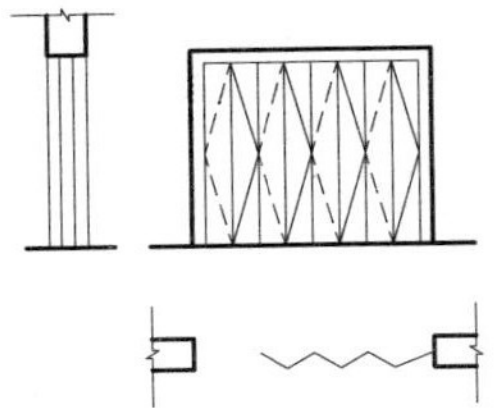	

序号	名称	图例	备注
27	墙洞外单扇推拉门	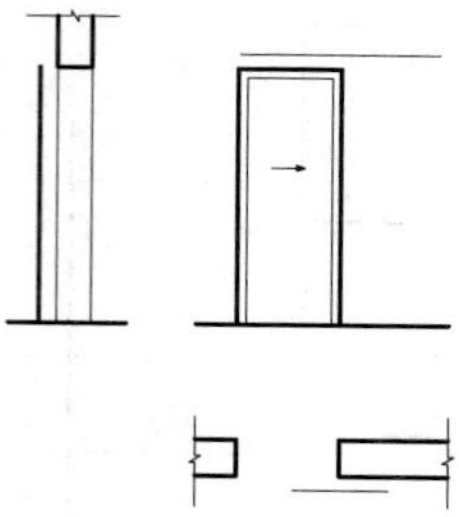	1. 门的名称代号用 M 表示； 2. 平面图中，下为外，上为内； 3. 剖面图中，左为外，右为内； 4. 立面形式应按实际情况绘制
	墙洞外双扇推拉门	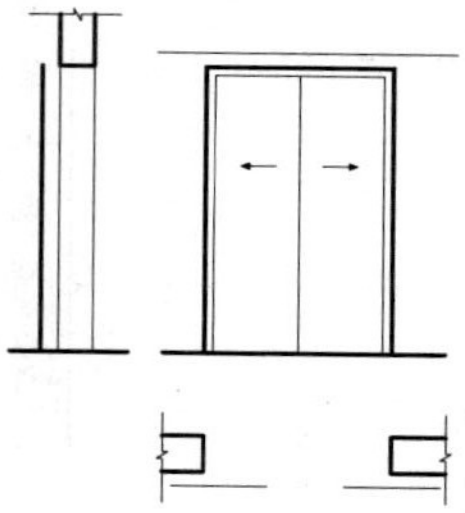	
	墙中单扇推拉门	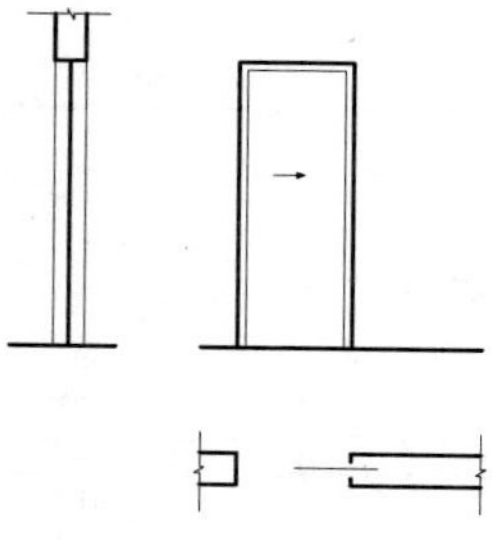	
	墙中双扇推拉门	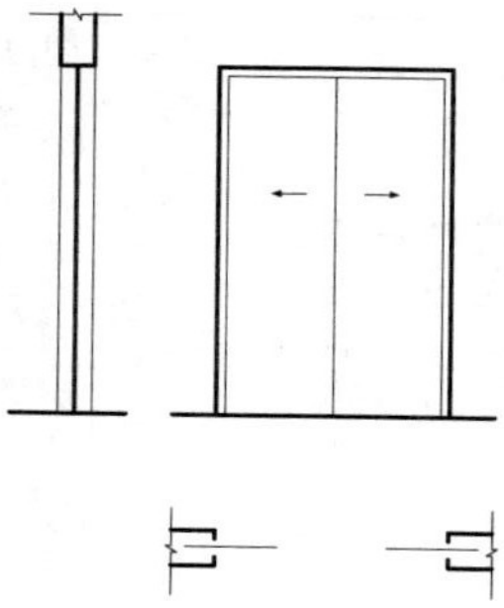	1. 门的名称代号用 M 表示墙中； 2. 立面形式应按实际情况绘制

序号	名称	图例	备注
28	推杠门	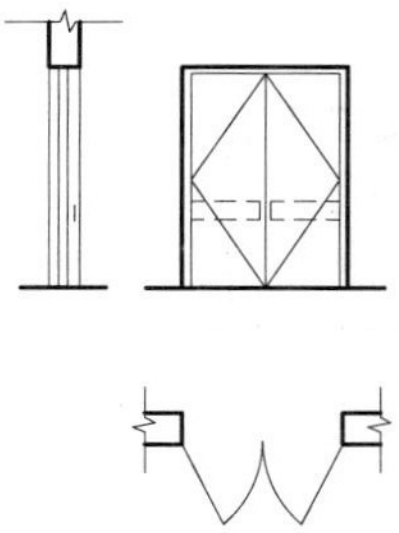	1. 门的名称代号用 M 表示； 2. 平面图中，下为外，上为内；门开启线为 90°、60°或 45°； 3. 立面图中，开启线实线为外开，虚线为内开。开启线交角的一侧为安装合页一侧。开启线在建筑立面图中可不表示，在室内设计立面大样图中可根据需要绘出； 4. 剖面图中，左为外，右为内； 5. 立面形式应按实际情况绘制
29	门连窗	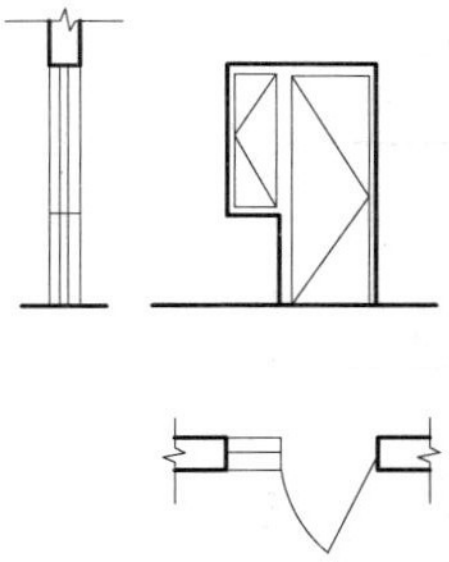	
30	旋转门	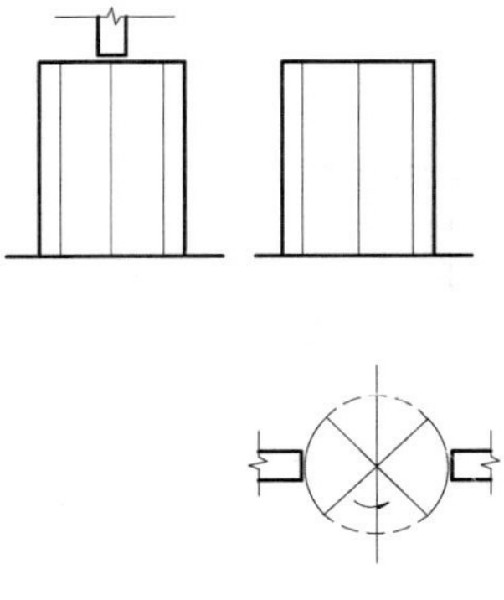	1. 门的名称代号用 M 表示； 2. 立面形式应按实际情况绘制
	两翼智能旋转门	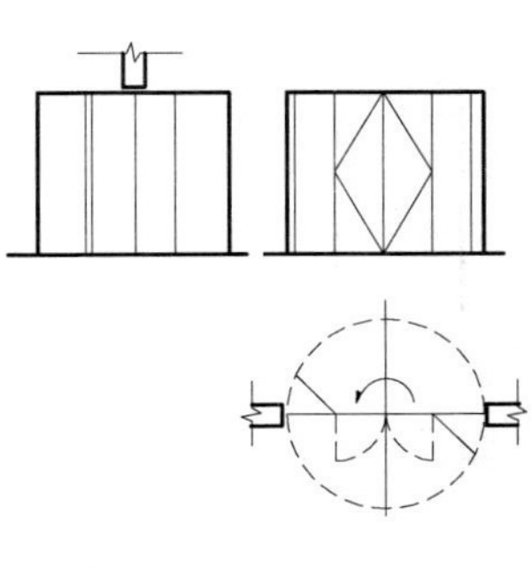	

序号	名称	图例	备注
31	自动门	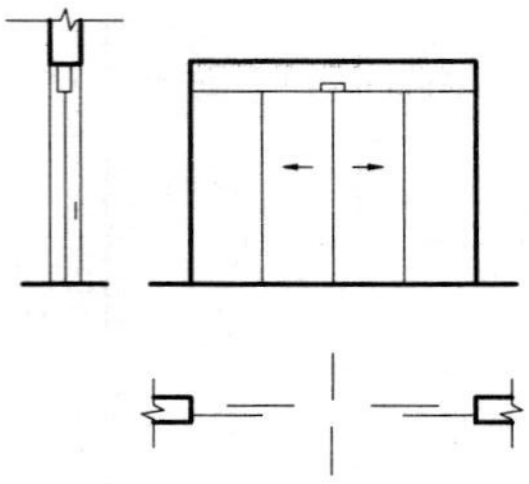	1. 门的名称代号用 M 表示； 2. 立面形式应按实际情况绘制
32	折叠上翻门	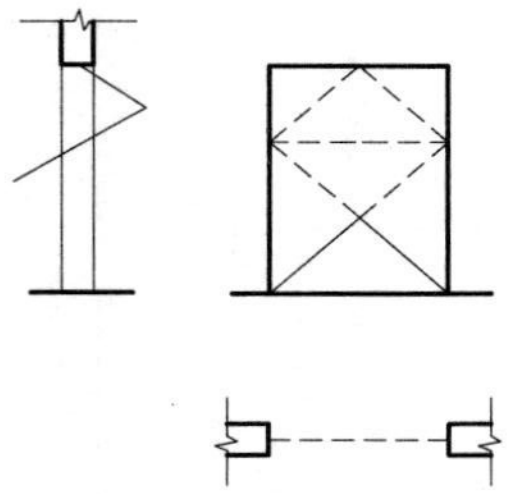	1. 门的名称代号用 M 表示； 2. 平面图中，下为外，上为内； 3. 剖面图中，左为外，右为内； 4. 立面形式应按实际情况绘制
33	提升门	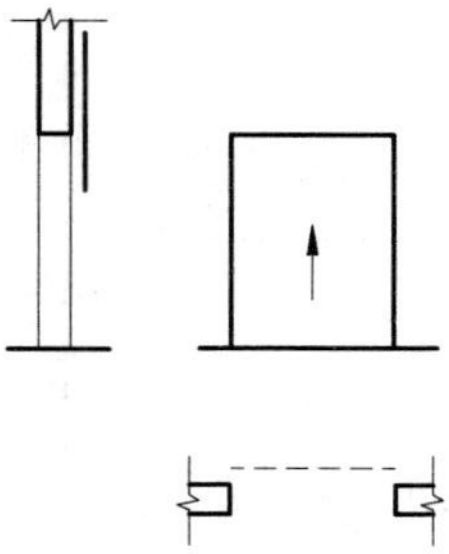	1. 门的名称代号用 M 表示； 2. 立面形式应按实际情况绘制
34	分节提升门	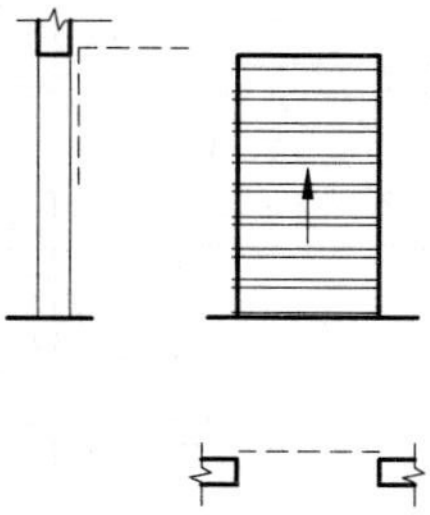	

续表

序号	名称	图例	备注
35	人防单扇防护密闭门		1. 门的名称代号用 M 表示； 2. 立面形式应按实际情况绘制
	人防单扇密闭门		
36	人防双扇防护密闭门		1. 门的名称代号用 M 表示； 2. 立面形式应按实际情况绘制
	人防双扇密闭门		

序号	名称	图例	备注
37	横向卷帘门	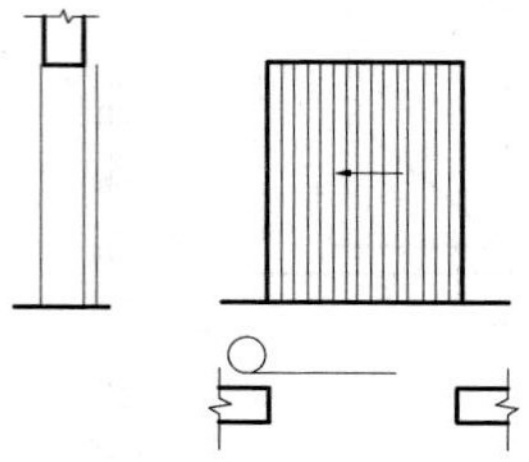	
	竖向卷帘门	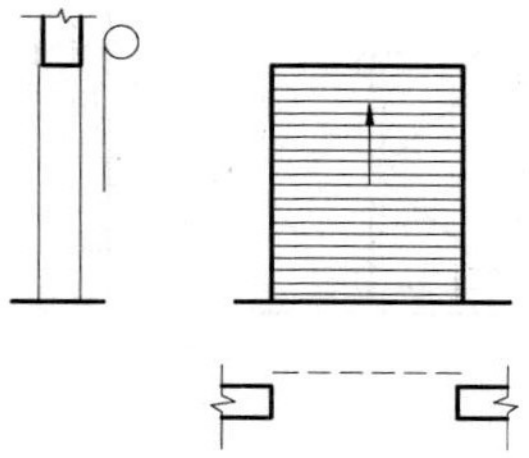	
	单侧双层卷帘门	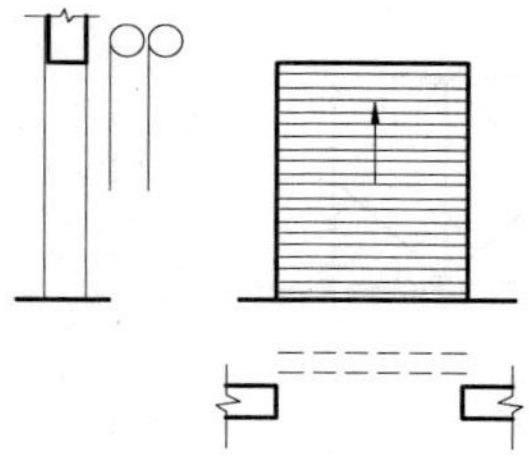	
	双侧双层卷帘门	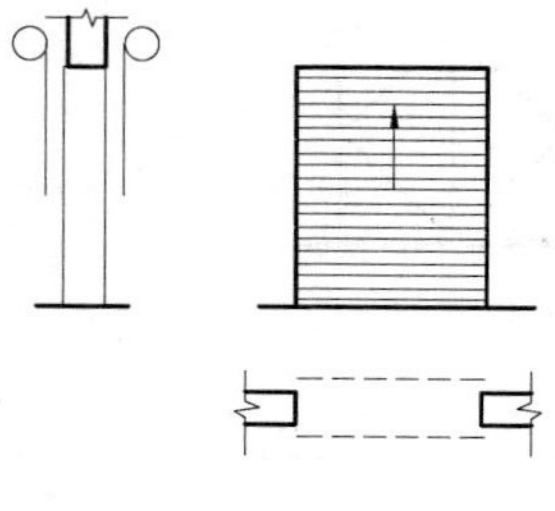	

续表

序号	名称	图例	备注
38	固定窗	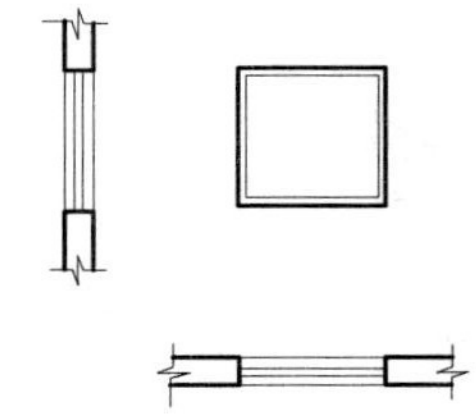	
39	上悬窗	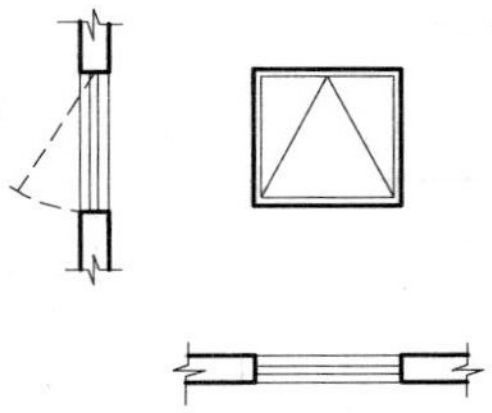	1. 窗的名称代号用 C 表示； 2. 平面图中，下为外，上为内； 3. 立面图中，开启线实线为外开，虚线为内开。开启线交角的一侧为安装合页一侧。开启线在建筑立面图中可不表示，在门窗立面大样图中需绘出； 4. 剖面图中，左为外，右为内，虚线仅表示开启方向，项目设计不表示； 5. 附加纱窗应以文字说明，在平、立、剖面图中均不表示； 6. 立面形式应按实际情况绘制
	中悬窗	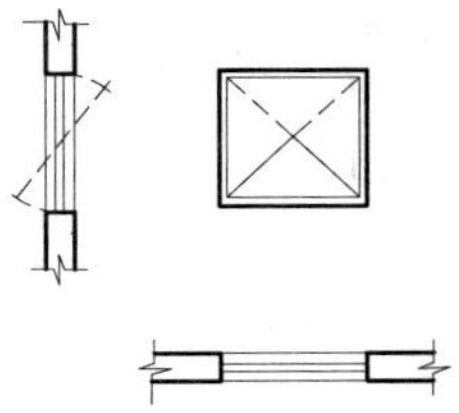	
40	下悬窗	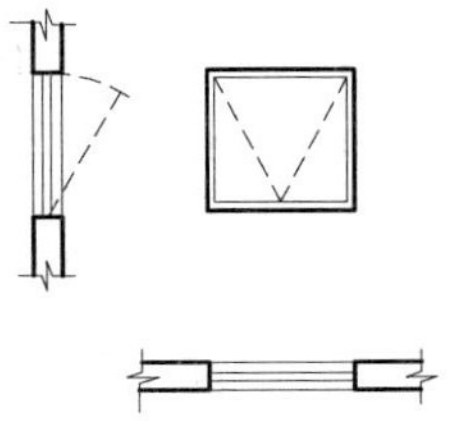	
41	立转窗	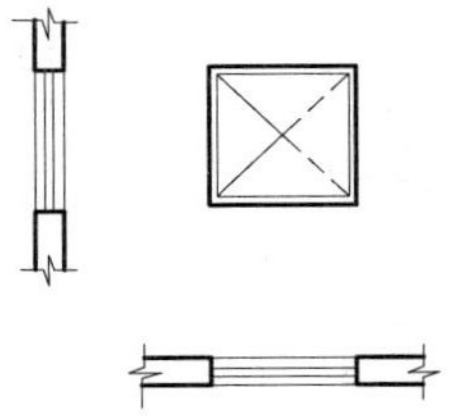	

续表

序号	名称	图例	备注
42	内开平开内倾窗		
43	单层外开平开窗 单层内开平开窗 双层内外开平开窗	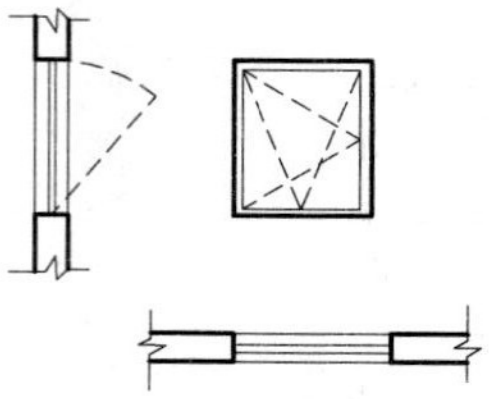	1. 窗的名称代号用 C 表示； 2. 平面图中，下为外，上为内； 3. 立面图中，开启线实线为外开，虚线为内开。开启线交角的一侧为安装合页一侧。开启线在建筑立面图中可不表示，在门窗立面大样图中需绘出； 4. 剖面图中，左为外，右为内，虚线仅表示开启方向，项目设计不表示； 5. 附加纱窗应以文字说明，在平、立、剖面图中均不表示； 6. 立面形式应按实际情况绘制
44	双层推拉窗	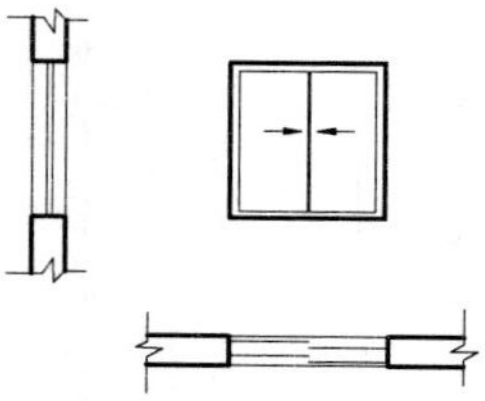	1. 窗的名称代号用 C 表示； 2. 立面形式应按实际情况绘制

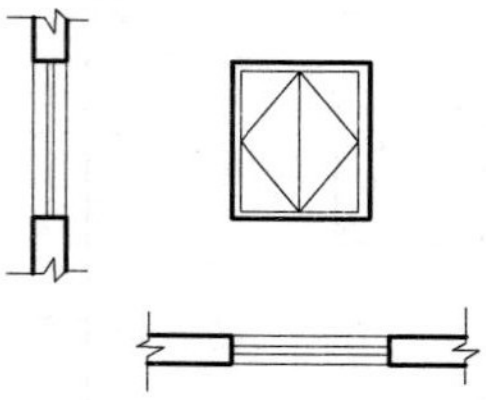

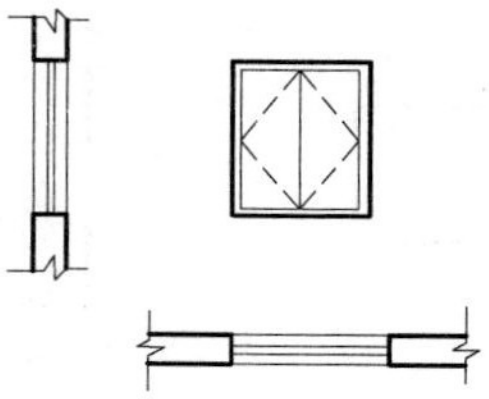

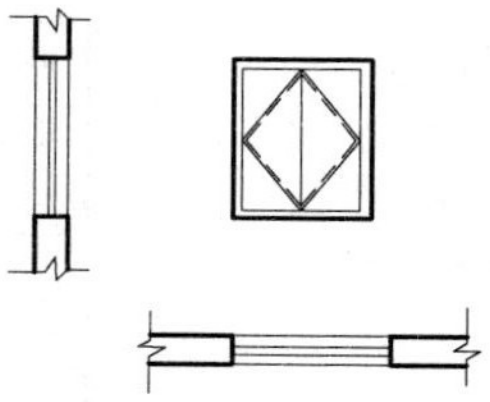

序号	名称	图例	备注
45	上推窗	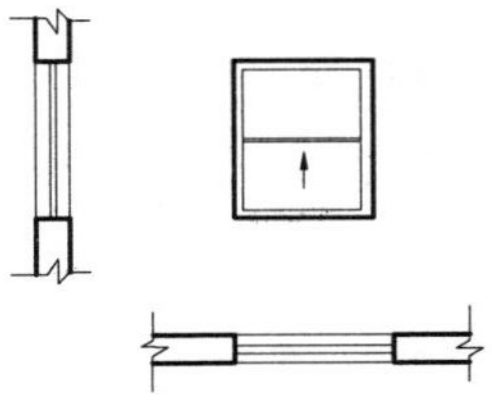	1. 窗的名称代号用 C 表示； 2. 立面形式应按实际情况绘制
46	百叶窗	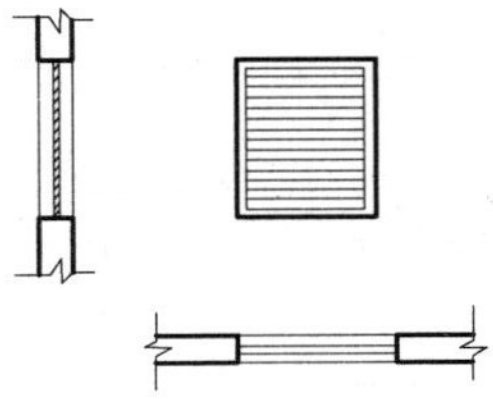	
47	高窗	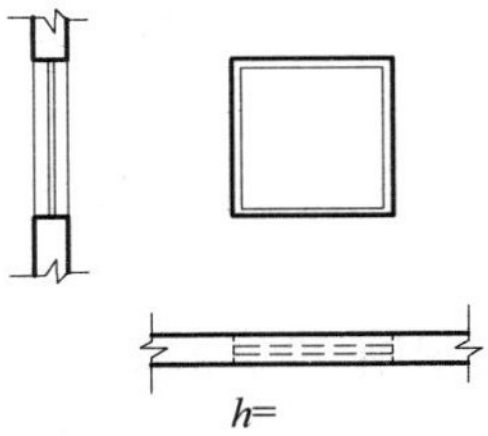 $h=$	1. 窗的名称代号用 C 表示； 2. 立面图中，开启线实线为外开，虚线为内开。开启线交角的一侧为安装合页一侧。开启线在建筑立面图中可不表示，在门窗立面大样图中需绘出； 3. 剖面图中，左为外，右为内； 4. 立面形式应按实际情况绘制； 5. h 表示高窗底距本层地面标高； 6. 高窗开启方式参考其他窗型
48	平推窗	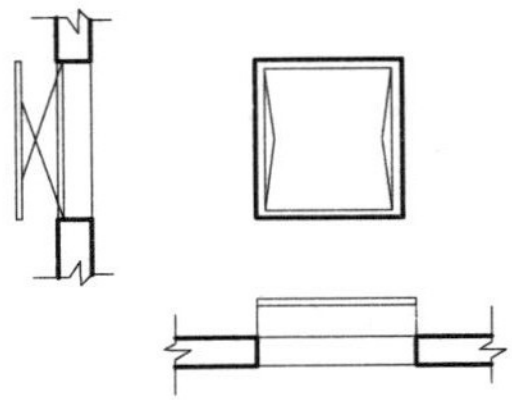	1. 窗的名称代号用 C 表示； 2. 立面形式应按实际情况绘制

参 考 文 献

[1] 中华人民共和国住房和城乡建设部. 房屋建筑制图统一标准（GB/T 50001—2017）. 北京：中国建筑工业出版社，2018.02.

[2] 中国建筑标准设计研究院. 建筑制图标准（GB 50104—2010）. 北京：中国计划出版社，2011.02.

[3] 中华人民共和国住房和城乡建设部. 建筑结构制图标准（GB/T 50105—2010）. 北京：中国建筑工业出版社，2010.11.

[4] 中国建筑标准设计研究院. 国家建筑标准设计图集 11G101-1. 北京：中国计划出版社，2011.08.

[5] 中华人民共和国住房和城乡建设部. 总图制图标准（GB/T 50103—2010）. 北京：中国计划出版社，2011.02.

[6] 中华人民共和国住房和城乡建设部. 建筑给水排水制图标准（GB/T 50106—2010）. 北京：中国建筑工业出版社，2010.11.

[7] 中华人民共和国住房和城乡建设部. 暖通空调制图标准（GB/T 50114—2010）. 北京：中国建筑工业出版社，2011.01.

[8] 中华人民共和国住房和城乡建设部. 建筑电气制图标准（GB/T 50786—2012）. 北京：中国计划出版社，2012.09.

[9] 王子茹. 房屋建筑识图 [M]. 北京：中国建材工业出版社，2000.

[10] 王子茹，黄红武. 房屋建筑结构识图 [M]. 北京：中国建材工业出版社，2001.

[11] 王子茹. 房屋建筑设备识图 [M]. 北京：中国建材工业出版社，2001.

[12] 王子茹，贾艾晨. 画法几何及工程制图 [M]. 北京：人民交通出版社，2001.

[13] 谢步赢. 土木工程制图 [M]. 上海：同济大学出版社，2010.

[14] 朱福熙，何斌. 建筑制图 [M]. 北京：高等教育出版社，1999.

[15] 黄红武，王子茹. 现代阴影透视学 [M]. 北京：高等教育出版社，2004.

[16] 杨景芳. 建筑水暖工程 [M]. 大连：大连理工大学出版社，1999.